公元787年，唐封疆大吏马总集诸子精华，编著成《意林》一书6卷，流传至今
意林：始于公元787年，距今1200余年

意林®

一则故事 改变一生

意林青年励志馆

再稍微坚持一下，会发现自己很强大

《意林》图书部　编

吉林摄影出版社
·长春·

图书在版编目（CIP）数据

再稍微坚持一下，会发现自己很强大 /《意林》图书部编. — 长春：吉林摄影出版社，2024.11.
（意林青年励志馆）. — ISBN 978-7-5498-6400-3

Ⅰ. B848.4-49

中国国家版本馆CIP数据核字第202470X1L1号

再稍微坚持一下，会发现自己很强大
ZAI SHAOWEI JIANCHI YI XIA, HUI FAXIAN ZIJI HEN QIANGDA

出 版 人	车　强
出 品 人	杜普洲
责任编辑	王维夏
总 策 划	徐　晶
策划编辑	王征彬
封面设计	资　源
封面供图	糖古一
美术编辑	刘海燕
开　　本	889mm×1194mm 1/16
字　　数	350千字
印　　张	11
版　　次	2024年11月第1版
印　　次	2024年11月第1次印刷
出　　版	吉林摄影出版社
发　　行	吉林摄影出版社
地　　址	长春市净月高新技术开发区福祉大路5788号
	邮　编：130118
电　　话	总编办：0431-81629821
	发行科：0431-81629829
网　　址	www.jlsycbs.net
经　　销	全国各地新华书店
印　　刷	天津中印联印务有限公司
书　　号	ISBN 978-7-5498-6400-3　　　　定　价　36.00元

启　事

本书编选时参阅了部分报刊和著作，我们未能与部分作品的文字作者、漫画作者以及插画作者取得联系，在此深表歉意。请各位作者见到本书后及时与我们联系，以便按国家相关规定支付稿酬及赠送样书。

地址：北京市朝阳区南磨房路37号华腾北搪商务大厦1501室《意林》图书部（100022）

电话：010-51908630转8013

版权所有　翻印必究

（如发现印装质量问题，请与承印厂联系退换）

目录
CONTENTS

穿过焦虑这片海，学会用未来的眼光看现在

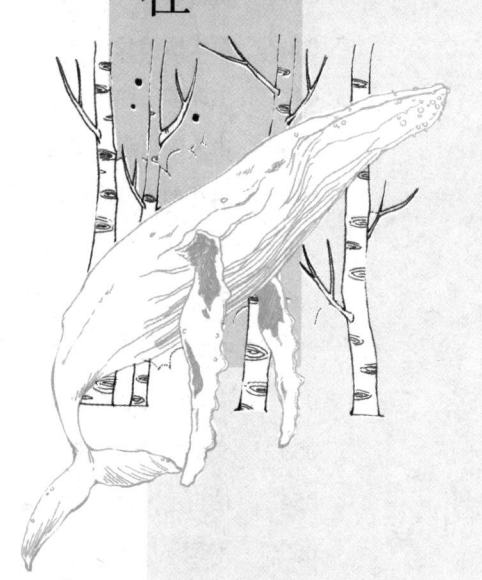

002	自立 三白
003	没那么好也不要紧 魏倩
004	更善的选择 米哈
005	天才的个性 汪品先
006	三种自由 黄晓丹
007	西西弗神话与担雪填井 李雪涛
008	破案式学习 佚名
009	作家的身姿 梁小斌
010	孤而美 许冬林
011	半如儿女半风云 林曦
012	把苹果和橘子进行比较 ［美］奥赞·瓦罗尔 译/李文远
013	对照 秦立彦
014	口吃的毛姆 曹文轩
015	构建你的习惯体系 佚名
016	当铺的"设置效应" 李刚
017	科学不要一味追求完美主义 施一公
018	唐代的孩子们在想什么 陈尚君
019	待物的心态 张宗子
020	匹配定律 清风慕竹
021	与自己的内在联结 ［日］诸富祥彦 译/范俏莲
022	我为什么拒绝书单 曹林
023	梭罗的书桌 ［日］松浦弥太郎 译/叶韦利
024	曲木雕刻的人偶 罗翔
025	兴趣的力量 ［奥地利］阿尔弗雷德·阿德勒 译/尤琪
026	我在"985"学焊接 鲤鱼
027	欣赏能力 倪匡
028	成功的机遇 青丝
029	虾有背劲蟹有毛 吕宜园
030	没有什么问题是蠢问题 ［英］约翰·哈德森 译/夏南

希望成为别的什么人，原不如成为你自己

032	落笔不惊风雨　胡　烟
033	世界是（不）对称的　郁喆隽
034	那些世界名画里的劳动者　大　树
035	另一种游戏　盘晓昱
036	契诃夫与"没钱文学"　马紫晨
037	隧道视野效应　卫　蓝
038	局外人的优势　[加拿大]大卫·爱泼斯坦　译/范雪竹
039	秋天的田野　杨泽西
040	有观念的规则　沈方正　卢智芳
041	沉默与说话同等重要　[德]赫塔·米勒　译/李贻琼
042	丑只是美的反面吗　喻　军
043	"同用一个碗"原则　沈文才
044	你的确来自"天堂"　[英]马库斯·乔恩　译/孔令稚
045	挺直腰背　徐立新
046	夏天留给我一道暗语　吴千山
047	生命的三种状态　草莓大福团子
048	古人的自我介绍有多"卷"　刘中才
049	潜在信念　[美]拜伦·凯蒂　史蒂芬·米切尔　译/周玲莹
049	努力和运气　刘慈欣
050	去做人生的学徒　铁　凝
051	有意义还是有意思　陈　方
052	有趣的自然实验　徐　玲
053	买蛋糕，还是买一本好书　王可越
054	信自己，有时比权威更重要　杨　照
055	不顾一切的真　丁时照
056	看透"头衔"　傅根洪
057	夕阳也是旭日　史铁生
058	杜甫那个修鸡栅的儿子　陈思呈

060	去闻一朵水仙花的香味　宋　麒
061	屋顶上的星空　王国梁
062	海底"书斋"，梦开始的地方　汤养宗
063	食言而肥　蒋芳仪
064	市区的蘑菇　[意大利]卡尔维诺　译／马小谟
065	当我置身于树木之间　[美]玛丽·奥利弗　译／柳向阳
066	想好哪些事情是重要的　[美]奥赞·瓦罗尔　译／苏　西
066	管理精力　佚　名
067	山和鸟儿都睡了　李　云
067	击败恐惧之道　[美]佩玛·丘卓　译／佚　名
068	我们的天气　[英]特里斯坦·古利　译／周颖琪
069	底层规律　古　典
070	尤里卡　张　生
071	耳　语　黎紫书
072	被安葬在月球上的人　王　爽
073	奇　迹　[波兰]切斯瓦夫·米沃什　译／西　川
074	学习观鸟的孩子们　[西班牙]拉米罗·拉克鲁斯　译／冯　珣
075	多　想　贺　燕
076	事先预约的惊喜　程　玮
077	世界上第一位程序员　佚　名
078	寻找隐身草　胡松涛
079	树林里　赵雪松
080	纪念背后是被拯救的灵魂　林竹萧萧
081	精通一件事　[美]德雷克·西弗斯　译／闵徐越
082	"张骞优选"与"郑和海淘"　梅姗姗
083	没有了狼，鹿会怎样　吴艳龙
084	支撑爱因斯坦的数学巨人黎曼　佚　名
085	不停奔跑，才能停在原地　王立铭
086	田埂上的里尔克　周华诚
087	风雨中筑巢　李起周
088	遗失的灵魂　[波兰]奥尔加·托卡尔丘克　译／龚泠兮

世界是每个人的天地，何不现在就奋勇向前

难免有风起的时候，
但前方的路始终都有

090	没有电的夜晚，星星特别耀眼　杜佳冰
091	结尾在"明天"　蓬　山
092	台风过境　虞　燕
093	盛放与落花　高自发
094	树墩里的小云杉
［俄］维克托·阿斯塔菲耶夫　译/陈淑贤　张大本
095	夜行火车　姚文冬
096	几何学中的哥白尼　佚　名
097	卸下防备，才能听见彼此　KY
098	父亲的"壮举"　马　俊
099	东门逐兔亦不得　王军营
100	每个人，都曾是年轻时的他　瑾山月
101	善　怕　司马牛
102	岁月深处的歌声　董改正
103	鸟住在哪里　华　姿
104	闲时看花去　潘玉毅
105	远离"决策疲劳"　王梦媛
106	把自己多元化　［美］奥赞·瓦罗尔　译/苏　西
107	父亲的故事　刘　颖
108	在晦暗的日子里追光　廖玉群
109	土地翻一翻，又可以种菜了　崔　立
110	住过的房屋就像小火车　小河丁丁
111	大地的欢快与你有关　徐　敏
112	但尽凡心　林　曦
112	张岱的对子　陈宝良

| 114 | 古老的树 [英]约翰·巴特莱特 译/陈薇薇
| 115 | 大家不用为我感到惋惜 任万杰
| 116 | 我的蟋蟀,请你晚一些来 空 河
| 117 | 凹点心理 汪燕洁
| 118 | 没有一颗果实会被浪费 王国华
| 119 | 停驻与审视 睿 雪
| 120 | 阿梁的植物王国 孙 频
| 121 | 岁月的回声 李翠萍
| 122 | 耳机线纠缠与无人的宇宙 Nord
| 123 | 猎人与大象 [美]詹姆斯·瑟伯 译/杨筱艳
| 124 | 学习上的"费曼技巧" 佚 名
| 125 | 人生非金石 米 哈
| 126 | 钱锺书幽默俏皮的信函 劳 剑
| 127 | 记忆不会出自偶然 [奥地利]阿尔弗雷德·阿德勒 译/马晓佳
| 128 | 好消息总是晚到12秒 欧阳晨煜
| 129 | 树一直在长 赵宽宏
| 130 | 范仲淹的底气 温伯陵
| 131 | 暮色里 王若冰
| 132 | 鲁滨逊的结局 [法]米歇尔·图尼埃 译/黄 荭
| 133 | 懒 惰 [匈牙利]马洛伊·山多尔 译/舒荪乐
| 134 | 丝绸之路上的《三国志》写本 成 长
| 135 | 想当然的参照系 王可越
| 136 | 达·芬奇画错的马 Ziv
| 137 | 我们对这个世界知之甚少 马亚伟
| 138 | 爷爷的毡靴 [俄]普里什文 译/惠树成 尤建初
| 139 | 感 激 [英]大卫·惠特 译/柒 线
| 140 | 变法的王安石 李春雷
| 141 | 快乐是智慧的开端 [英]劳埃德·莫里斯 译/徐翰林
| 142 | 花费时间和浪费时间 林清玄

有时重要的不是终点,而是带着遗憾走下去

可以满怀向往,但不要忘了为生活停留

144 | 身边的冬野 彭 程
145 | 像哲学家一样散步 黄朵懿
146 | 007原来是鸟类学家 欧阳耀地
147 | 父亲的小纸条 袁可涵
148 | 自然在可亲近处 康素爱萝
149 | "看"世界 黎 锦
150 | 瘦日子 小 隐
151 | 寻常之物,非凡深意 向墅平
152 | 骤雨片刻人去处 陈 珂
153 | 天上星多月不明 江东旭
154 | 宋人花事 周华诚
155 | 美妙的礼物 [美]史蒂芬·柯维 译/佚 名
156 | 花 酿 陆 苏
156 | 史书上的一群标点 黄亚洲
157 | 戒目食 郭华悦
157 | 生 长 徐 敏
158 | 全球唯一没有时间的地方 凡 子
159 | 正确的答案 赵元波
160 | 小虎与小煤球 鲁北明月
161 | 白云来人间 连 恒
162 | 小园情结与随意人生 榕 榕
163 | 雨 天 储劲松
164 | 无 端 刘荒田
165 | 瘦街上的修鞋摊 马海霞
166 | 与乌云覆雪的一次对话 冯 渊
167 | 大 师 人 邻

穿过焦虑这片海,
学会用未来的眼光看现在

自 立

□ 三 白

明崇祯十四年（1641年），三十一岁的李渔遇上了一件新鲜事。这一年，汤溪县县令瞿萱儒送给他一只活老虎。

瞿萱儒，名鸣岐，四川人，崇祯十一年（1638年）任金华通判，崇祯十三年（1640年）升任金华同知。同知为知府副职，正五品，负责掌管地方盐粮、捕盗、江防、水利，以及清理军籍、抚绥民夷等事务。第二年，汤溪县县令空缺，暂由他兼任。李渔是名噪一方的"五经童子"，二十五岁时中秀才，二十九岁时乡试落榜，便留在金华复读备考，其间结识了不少官场中人，瞿萱儒便是其中之一。可瞿萱儒为什么要送一只老虎给李渔呢？

说来也巧，这一天，李渔从金华回兰溪，途经汤溪，顺道去拜访新上任的瞿县令。恰好遇上当地山民捕获了两只幼虎，用笼子装着献给县令当宠物。瞿县令见到李渔，当即送了一只给他。李渔也觉得新奇，长这么大还从来没见过老虎长什么样，况且还是活的。虽然老虎幼小，看上去牙齿都还没长齐，爪子也不锋利，但一张嘴，吼声震天，让人听了胆战心惊。李渔想着带回去让家乡父老长长见识，不料从汤溪到他家，四十五里路，原本半天就能到，竟走了三天三夜。为什么？因为沿途每经过一个村庄都被村民拦住，全村人轮流来看虎。

那时的汤溪山林茂密，常有虎出没，那里的山民勇猛善搏，经常有猎户擒到老虎献于衙门公堂。所以那里的人平时见多了死老虎，但很少看到活虎，除了猎户。一般的山民见到活虎之日也是葬身之时，听见虎啸，逃都来不及，哪还敢看它一眼。李渔的到来满足了沿途村民的一个心愿，他们都想看看吃人的老虎到底长什么样。有人为了模拟老虎捕猎的场景，甚至从家里牵来小猪小羊，投入笼子里，看老虎怎样撕咬。老虎虽幼，却天生一副王者之相，一声啸吼，声震屋宇，羊啊猪啊都被吓蒙了，无奈葬于虎腹之中。围观者又惊又奇，想象老虎吃人的惨状，不觉后怕。

李渔这一路很是风光，遇村必留，留必有酒肉款待。人还没到家，周边十里八乡已经传遍，早早地等在他家看老虎，又暗又潮的泥瓦房里挤得水泄不通。还有一些富贵人家的小姐因为不能观看而遗憾，便叫家人送来请帖，请李渔带着活虎前去巡展。书生李渔好像一下子成了族中荣耀，这让他既生气又好笑，还无可奈何。

李渔在《活虎行》中写道："家住深山来远亲，不是知交亦相识。人以为荣我独羞，身不能奇假奇物。纵使凤凰栖我庭，麒麟驺虞产我宅。彼自瑞兮何与吾，丈夫成名当自立。"古人云，三十而立。三十一岁的李渔乡试落第，不能以自己"立业"来吸引别人的眼球，只能靠一只活老虎来刷存在感，这对他是一种莫大的耻辱。这件事占用了李渔大量的时间与精力，让他无法专心做功课，于是李渔索性在村里的伊山上放虎归山。

没那么好也不要紧

□ 魏 倩

读书时，大考后总有好事者从老师那里找来排名册，除了看自己的分数，还总忍不住在同学和自己的名字间跳来跳去：语文我比他高两分，数学他胜过了我，好吧，总成绩还是他领先。成年后，这份排名册也没有消失：他事业发展不错但还没结婚，她结婚了但还没生孩子，那他呢？天哪！为什么这儿还有一个"人生赢家"？

只从"赢家"这个词就能看出我们是多么热爱比较。当然，比较是人类进化的结果，我们需要通过比较来确认自己在群体中的位置，从而决定自己是否需要采取行动。但比较又是"偷走幸福的贼"，能催生嫉妒和自我怀疑。

社交媒体的出现为我们制造了一个方便的"比较场"。那些早该被遗忘的同学，那些原本再也不会出现在你身边的人，用清晰的照片展示着他们的旅行、婚礼、升职加薪。如果你这阵子恰好生活不如意，这些强加来的比较足以摧毁你的平和内心。

但社交媒体上的照片不能代表真正的生活。朋友上传的自拍可能是从100张照片里精心选择的，他们当然不会把加班熬夜和被老板批评的信息发到网上。这能够解释，为什么我们在社交媒体上嫉妒的往往是有弱关系的人而不是亲近的朋友，因为你了解后者真正的生活。

更多时候，我们热衷比较只是因为个人状态不佳，而不是对方展现出的优秀特质。这时更好的做法可能是马上关掉网页，停止接收信息。接下来，你可以尝试一些"自我关怀"的行动，比如出门晒晒太阳，双手环抱自己，把注意力转移到小腹，感受自己的呼吸，或者好好地洗个澡，和喜欢的人交谈，看一场沉浸式的电影。这些微小的举动能够最大限度地让你感知和放大自我的存在。

另一种做法是积累自己的"情绪急救包"。我们可以在平时自我感觉较好的时候记录生活中的小进步和小惊喜，在达成目标后，记录自己的做法，详细描述成功后的体验。当再进入过度比较的怪圈时，就可以把这些积极的体验从"急救包"里"取出"，闭上眼睛重新感受自我实现的感觉。熟练后你会发现，即使是细微的成就感，比如给自己做了一顿丰盛午餐的感受，也可以匹敌朋友的游轮旅行照片。

最后，当我们实在难以排解比较带来的痛苦时，可以求助那些真正理解和爱我们的人。我最近看到一位朋友的豆瓣广播，说有段时间他因为准备考试情绪不佳，有的朋友鼓励他"加油，你是最棒的"，有的朋友说"好好休息一下"，而真正治愈他的却是一句"没那么好也不要紧"。是啊！人生那么长，就算一时不如人，也不要紧啊！

更善的选择

□ 米 哈

大家都听过"日出而作，日入而息"这句话，但不一定知道这句话出自先秦时期的一首歌，名叫《击壤歌》。

什么是击壤？它是一种古时的投掷游戏，玩家将一块木片放在远处，然后用另一块木片扔过去打它，击中者为胜。《击壤歌》则讲述了尧帝时期，有老人在路边击壤，旁人见他有闲情玩乐，赞叹天下太平实乃尧帝行德政之果，但老人听了不以为然，唱道："日出而作，日入而息。凿井而饮，耕田而食。帝力于我何有哉！"老人的意思是，他每天早出晚归辛劳工作，自己凿井才有水喝，自己耕种才可以饱腹，一切日常自给自足，付出了辛勤的劳动才换来空暇玩乐，实在不明白这跟尧帝有什么关系。

因为这个典故，后人以"击壤"歌颂太平盛世，而唱《击壤歌》的老人，也被视为蒙受尧帝恩泽而不自知的纯朴百姓。老人的无知，在于他不知道自己之所以能够自给自足，是因为尧帝行德政以致天下太平。同时，他也不理解自己工作的目的。

老人的劳动实践与想法，跟现代都市人的没有两样。老人"日出而作，日入而息"，每天辛劳，为的是温饱，而勉强说他要追求的目的是换来闲情，这样的想法虽没有错，只是"以辛劳换闲情"的矛盾本质，太容易叫人迷失于劳动本身。

在此，我们可以参考一下古希腊哲学家亚里士多德的观点。亚里士多德认为，工作是追求幸福的一种运动，也就是将自己的"潜在"转化成"现实"的过程，而这样的转化是为了让我们可以做出"更善的选择"。

老人自给自足的劳动，或许有善于自己，但如果他能够明白工作的本质，是以工作来创造更多的善——正如尧帝的工作，就是创造了一个善的世界，让百姓好好生活——那么，工作就不只是劳动。

如果你发现自己正迷失于无休止的忙碌，不妨想一想：你的工作，有善于谁？你的工作，又是如何让你做出"更善的选择"呢？

天才的个性

□ 汪品先

在80余年的生涯里,牛顿只是在前40年做科学研究,后40年是在钻研"炼金术"和注释《圣经》。1936年,一位经济学家在拍卖行购得一箱子牛顿的文件,吃惊地发现这些材料的绝大部分和力学、光学、天体运动无关,而是针对如何将贱金属变成贵金属的研究。牛顿还自学希伯来文,用来研究古代所罗门王神殿的平面图,他认为图中隐藏着线索,有望从中解读出一些有关他信仰的神秘信息。

天才的个性往往不同寻常。若论个性,牛顿很可能是个怪人。他终身未娶,离群索居。科学家的一项重要考验,是如何对待合作或者竞争伙伴,尤其是如何对待旗鼓相当的同行。

略年长于牛顿的罗伯特·胡克——他也是17世纪英国最杰出的科学家之一,在力学、光学、天文学等方面都有重大成就。使他出名的只是关于弹性体变形的"胡克定律",但他的贡献极为广泛:他设计制造了真空泵、显微镜和望远镜,提出了光是横波的观点,"细胞"这个名词也是他创造的,甚至他在城市设计和建筑方面也有重要的贡献,以至于有"英国达·芬奇"之称。

1679年,罗伯特·胡克写信给牛顿,提出天体的运动有中心引力拉住,而引力与距离的平方应成反比。因此,地球表面抛体的轨道应该是椭圆形,而不像牛顿所说,抛体的轨迹是一条螺旋线,最终将绕到地心。牛顿对此没有复信,但是接受了罗伯特·胡克的观点。当1686年牛顿将载有万有引力定律的《自然哲学的数学原理》(卷一)的稿件送给英国皇家学会时,罗伯特·胡克希望牛顿在序言中能对他的劳动成果也"提一下",但遭到牛顿的断然拒绝。后来罗伯特·胡克控告牛顿剽窃他的成果,但是没有结果。1703年,罗伯特·胡克去世后不久,牛顿当上了英国皇家学会的会长,他将英国皇家学会中罗伯特·胡克的实验室、图书馆全部解散,罗伯特·胡克所有的研究材料均被销毁。其实,罗伯特·胡克和牛顿的纠葛从光学研究时期就已开始,牛顿主张光学微粒说,而罗伯特·胡克认为光是波,牛顿在皇家学会曾遭到罗伯特·胡克的严厉抨击,可以说那时他们俩已经结怨。故而牛顿等到罗伯特·胡克过世后方才发表自己的《光学》一书,尽管该书大部分内容早已完成。

更加著名的是牛顿和德国的莱布尼茨之争:究竟是谁首先发明了微积分。这场争论持续了相当长的一段时间,造成英国和德国,甚至和欧洲大陆数学家之间的长期对立,也使得英国的数学研究停滞了一个多世纪。

三种自由

□ 黄晓丹

一个人要想在很短暂的生命里，把自己从琐事中拔出来，从无意义中创造出意义来，其中的关键是要自由。我想向大家展示三位诗人的不同自由。

"懒摇白羽扇，裸袒青林中。脱巾挂石壁，露顶洒松风。"这是李白写的。他讲的是夏天很热的时候，当官的人要一本正经地穿着官袍，满头大汗地办公，但是他不用啊，他连扇子都懒得摇，便让树林给他扇风。他不但不在乎能否当官，甚至连名誉也不要了。李白之所以被叫作"诗仙"，原因之一，就是他总表现得无拘无束。

这种自由是指摆脱外在约束，事实上，完全摆脱外在约束是不可能的，就算李白已经"裸袒"，但只要一只蚊子就能让他落荒而逃。所以，当我们的心智发展到一定阶段时，就得去发现另一种更可把握的自由，那就是选择的自由。

我们来看第二首诗："不辞鹈鸪妒年芳，但惜流尘暗烛房。昨夜西池凉露满，桂花吹断月中香。""鹈鸪"就是杜鹃鸟，传说古蜀国的国王杜宇失去了自己的国家，就变成一只杜鹃鸟日夜啼叫。他啼叫得太伤心了，所以喉咙里的血滴下来染红了大地上成片的鲜花，这种花就被叫作杜鹃花。杜鹃花在春末开放，所以屈原在《离骚》里说，当春天到来的时候，希望杜鹃鸟不要那么早开始鸣叫，因为它的叫声宣告了春天的结束。但是李商隐讲："我不怕杜鹃鸟啼叫，也不怕百花凋零，因为我愿意过那种短暂怒放然后就凋零的人生。""烛房"是灯烛明亮的厅房。当蜡烛剧烈燃烧时，烛房必然明亮，而当飞扬的尘土充盈整个厅房时，即使烛光再亮，厅房也会变得幽暗。这里的问题在于你愿意做何选择，是短暂炽烈地燃烧，还是追求长久却一直暗淡？李商隐表示他选择炽烈地燃烧。这首诗中最打动人的，其实不是他选了哪个选项，而是他在选择时，所表现出的那种无怨无悔的、决绝的力量。这种力量表现在"不辞""但惜"所体现的口吻中，也表现在他对选择带来的结果有着充分的甚至极端化的估计：他愿意为了这个选择付出生命的代价。这首诗的后半部分说的是什么呢？我觉得说的是感觉经验的扩大，是感官自由被唤醒时，极其丰富、热切、敏感的状态。这种状态有点儿像我们在热恋时或者喝得将醉未醉时的状态。因为感觉经验扩大了，所以每一滴凉露、每一阵带着桂花香味的晚风，都没有被李商隐忽略，都没有变得平庸。正是在这样自由而充沛的情感体验之中，他获得了勇气和力量，主动为自己的人生掌舵。

李商隐所表达的这种自由就是追求的自由，但我觉得这种自由有一个更高的形式，就是不去追求的自由。王维有一首诗就是在写这样一种自由。

"轻舟南垞去，北垞淼难即。隔浦望人家，遥遥不相识。"王维隐居在辋川，那里有一个湖叫欹湖，湖的南面有一座小山叫南垞，北面有一座小山叫北垞。有一天，王维驾舟从南垞出发，想去看看湖对岸的迷蒙烟雾之中到底有些什么。小船行了很久，到了湖中央，王维却忽然决定停下来。虽然他对对岸还是有很多向往，但是他忽然决定让对岸留在对岸，让未知留在未知——那个对岸他登不上去就不登了，那些对岸的人没有机会认识就不去认识了。这就是"隔浦望人家，遥遥不相识"，王维停留在"不相识"这个点上，就把这首诗写完了。

这首诗出自《辋川集》。《辋川集》中的二十首诗构成了一个生机勃发的世界，其内容大多是写辋川别墅中的景色，只有这一首，写的是一个没有到达的景点。当我将《辋川集》中的诗一首首读下来，读到这首时突然非常感动，因为我认为追求理想固然值得表彰，但有的时候，决定不去实现那些触手可及的理想则需要更大的智慧。它需要一个人有对自己欲望的审视，需要有意志的力量，也需要有接纳遗憾的能力。如果王维全部的作品都是如此，那么这首诗并不会特别吸引人，但正因为《辋川集》整体是一个生机勃发的世界，是闲适自得生活的集合，所以这首讲停下来的诗才显得特别深刻。

第一流的作品往往有一种反向的力量。关于抵达的作品中，要有"不抵达"才好。同样，很多人都看过复仇故事，可是复仇故事中最有力量的设定，就是放弃复仇。很多人都看过科幻故事，可是科幻故事中最深刻的设定，就是怀疑科技。这种反向的力量，其实是一种做减法的自由。当我们生活的环境被太多的欲望塞满时，当我们在做更多的工作、挣更多的钱、买更多的东西时，我们误以为我们是自由的。但如果我们不能够和某些东西保持"遥遥不相识"的距离，我们其实只是欲望的奴隶。在这种情况下，真正的理想是没有生存空间的。

当我们是小孩子时，我们想要没有人管束的自由；当我们进入青春期，就会希望有追求自己所爱之事的自由；而中年人则像一棵秋天的大树，要抖落那些不必要的树叶。叶芝有一首诗叫作《随时间而来的真理》，诗中所讲的就是在经历了死亡、虚无和孤独之后反而拥有了选择的能力，获得了富足的灵魂。他说："穿过我青春所有说谎的日子，我在阳光下抖掉我的枝叶和花朵；现在我可以凋零，进入真理。"我想这首诗，正是对所有关注终极问题的人的最好安慰。

西西弗神话与担雪填井

□李雪涛

希腊城邦科林斯的建立者西西弗因触犯众神而受到惩罚，他被要求把一块巨石推上山顶。巨石十分重，每次他刚推到山顶，巨石就又滚下山去，前功尽弃……于是他就不断重复、永无止境地做这件事。

1942年，法国作家加缪完成了他的著名散文《西西弗神话》，他将西西弗视为人类生活荒谬性的人格化，他得出的结论是："这块巨石上的每一个颗粒，这黑夜笼罩的高山上的每一颗矿砂对西西弗而言都是一个世界。他爬上山顶的斗争本身就足以使一个人心里感到充实。应该认为，西西弗是幸福的。"

台州国清寺垂慈普绍禅师偈曰："灵云悟桃花，玄沙傍不肯。多少痴禅和，担雪去填井。今春花又开，此意谁能领？端的少人知，花落春风静。"禅宗公案中所说的"担雪填井"，同样是白费力气、做无用之功的比喻。加缪给了西西弗神话一个崇高的道德意义，而普绍的偈给了我们一个审美的意境。

破案式学习

□佚 名

当今时代,学习的方式正在发生巨大的变革。我们正在经历从"考试式学习"向"破案式学习"的过渡。

过去的学习,知识的门类是固定的,问题也是清晰的。不管是一个数学方程的解法,还是相对论到底在讲什么,所有问题都很明确,而且这些知识都已经体系化,以文字的方式确切地写在经典著作里,你只要去学就可以了。

因此,你的求知方式应该是勤奋、专精、系统化的学习,而学习效果由各种各样的考试来衡量。这种学习模式被称为"考试式学习"。

英国哲学家以赛亚·伯林有个著名的"刺猬与狐狸论":刺猬之道,一以贯之(一元主义);狐狸狡诈,却性喜多方(多元主义)。传统社会显然更需要刺猬式的专家,一生只做好一件事就够了。好比你是一名数码工程师,业余爱好是下围棋。可围棋下得再好,对你的职场竞争力有什么帮助呢?搞不好,你还得落个玩物丧志的骂名。

但是今天,传统的学习模式正在遭遇巨大的挑战。原因很简单:第一,人类的知识总量已经太大了,大到任何一个人,用任何一种方式都无法消化,哪怕只是一个门类的知识;第二,知识的确定性正在丧失,知识本身在频繁更新,今天还是共识,明天可能就不是了。越来越多的知识,处于学科之间的模糊地带。问题越来越多,但是确切的答案越来越少。因此,"考试式学习"就难以为继。

那怎么办?美国学者威廉·庞德斯通提出了一个办法:你要当一只知道很多事的狐狸,而且一知半解就好。除了专长,你要尽可能多地、碎片化地掌握一些知识的皮毛,不用系统,不用深入。这也许是未来最好的学习方法。

庞德斯通洞察到了一个关键性的变化:知识和学习者之间的关系变了。过去的知识是固化的,学习者跟知识的关系,像人和财富的关系,是占有关系,占有得越多越富有。但是现在,知识多到你根本占有不过来。

打个比方,过去水很少,而自己这个容器很大,往自己这个容器里装水,当然是装得越多越好。而现在,水已经多得像大海,你就别想往自己身体里装水了,学会在水里游泳就好。

也就是说,知识不再是用来占有的,不管什么知识,都变成了你进入未知世界的踏板。一个片段的知识,会成为你求知路上的援兵,是不知道什么时候会起作用的接应。它虽不是答案,却是帮你找到答案的线索。

在当下这个时代,有知识的"盲点"不可怕,可怕的是有知识的"盲维"。那些一鳞半爪的知识,孤立地看可能没有用。但正因为它们分散、碎片化、不成系统,所以在知识的网络效应里,它们极有可能在机缘巧合下,填补一个你认知世界里的空白维度，让你的一个认知盲维突然透进一丝亮光。

一个著名的例子，是福尔摩斯第一次见到华生时，他马上判断出华生是一名刚从阿富汗回国的军医。为什么呢？因为华生有医务工作者的风度，还有军人气概。左臂动作僵硬，说明他刚刚受过伤。那么当时什么地方刚刚打完仗，并有可能让一名军医受伤呢？阿富汗。所以，结论就出来了。

你看，福尔摩斯只需要一个片段的知识——阿富汗刚打完仗，就足以让他完成一整套推理。他并不需要深入细致地了解这场战争。

这就是"破案式学习"。过去的学习，是面对已知的学习；现在的学习，是面对未知的学习。人人都是福尔摩斯。比如，你想创业，你想知道自己的创业计划靠不靠谱，上哪儿去找答案？你每次遇到的都是不同的情况。在未知的海洋里，任何一根小树枝都是救命稻草，你有一些微茫的小线索，哪怕不精确，也没关系，利用互联网工具，利用线索和线索之间的交叉关系，并不难找到答案。

有一个关于收入的调查结论很有意思：在专业能力相当的情况下，谁知道的乱七八糟的杂事越多，谁的收入就越高。像地理知识、历史常识、冷门的体育术语，知道的人比不知道的人年收入要高出几万美元。

凭什么？就因为人家手里通往陌生领域的钥匙更多。

作家的身姿

□梁小斌

我敢肯定，卡夫卡不是为了把稿子扔到壁炉里而写作的。他写出了彻夜难眠得出的思想。推动他思想向前发展的力量，不是他想欣赏纸在火焰中卷曲。谁都知道，一张空白的纸有时也可以假装上面有字，被揉成一团后扔到火中，借以引起旁人的惊异。

我曾有过这种境界。人们以为我烧掉的东西可能是最好的东西，或者是最为真实诡秘的东西。但我知道那纸上什么也没写，我的心思只在纸上凝聚了一会儿，它就被我一把抓起扔到火焰中，结局是自然熄灭。

那不是真实的焚稿时的火焰，而是借助可能燃烧的火焰表达出的一个思想，一个永远活着的念头。请把遗体烧掉。我们常听到这样的最终命令，因为死者知道他的身躯会被别人烧掉，所以表达了一个愿意被烧掉的思想。但临终的话不会说："请把我的生平烧掉，把我的故事遗忘。"因为是否真的被人遗忘，并不取决于他。

我自然又联想到列夫·托尔斯泰，他在晚年希望做一个缝鞋匠，进入一针一线的缝合之中。那时，在我幼稚的脑海里，我认为街角的任何一位鞋匠，都曾经躲在家里写过厚厚的书。现在我想，人不能到晚年才想到做鞋匠。这时他已年老眼花，缝不了几针了。原来，列夫·托尔斯泰只是接近了常识，接近了一个朴素的思想，他是为一个境界而不停地缝合。

孤而美

□许冬林

人世间，有许多际遇，许多人和事，是只此一个，只此一回，无法重复的。这样的际遇、人和事，在我们的一生中，成为孤绝的风景。他们孤而美，像孤品。

王羲之写《兰亭集序》，不论是文章辞采，还是书法气象，都绝美到令人叹绝。但是，《兰亭集序》那样的文章和书法，在王羲之的人生里，也无法重复。三月三年年都有，文人雅集也时常会有，风和日丽的好天气也不稀罕，但《兰亭集序》永远是独一无二的。

看大漠胡杨，尤其是在深秋，那些胡杨像立于世外，有一种庄严凛冽的美。沙漠是金色的，夕阳是金色的，胡杨也是金色的，这让人想到苦难和孤独也可以像金色的胡杨一样辉煌。

我在朋友拍的胡杨照片里流连——每一棵胡杨，都独自在风沙中站立几百年了。每一棵胡杨，都是枝干苍老遒劲，满布沧桑，与众不同。每一棵胡杨，都是植物世界里的一个古老国度，苍老的树色和斑驳的伤痕成为它们的荣耀。

江南的烟柳在三月的细雨里吐露幼芽时，塞外还是苦寒时节；江南的竹与树在多雨之夏里绿意浓重时，沙漠地带依旧干旱。但是，胡杨还是生存下来了，一年一发。即使它们枝干断折，残余的根和枝干依然是一道风景，让人惊叹生命的坚韧。因为，它们永远是独一无二的，不可复制。

看大漠胡杨，常常为一种绝世的孤美倾倒。

到安徽淮北去，在一片麦地的尽头，有一处文化遗址，叫柳孜运河码头遗址。我站在古运河的河床边，看到一艘沉船，泥沙沉积于船舱，旁边，一根桅杆将折未折。船舱外的淤泥里，破碎的蓝花瓷片这里一片，那里一片，仿佛守望的眼神。我在古运河边静穆肃立，久久无语，只觉得千百年的时光仿佛化作运河流水，从我心上湍急流过。

当一种已经流逝的文明，以碎片的形式存于文物保护的玻璃之下时，我们依然会被它惊艳到眼底有泪。它也是，无法再生，不可复制，成为孤绝之美。

许多人途经我们的生命，像旅客。我们和他们相处时，以为彼此会一直肩挨着肩在花木葱茏的世界走下去，春天不会老，我们也不会老。我们以为，即使离别，转身就又会看见彼此，欣然而笑。可是，慢慢地，我们发现，有些人一转身，就再也不见。有些人，也是生命中的孤品。

十几年前，我在南方学舞蹈，结识了一帮爱跳舞的朋友。离别时，我们互留了地址，当时以为还有后话。十几年过去，他们音信杳然。不只未见，连联系方式也在几次的辗转搬家中丢失。现在，即使重逢，我怕连他们的名字也叫不出来了。

我的童年几乎是在姨娘的怀里度过的，她不是我的母亲，却给了我比母爱还要丰厚广大的爱意和温暖。20世纪80年代，她给我买大红的方形丝巾，让我在春天花开欲燃。她教我唱歌，唱《回娘家》《小草》等那个年代的流行歌曲。她牵着我的手去照相馆，我们一起拍很亲昵的合影。

后来，我们家的相框里，我和她的合影，只露出有我的那半边，有姨娘的那半边被母亲遮了起来。姨娘在我的童年刚刚结束时就永远地离开了。外婆去世入土时，我们经过姨娘的坟前，坟上青草萋萋。我看着那些青草，记忆忽一闪，全是我跟姨娘在一起时的旖旎风光。可是，细细回想姨娘的模样，并不真切，记忆里的她已模糊成一个年轻美丽的背影。

许多事情，并不是越热闹越好。精神上能对话的人，只要一个就好。

日本作家川端康成的小说，有一种孤而美的气质。我喜欢《雪国》，就觉得，在冰冷清冽的世界里，一个人往远方去，大地上留下脚印，又被雪抹掉，也很好。

世界太热闹了，我要留一点儿忧伤给自己，留一点儿落寞给自己。我要一个人孤零零地凋零，不要快乐来修饰。保持一种孤而美的状态，像老井，不溢，也不枯，清浅地晃着后半夜的月光。

半如儿女半风云

□林 曦

"半如儿女半风云"，齐白石先生教学生画画时，总是提到这样一句话。

小儿女的缠绵和大风云的挥洒，其实是一组矛盾的意象。当两种矛盾的特征能够在一个个体上融合时，便会产生一种很好的审美体验。不论画画还是做事，人既要有敏感的内心，也要有果敢的力量。

说到齐白石先生，除了画虾，我们很容易想到他那些痛快淋漓的大写意，就像人人都喜欢的他的一句话——"世间事，贵痛快"。我们喜欢看到这样的痛快和风云挥洒，并且愿意效仿，但往往忽略了这样的痛快是怎么来的。痛快背后，是经历"每日挥刀五百下"才能练就的果敢。所以我们在学齐白石的时候，学的更多的不是"大风云"的结果，而是"小儿女"的品质，也就是他的匠心。

在他的画稿上，人们会看到各种各样的批注：花蕊是什么颜色，用什么颜色的墨好看，仙鹤腿的比例是怎样的。有的画面上只有两只青蛙和几只蝌蚪，但它们之间的关系，他也很认真地做了处理。

与人说话、跟人接触、每天的工作，都需要以这样的状态对待。我们对一个人的品评、认识，不再基于他的履历。可能见面时一眼扫到他的鞋带或是他的衣服，闻到他身上的气味，听到他说的一句话，看到他随手的一个举动，等等，都会成为信息的来源。我们之所以需要把匠心落在生活的每一处，就是因为我们的心与行为始终是一体的，你的用心之处就呈现为你的样子和生活的样子。

把苹果和橘子进行比较

□ [美] 奥赞·瓦罗尔 译 / 李文远

在学习英语的过程中，很多俗语使人感到困惑。最让我困惑的一个俗语的字面意思是"把苹果和橘子进行比较"，实际含义是"风马牛不相及的事物"。第一次在大学里听到这个俗语时我呆住了。我认为，苹果和橘子的共同点多于差异点。两者都是水果，都是圆的，都略带刺激性味道，大小也差不多，而且都生长在树上。

美国国家航空航天局（NASA）艾姆斯研究中心的斯科特·桑福德用红外光谱法对苹果和橘子进行了更深入的对比，结果发现这两种水果惊人地相似。该研究取了一个带有嘲讽意味的标题，叫作《苹果和橘子的比较》，并发表在讽刺性科学杂志上。

尽管苹果和橘子有相似之处，但这个俗语流传甚广，因为我们很难看到看似不同或不相关事物之间的联系。在个人生活和工作中，我们只会将苹果和苹果做比较，或者将橘子和橘子做比较。

专业化是目前流行的趋势。在英语世界里，"通才"指博而不精之人。希腊谚语说，一个人"懂得的手艺越多，反而会家徒四壁"。韩国人认为，一个"有12种天赋的人没饭吃"。

这种态度的代价极大，它阻断了不同学科思想的交融，让我们停留在人文学科或自然学科的领域内，互不接受彼此的观念。如果你是英语专业的，量子理论对你有什么用？如果你是工程师，何苦去读荷马的《奥德赛》？如果你是医科学生，何必去学习视觉艺术？

上面最后一个问题成为一个研究课题。36名一年级医科学生被随机分成两组，第一组在美国费城艺术博物馆上了6节课，学习观察、描述和解读艺术作品。研究人员将这组学生与没上过艺术课的另一组学生进行对比，研究开始和结束时，两组学生都接受了测试。结果发现，与对照组不同，受过艺术培训的那组学生的观察技能显著提升，比如更善于解读视网膜疾病的照片。这项研究表明，光是通过艺术培训，就可以帮助医科学生成为更好的临床观察者。

事实证明，生命并非发端于隔离的环境。只比较相似的事物，我们学不到太多东西。生物学家弗朗索瓦·雅各布说过："创造就是重组。"几十年后，乔布斯也表达了同样的观点："创造力就是将事物联系在一起。那些有创造力的人，并没有真正创造出新事物，他们只是见识比较广罢了……他们经验更丰富，或者与其他人相比，他们对自己的经验思考得更深入。"

换言之，想打破条条框框，实现创造性思考，你就得多找几个"条条框框"。

爱因斯坦把这叫作组合游戏，他认为这是"创造性思维的本质特征"。组合游戏需要一个人接受各种思想，求同存异，把苹果和橘子合并重组成一种全新的水果。采用这种方法，"整体不仅大于各组成部分的总和，而且与各组成部分的总和大相径庭"。物理学家、诺贝尔物理学奖得主菲利普·安德森如是说。

为了促进思想的交叉融合，享有盛誉的科学家经常会培养不同的兴趣爱好。伽利略之所以能够发现月球上的山脉和平原，不是因为他有一台高级望远镜，而是因为他接受过绘画方面的训练，这使他明白月球上明亮和黑暗的区域各代表什么。达·芬奇的艺术和科技灵感也来自其他方面，也就是他对大自然的好奇。他自学研究了各种自然科目，比如"牛犊的胎盘、鳄鱼的下巴、啄木鸟的舌头、人的面部肌肉、月光、阴影边缘等"。爱因斯坦提出广义相对论的灵感，来自18世纪英国哲学家大卫·休谟，后者首先对空间和时间的绝对性提出疑问。在1915年12月的一封信中爱因斯坦写道："没有这些哲学研究成果，我可能无法断言相对论会诞生。"爱因斯坦首次接触到休谟的研究成果，是通过一个叫奥林匹亚科学院的组织，该组织由一群致力于组合游戏的朋友建立，他们当时经常在位于瑞士伯尔尼的爱因斯坦家中碰面，讨论物理学和哲学问题。

达尔文构思进化论的灵感则来自两个截然不同的领域：地质学和经济学。在19世纪30年代出版的《地质学原理》中，查尔斯·莱尔提出一个观点：山脉、河流和峡谷，是经由一个缓慢的过程进化形成的。这一过程发生在漫长的时间里，地表侵蚀、风和雨，不断改变地球的面貌。莱尔的理论违背了传统观点，后者将这些地质特征完全归因于像诺亚大洪水那样的灾难性事件或超自然事件。达尔文在随"贝格尔"号环球航行时阅读了莱尔的著作，并将其地质理念应用于生物学。正如火箭科学家大卫·穆里所说的那样，达尔文认为有机物质"随着无机物质的进化而进化。随着时间的推移，每一个后代的微小变化累积起来，形成新的生物附属器官，比如眼睛、手或翅膀"。达尔文还从18世纪末的经济学家托马斯·马尔萨斯那里获得灵感。马尔萨斯认为，人口的增长速度往往会超过食物等资源的积累速度，从而形成生存竞争。达尔文认为，这种竞争推动了进化过程，使那些最能适应环境的物种生存下来。

组合游戏也是通往杰出音乐的密码。著名音乐制作人里克·鲁宾要求他的乐队在制作专辑时不要听流行歌曲。鲁宾说，他们"最好能从世界上最伟大的博物馆获取灵感，而不是从目前的公告牌排行榜上找灵感"。铁娘子乐队的音乐结合了莎士比亚戏剧、历史和重金属等多种看似不相干的元素。皇后乐队的《波希米亚狂想曲》被认为是有史以来最伟大的摇滚乐歌曲之一，它就像一块音乐三明治，将多种音乐形式融为一体。

组合游戏还催生了许多突破性技术。拉里·佩奇和谢尔盖·布林采纳了学术界的一个观点，即"学术论文被引用的频率，表明了它受欢迎的程度"。他们将该观点应用于搜索引擎，创建了谷歌。众所周知，乔布斯借鉴了书法的书写方式，为麦金塔电脑创造了多种字体。

上述这些例子表明，某个行业的变革，可能始于另一个行业的创意。大多数情况下，两个行业不会完美契合。但是，只要进行比较和融合，就会激发新思路。

要让苹果和橘子建立起关联，你必须先收集它们。你收集的东西越多样化，输出的信息就越有趣。如果你继续收集苹果和橘子，花点时间研究它们，很快就会想到关于新品种水果的创意。组合游戏的原理不仅适用于创意，也适用于人。当不同学科的人组合在一起时，就会产生1加1大于2的效果。

对照

□秦立彦

我在树下心事重重地走着，
看见了树上的鸟。
它如此轻盈，
从一个枝头跳向另一个枝头，
不慌不忙地梳理羽毛，
然后展翅飞入天空。
它比我自由。
然而我怕被雨水淋湿了翅膀，
怕高，
怕冬天，鹰隼，
怕生命短促，
怕天地间不容易找到食粮，
怕床榻在风中飘摇。
它接受了这些，
才如此轻盈。
但它不能接受低矮的视野，
地面，墙，屋顶。

口吃的毛姆

□ 曹文轩

没有口吃，就没有身为作家的毛姆。从少年时期开始，口吃一直跟随着毛姆，直到他人生终了。

口吃让毛姆总是尴尬。当他开口"像打字机的字母键一样发出一种喷喷的声音"时，不难想象自尊心很强的毛姆是一种什么样的心情。

毛姆少年时，时时都能感觉到一双双嘲弄的眼睛。这种目光像锐利的冰碴一样刺痛着他，使他早在成长时期就养成了孤僻的性格。

毛姆并没想成为一名作家，他想成为一名律师。他的祖父与父亲都是律师，他却口吃——这太具讽刺意味了。律师要的就是巧舌如簧、雄辩滔滔。美国好莱坞电影中的经典场景之一就是法庭辩论。这一场景可以让我们看见一名律师是如何显示他超凡脱俗的语言才能的。周围一片肃穆，大律师语惊四座，最后得以冲垮一切阻碍与防线，从屠刀之下救出一个个生灵，或是将一个个生灵推到屠刀之下。让人不禁感叹：真是张好嘴。

造物主跟毛姆开的玩笑太淘气亦太残酷——哪怕给他另样的残疾呢？

毛姆绝没想到口吃成全了他，也成全了文学史：世界拥有了一位大师级的小说家与戏剧家。

残疾给了他一份敏感。

作为普通人，也许并非一定得有一份敏感。木讷、愚钝、没心没肺，倒也省去了许多烦恼。事实上，许多人就是这样活着的，甚至活得十分自在。但作为一名作家，则绝不可少了这份敏感。走到哪儿，察言观色，虽未必是一种有意的行为，却是必需的。一有风吹草动，心灵便如脱兔。他能听出弦外之音，能看到皮相的背后。他们是世界上神经最容易受到触动的人，因此也就最容易受到伤害，而伤害的结果是心灵变得更加敏感。

毛姆的敏感常常是过分的，因此，他的生活中很少有亲人与朋友。草木皆兵、四面楚歌，到了晚年，他竟觉得整个世界都在算计他。

一颗敏感的心灵，沉浮于无边的孤独，犹如落日飘游于无边的旷野。敏感给毛姆的创作带来了巨大的资源，却毁掉了他的生活——最后就只剩下一颗寂寞的灵魂和一幢空大的屋子。

但我们要永远感激这份敏感，因为它给我们带来了《雨》《月亮和六便士》《人性的枷锁》《刀锋》等上佳的小说和好几十部精彩的戏剧。

当毛姆不能用嘴顺畅、流利地表达时，他笔下的文字却在汩汩而出、流动不止。他是世上少数几个长寿作家之一，一直活到92岁。这也许没什么了不起，了不起的是，高龄期的毛姆一直在不停地写作。他的生命在日趋衰竭，他的文思却一直到最后也未见老化的迹象。他的许多重头之作，竟是写在他的晚年。从毛姆的写作笔记看，还有大量绝妙的小说与戏剧，被他带进了棺材。

从毛姆的每一部作品看，我们看到的同样是让人舒心的流淌。毛姆的叙事从来就是从容不迫的。他找准了某一种口气之后，就一路写下来，笔势从头至尾，不会有一时的虚弱和受阻。侃侃而谈、左右逢源，言如流水，遇圆则圆，遇方则方，将一个口吃的毛姆洗刷得干干净净，不留一丝痕迹。

残疾，还直接成了他创作的素材。他有几个刻画得尤为成功的人物，都是残疾之人，如《人性的枷锁》中的菲利浦、《卡塔丽娜》中的卡塔丽娜。

与人、与社会，毛姆在他的作品中留给人的形象始终是一个旁观者。他不是一个介入型的作家。这一姿态，又是与口吃造成的自卑、由自卑造成的离群独处分不开的。

毛姆的传记作者特德·摩根在《毛姆传记》中曾写到这样一个场景：二战期间，毛姆等人正在参加一场宴会，伦敦上空突然响起空袭警报的声音。出于对弗吉尼亚·伍尔芙的安全考虑，毛姆提议由他陪她走一段路。当他们走到大街上时，正是敌机飞临伦敦上空之时。高射炮从各个角度向空中射去，天空如被礼花照亮一般，场面恐怖而壮观。毛姆高叫着让伍尔芙掩藏起来，伍尔芙却置若罔闻，一步不挪地站在大道中央，甚至舒展开双臂仰望燃烧的天空，向炮火致敬。毛姆便默默地在一旁站着。

这就是毛姆。作为旁观者的毛姆，获得了一种距离，而这种距离的获得，使他的观察变得冷静而有成效。数十年里，毛姆以"一旁站着"的打量方式，看出了我们这些混在人堆里不能旁出的人所看不到的有关人性的无数细节与侧面。

也许只有毛姆本人最清楚口吃与他和他的作品的关系。他向一位他的传记人一语道破天机："你首先应该了解的一点，就是我的一生和我的作品在很大程度上都与我的口吃分不开。"

写到此处，我吃惊地发现诸多天才存在身体缺陷。造物主是公平的，他竭力要做的就是将一碗水端平。对他的子民，不厚一个，也不薄一个。当这个人有了缺陷时，他是心中有数的，总会在暗中给予补偿。因为缺陷，使这个人饱尝了痛苦，因此补偿往往要大于缺陷。

毛姆对于这份丰厚的补偿，应该是无话可说。

构建你的习惯体系

口佚　名

人们很容易高估某个决定性时刻的重要性，也很容易低估每天进行微小改进的价值。

如果你每天都能进步1%，那么一年后，你将会进步37倍。相反，如果一年中你每天以1%的速度退步，你现有的任何东西会降到几乎为零。

你的体重是衡量你饮食习惯的滞后指标；你的知识是衡量你学习习惯的滞后指标；你生活环境的杂乱是衡量你整理内务习惯的滞后指标。所有这些，都是你日复一日、年复一年积行成习的结果。

如果你很难改变自己的习惯，问题的根源可能不是你，而是你的体系。

坏习惯循环往复，不是因为你不想改变，而是因为你的改变体系存在问题。

你要做的是，不求拔高你的目标，但求落实你的体系。

当铺的"设置效应"

□ 李 刚

旧社会的当铺是个很奇特的地方。迎门有一座高过人头的屏风，店堂内柜台高过头顶，人们当东西要将双手高高举起才够得着柜台。最为奇特的是当票，上面所书的字体是当铺独创的，满纸文字如同天书。入当铺当学徒，学习写"当字"便是第一门功课。同样奇特的是，无论典当物质量如何，一律被冠以"破旧"之名。不论当什么，全得被贬低，当"金子"，他写"熏金"；当"银器"，他写"潮银"；当"丝绸"，他写"麻绢"；当新衣裳，他写"油旧破补"。

通常认为，这样做的目的是尽可能地剥削穷人。如柜台之所以高，是为了先从心理上压穷人一头；在当票上注明"破旧"字样，是为了减轻当铺由于当物变质或发生意外而可能承担的责任。但从经济学角度分析，会发现这些特点能极大地减少当铺与顾客之间的交易成本。

拿首饰或衣物去典当，总归不是件好事，人们心理上难以承受，被熟人撞到也不好意思。当铺都是临街而设，门口人来人往，高过人头的屏风把大门内的一切都隐藏起来，可以更好地保护隐私，吸引顾客来典当。

柜台这么高还有一个原因。来当东西的人一般都着急用钱，心情很急躁，但当铺开的当银都很低，再加上当铺掌柜会说一些气人的话，双方很容易发生争执。这时，高过头的柜台可以有效地阻挡顾客与当铺掌柜发生直接的身体接触。而且，若有强盗来抢当铺，高高的柜台可以作为掩体。

当铺只认票不认人，这时，龙飞凤舞的"当"字就起作用了，其目的是防止当票遗失后，被人拾获，知道所当物品而去冒领。所以，我们才会在《红楼梦》里看到，邢岫烟丢失的当票被史湘云和林黛玉看见，误以为是账单。这种难认的"当"字对顾客也是一种保护。

当的是一件崭新的羊皮大衣，被写作"虫吃破光板老羊皮袄一件"；当的是一枚翡翠帽正，被写作"硝石帽正一枚"。从降低交易成本角度来讲，也有其道理。如此写当票，是一种分类的方法。如皮毛品以"虫吃破光板"起头，翡翠以"硝石"起头，书画以"烂"字起头，衣服以"破"字起头，大有分类学上的考虑。这样写也能让当票尽可能写得满，不留空白，防止顾客私自涂改。

现代交易成本理论认为，降低交易成本有两种方法：一是优化组织制度，二是进行技术创新。上面分析的当铺的几个特点，却无法划入这两种情形，但它们的的确确极大地降低了当铺与顾客之间的交易成本。我将这归结为企业内布局合理设置取得的效应，称为"设置效应"。

科学不要一味追求完美主义

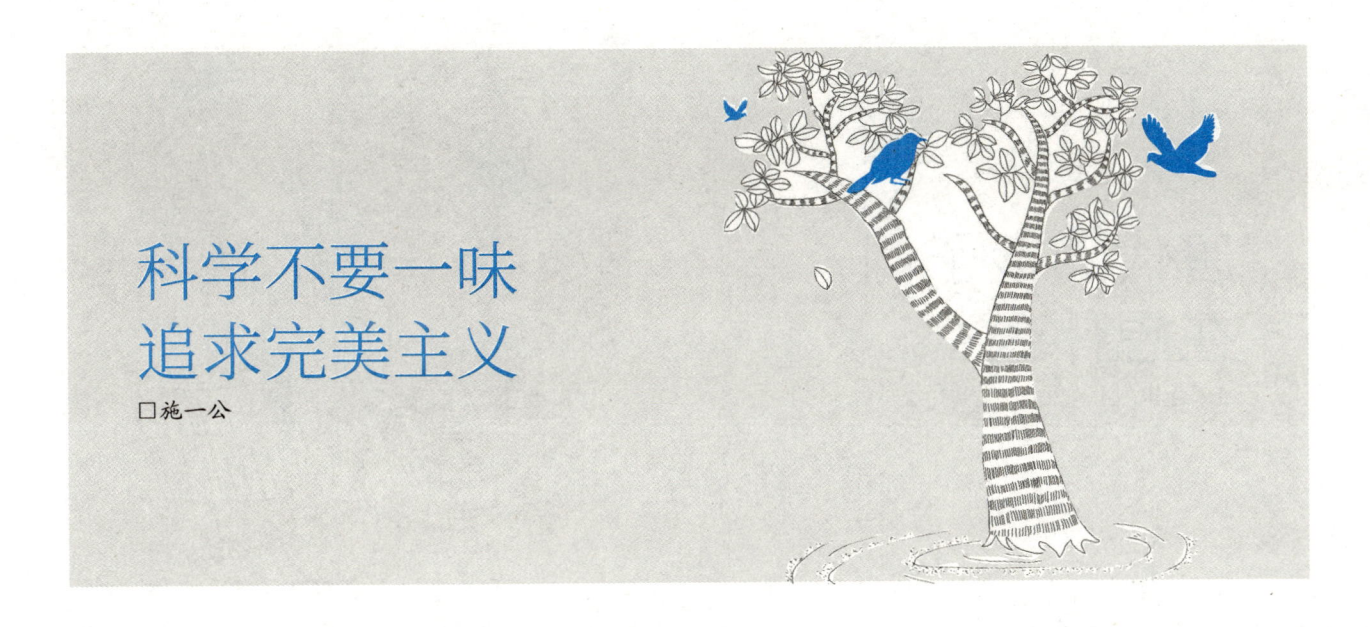

□ 施一公

尼古拉·帕瓦拉蒂奇是我的博士后导师，对我影响非常大。他做了一系列里程碑式的研究工作，享誉世界结构生物学界，31岁时即升任正教授。1996年4月，我刚到尼古拉的实验室不久，做一个纯化蛋白的实验，两天下来，蛋白虽然被纯化了，但结果很不理想，得到的产量只有预期的20%左右。

见到尼古拉，我不好意思地说："产率很低，我计划继续优化蛋白的纯化方法，提高产率。"他反问我："为什么想提高产率？已有的蛋白不够你做初步的结晶实验吗？"我回答道："我需要优化产率以得到更多的蛋白。"他毫不客气地打断我："不对。产率够高了，你的时间比产率重要。请尽快开始做结晶筛选。"

实践证明了尼古拉建议的价值。我用仅有的几毫克蛋白进行结晶实验，很快意识到这个蛋白的溶液生化性质并不理想，不适合结晶。我通过遗传工程除去其N端较柔性的几十个氨基酸之后，蛋白不仅表达量高，而且生化性质稳定，很快得到了有衍射能力的晶体。

在大刀阔斧地进行创新实验的初期，对每一步实验的设计当然要尽量仔细，但一旦按计划开始，对中间步骤的实验结果就不必追求完美，而是应该义无反顾地把实验一步步推到终点，看看可否得到大致与假设相符的总体结果。如果大体上相符，你才应该回过头去仔细改进每一步的实验设计。如果大体不符，而总体实验设计和操作都没有错误，那你的假设很可能是有大问题的。这样一个来自批判性思维的方法论，在每一天的实验中都会用到。

过去20年，我一直告诉实验室的所有学生：切忌一味追求完美主义。只要一次实验还能往前走，就一定要做到终点，尽量看到每一步的结果，之后需要回头看时，再逐一解决中间遇到的问题。

还有一次，一个比较复杂的实验失败了。我很沮丧，准备花几天时间多做一些对照实验以找到问题所在。没想到，尼古拉皱着眉头问我："你为什么要搞明白实验为何失败？"我觉得这个问题太没道理，便理直气壮地回答道："我得分析明白哪里错了，才能保证下一次可以成功。"尼古拉马上评论道："不需要。你真正要做的是把实验重复一遍，与其花大把时间搞清楚一个实验为何失败，不如先重复一遍。面对一个失败了的复杂实验，最好的办法就是认认真真重新做一次。"

仔细想想，这些话很有道理。并不是所有失败的实验都一定要找到失败的原因，尤其是生命科学的实验，过程烦琐复杂，大部分失败的实验是由简单的操作失误引起的。仔细地重新做一遍，往往可以解决问题。只有那些关键的、不找到失败原因就无法前行的实验，才需要刨根问底。

唐代的孩子们在想什么

□ 陈尚君

"鹅鹅鹅，曲项向天歌。白毛浮绿水，红掌拨清波。"这首《咏鹅》，相传为骆宾王七岁时所作，今日几乎是家喻户晓，老少成诵了。可惜留下的相关记载太少，无法还原诗人真实的少年生活，更不知道他接受过什么教育，有过什么人生理想，为什么写这首诗。类似的少年诗人，已知的有十多位，作品稍显零乱。幸运的是，近代以来，在丝绸之路要道上的敦煌藏经洞，在新疆吐鲁番阿斯塔那的古墓群，在湖南长沙城北望城镇的唐代窑址，发现了大量唐代孩子的习字杂抄，有写经尾题、瓷器题诗，乃至一些随意的涂鸦，其中的许多文字都保存了那时孩子们的真实想法。更令人惊讶的是，从漠北到江南，地域如此广阔，但其中许多作品有大量雷同，令人不能不惊讶于文化传播的普及。

感念父母之恩，是人子的天性。玉九一有诗云："由由天上云，父母生我身。少来学里坐，今日得成人。"坐进学堂的孩子，有长大的感觉，老师再将父母养育之恩告之，孩子感受更真切。此诗从天上的云起兴，将"父母生我身"加以强调。后两句平淡之中充满深情，就如同近代教材"秋天来了，天气凉了，一群大雁往南飞"一般含蓄隽永。此诗也有几个文本，如伯三五三四写于《论语集解》卷四末，有题记："亥年四月七日孟郎郎写记了。"中国书店藏张宗之写本署"癸未年永安寺学士郎张宗之书记之耳"。后者首句作"云云天上去"，末句作"长大得成人"，应该是流行很广的一首诗。

从现存敦煌大量佛经来看，很多出于学郎的手笔，内容大量重复，显然不是出于传播或保存文献的目的，很可能是将写经作为礼佛的功德或敬佛的物品，这么说来，所抄的经文也就具有商品的价值。伯二九四七云："书后有残纸，不可别将归。虽然无手笔，且作五言诗。"他们抄书、抄经，显然受雇于人。书抄完了，纸还有剩余，东西是别人家的，不能带走，但可以用这些纸写诗啊！一些学郎诗就是这样保存下来的。

学郎们抄经时的心情似乎并不愉快，如这一首："可怜学生郎，每日画一张。看书佯度日，泪落数千行。"这位的任务似乎是画佛像，也看书，不知何以痛苦如此，乃至泪落千行，仅仅画像或看书，似乎都不至于如此啊。另一位则讲得很明白："写书今日了，因何不送钱。谁家无赖汉，回面不相看。"写书是为了换钱，辛辛苦苦写完，为什么还不给钱？后两句骂得很重，怎么可以这么无赖呢？我给你做事，你居然连一个好脸色都不给我，太不像话了。能赚多少钱呢？另有答案："今日写书了，合有五升米。高贷不可得，还是自身灾。"原署："贞明五年（919年）己卯岁四月十一日敦煌郡金光明寺学仕郎安友盛写记。"诗很可能是安友盛所作，诗的水平并不高，似乎他连押韵的技能都没有掌握，但他的心情是轻松愉快的。书终于写完了，按照先前的承诺，应该可以得到五升米，这够家人生活一段时间了。他的想法是跳跃式的，因为有了这五升米，可以不用借高利贷了。高利贷虽然可以暂时缓解危机，但债务繁重，最后还是自己的灾害。平静之中，可以体会到他的欢悦。

学郎们平时总免不了互相取笑，彼此起绰号，取别名。那算是轻的，他们学了几首诗，当然要用来互相调侃，严重一些就是谩骂了。

作者没有留下自己的年龄，也没有留下事由，可能是年轻的学郎所作，因为这些诗的内容都任意胡闹，骂人也不留分寸，略知押韵就率意耍酷，更接近未成年人的口气。即便自励，也可以很随意，如："青青河边草，游如水鸟鸟。男如不学问，尔若一头驴。"这首诗在敦煌遗书里出现过很多次，首句可以追溯到《古诗十九首》，第二句也还算连贯，第三四句讲出大道理，男子应该读书求学问啊，如果不这样，还真不如一头驴！末句画风大变，又不押韵，但孩子肯定喜欢这样的比喻，更喜欢以这样的比喻来互相攻击，其中有无限的乐趣。

读罢以上文字，一定会有所困惑：这些是唐诗吗？今日家喻户晓的那些唐诗，那时候有人读吗？这些学郎诗，思想平庸，艺术粗糙，都是一些最家常、最世俗的想法，有什么好呢？

应该说明的是，唐诗的民间传播是一个非常复杂的问题。什么是最好的作品，各个时代的看法不同，就算在唐代，在文化发达地区高度掌握文化的人群，与边地的一般民众，显然会有很大不同。敦煌的学郎，以及教授他们的老师，大概就是这样的水平。他们的阅读范围并不太广，他们的生活目标世俗且平常，他们的喜怒哀乐，只是普通人的喜怒哀乐。这是他们的局限，但也正是这一点最特殊而可贵。

我们从他们的作品中，可以看到普通民众的所思所虑，看到他们的文化追求以及达到的程度。他们可能是伟大时代的落伍者，也可能是任何时代在基层生活的普通人。因为有这些平常的作品，再读那些大诗人的经典，我们可以感受到同一时代的作品可以如此立体而多元，丰富而日常。

待物的心态

□张宗子

收藏者看别人的东西眼光苛刻，因而锐利；看自己的东西宽容，因而迟钝。看别人的东西时，专心找差错；看自己的东西时，专心找优点。做鉴定，最好交换着看。

一件东西没到手的时候，隔江听雨，仰之弥高。一旦归为己有，最初的兴奋过去，以平常心视之，眼中便本色毕现。粗是粗，精是精。艳俗的，艳不能掩其俗；朴素的，朴素中有华丽；绮靡的，要么绮靡到极致，要么细看之下，绮靡中透着高逸。天性随和的人，对世上一切事物，因无提防之心，自然免不了吃亏上当。但尘埃落定后的澄澈，另有一番妙味。在一种诱惑面前的失败，就成了这种诱惑最好的预防针。

匹配定律

□ 清风慕竹

韩馥在三国时期算得上一个名人，讨伐董卓时他是十八路诸侯之一，身份和地位自然不能小觑，但他的结局出人意料，什么原因呢？

韩馥是颍川郡（今河南禹州）人，没什么背景，靠勤奋读书进入仕途，担任过御史中丞。东汉的政治斗争异常复杂，中平元年（184年），凉州军阀董卓入主洛阳，挟持天子，老实巴交的韩馥被意外地封为冀州牧。

当时，冀州是北方人口最多的州，横跨冀、青、幽、并四州，以韩馥的资历来说，堪称一步登天。后来，袁绍与董卓因政治分歧而分道扬镳，袁绍被封为渤海太守，成为韩馥的属下。袁绍的家族号称"四世三公"，韩馥对这位出身豪门望族的属下自然十分忌惮，便"遣数部从事守之，不得动摇"，派佐吏在袁绍的门口把守，限制袁绍的行动，相当于将他软禁了起来。

董卓的暴行引起共愤，初平元年（190年），关东州郡起兵讨伐董卓，袁绍因其号召力而成为盟主。在各路诸侯中，韩馥被分配的任务是留守邺城（今河北临漳），负责后勤保障，供给军粮。韩馥对袁绍的疑虑不减，经常借故克扣军粮。

讨伐董卓的事无果而终，袁绍的谋士逢纪出主意说："做大事业，不占领一个州，没法站住脚跟。现在冀州强大充实，但韩馥才能平庸，可暗中约公孙瓒率领军队南下，韩馥得知后必然害怕，只要派出一个能言善辩的人向他陈说祸福，他必然被这突如其来的事情弄得不知所措，我们就可轻易得到冀州。"袁绍听从了逢纪的建议，写信给幽州的枭雄公孙瓒，让他暗中偷袭韩馥。

接着，袁绍又派首席谋士荀谌劝告韩馥说："公孙瓒趁着得胜南下，袁将军率领军队向东而来，其意图难以预料，我个人以为您很危险。"韩馥一听就害怕起来，说："那我该怎么办呢？"

荀谌说："您自己估量一下，在宽厚仁爱包容、使天下人归附方面，您比起袁绍来怎么样？"韩馥说："我不如他。"荀谌又问："在面临危难出奇制胜、智谋勇气方面，您比起袁绍来又怎么样？"韩馥说："我不如他。"荀谌再问："在世代普施恩惠、使天下各家得到好处方面，您比起袁绍来又怎么样？"韩馥回答："我不如他。"荀谌说："将军您在这三方面均不如袁绍，却长期居于袁绍之上，袁绍是当代的豪杰，必定不肯一直在您之下。而且公孙瓒带领燕、代的士卒，其兵锋不可抵挡。冀州是天下的重镇，如果两支军队合力进攻，会师城下，冀州的危亡立刻就会到来。袁绍是将军的故旧，并且是同盟，眼下，不如将整个冀州让给袁绍，袁绍必然对您感恩戴德，公孙瓒就不可能再与您相争。这样将军有让贤的名声，自身地位比泰山还要稳固，希望您不要有疑虑。"

韩馥素来怯懦，心惊胆战之下就同意了荀谌的建议。韩馥的手下一听都气疯了，长史耿武、别驾闵纯、骑都尉沮授都纷纷劝阻说："冀州再弱小，能披甲上阵的也有百万人，粮食足够支撑十年。袁绍以一个外来人和一支正处穷困的军队，仰我鼻息，好比婴儿在大人的股掌之中，不给他喂奶，立刻可以将其饿死，为什么要把冀州送给他呢？"韩馥说："我过去是袁氏的属吏，而且才能比不上袁绍，估量自己的德行而谦让，这是古人所看重的，各位为什么觉得不好呢？"韩馥的手下听了只能摇头叹息。

很快，韩馥派其子给袁绍送去印绶，让出了冀州牧之位，同时主动腾出官邸，自己则搬到中常侍赵忠的旧宅居住。袁绍未动一兵一卒，便拥有了整个冀州，而对让贤的韩馥，他只是嗤之以鼻，并无感恩之心。袁绍掌权后，任命韩馥为奋武将军，但既没有兵，也没有官属。

此后，韩馥每天深陷忧虑惊恐之中，便投奔了陈留郡太守张邈。但恐惧已经如影随形，有一次，袁绍派了一名使者去见张邈，涉及机密时，使者便附在张邈耳边悄声细语。韩馥当时在座，看到这种情景，想到他们一定是在算计自己。过了一会儿，再也无法承受精神压力的韩馥起身走进厕所，用一把刮削简牍的书刀自杀了。

美国投资家曾提出一个匹配定律：要得到你想要的某件东西，最可靠的办法是让你自己配得上它。韩馥悲剧的根源在于其德不配位、才不堪任。古人讲："德不称其任，其祸必酷；能不称其位，其殃必大。"在这个世界上，我们每个人都应该拥有与自己相匹配的东西，一旦自己拥有的东西超过了自己的能力，就会给自己留下祸患。真正成熟的人，都要懂得遵循匹配定律，享受与自己匹配的东西，过与自己匹配的人生。

与自己的内在联结

□［日］诸富祥彦　译／范俏莲

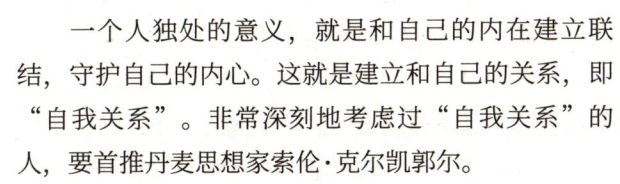

一个人独处的意义，就是和自己的内在建立联结，守护自己的内心。这就是建立和自己的关系，即"自我关系"。非常深刻地考虑过"自我关系"的人，要首推丹麦思想家索伦·克尔凯郭尔。

他在其所著的《致死的疾病》一书的开头写道："人是精神。那么，什么是精神？精神是自我。那么，自我又是什么？自我是一种与自身发生的关系与自身的关联，简言之，自我是关系与其自身的关联。"

"关系与其自身的关联"就是指，所谓自我并不是一种静态的存在，而是通过不断发现自我，与自己的内在深度联结的一种动态关系。克尔凯郭尔论述的就是随时在变化且不断更新的自我。

也就是说，真正的自我是在和自身不断产生关系的过程中显现出来的。一个人如果只是单纯地观察自己，就不能发现自我。如果和自己的内在分离，一味地顾及别人的目光，就很难和自己建立深刻的联结。探索自我意识的深处，从脑海中不断地拾起思维碎片，可以让真正的自我浮现出来。通过这样面对自己，建立和自己的深度联结，再从内在转变到外在。

我为什么拒绝书单

□曹 林

常有学生让我开书单,他们觉得肯定有一个"强大书单"形成的知识体系,支撑着一个人的思想输出。

我特别理解学生对好书的渴求,但我一般都拒绝了这种请求。两个理由:第一,一般指望别人开书单的人,可能都不怎么读书,开卷有益,读就行了,哪有那么多说道;第二,让人开书单,一般都带着某种想在读书上"走捷径"的诉求,绕过"浪费时间的无用之书"。这不是读书应有的态度,读书是一件需要绕远路的事,偷不了懒。书单是私人读书的结果,是困惑、寻找、遇见的过程,不是可以绕过这个博览过程而直接享受的结果。一个能开书单的人,读了千本书也许才能开出十几本书,你照书单只读这十几本,捷径就是巨大的"知识折扣",吃了大亏啊!

大学者讲课、大作家写文章时旁征博引,休谟、海德格尔、王尔德信手拈来,是因为书单里有休谟和王尔德,或者写文章前碰巧读了海德格尔,才"拈来"的吗?当然不是,是绕远路看风景的思想积淀。博览群书,无功利、绕远路的海量阅读,形成了宽厚的知识塔基和灵敏的心智结构,让自己在输出时可以达到"知识自由""引证自由":不会产生书到用时方恨少、话到嘴边说不出的输出障碍。

社会学家安德鲁·阿伯特把这种表达输出时的"知识自由"称为联想式致知,游刃有余地形成联想,将事物彼此关联,牵一发而动全身。就像钱锺书,随便一个关键词,能从古今中外的历史钩沉中讲个半天,并且告诉你某个哲学家的某段话在某本书的哪一页,那本书在我书房第几个书架第几层左边数第几本。要做到有效的联想式致知,你的头脑必须充满知识,与你看到的新事物联系起来:事实、概念、记忆和论证,它们像许多小钩子一样起作用,抓住你所面对的文本中的东西。这个钩子像触角一样,又能把新材料新知识"吸附"到既有的知识体系中,让大脑成为一部移动的百科全书,在问题分析和公共事务上输出自己的洞见。

郑也夫教授在一次讲座中说过,文史哲是学习社会科学的基础,他特别推崇王国维,说他在文、史、哲三个方面是全才,没有一个短板。金字塔成就了他的高度。底座太大了,底下三个最要紧的支点,伸展开去支撑起来,不得了。文史哲的知识,都不是"有用"的知识,而是"绕远路"去问一些日常生活中不会问的问题,舍近求远,追根溯源,打一口有源头活水的思想深井。就像一棵树,不知道日后长多大多高,那就先把根扎得深一些远一些。

"联想式致知"这种强大的知识勾连能力,就是在长期绕远路的读书生活中形成的,无目的,无功利,不只是读今天的畅销书,从畅销书的文献目录中看到一个学科的经典,"绕远路"去读古希腊哲学家的书,读孔子孟子,读图书馆里蒙上灰尘的旧书闲书。想了解某段历史,"绕远路"也去读一读古罗马史,读读修昔底德,知识的金字塔基越来越广阔,有一天就会发现,知识和思想是相通的,人性是连在一起的,今天不过是历史的延续,往昔是今天的异乡,大地不过是星空的边线，太阳底下并无多少新事。

这里涉及一个重要问题：读书和知识是如何内化到一个人思想中的？很多人觉得是靠"储存记忆"，像硬盘储存信息一样，读了什么东西，当时有感慨，记到笔记里，形成某种印象，就储存到记忆去了，使用时再去"调用"。实际上，到了高等教育阶段，知识的内化已经不是死记硬背、直肠式硬盘式的"储存记忆"，而是靠有机的"网格化检索"。什么叫网格化检索？就是读书过程中对知识进行积极的处理，通过分类、重组、对话、标签、批判式思考，使其进入你的知识网络。

这个知识网络不是一个个分散的"知识点"，而是互相联系、彼此嵌合、触类旁通的知识形成的网，书越读越多，这张网会越来越大，形成井然有序的"分类框架"。当你读一本新书时，这张网会将新知网入其中。脑子中的这种知识网络，就像长到你身体中的图书馆，平时退隐入背景形成"缄默知识"，用时可随时分类检索，形成信手拈来的联想和提示效果。读书的过程就是"结网"，让这个网足够大，才能网住新知，避免水土流失读了白读。

按哈佛大学原校长博克的说法，形成批判性思维要跨越两个阶段，即"无知的确定性"（以标准答案为导向的应试阶段）和"有知的混乱性"（大学的博览群书阶段）。要进入批判性思维境界，必须经历"有知的混乱性"阶段，也就是充分积累，绕远路接触尽可能多的知识，才拥有"对判断进行判断"的批判性资本。只知其一，等于无知，也就是"无知的确定性"。绕远路读了很多书，知其二、其三，才有能力进行举一反三式的知识调用，对"其一"进行批判性思考，从而作出关于其四、其五的创造性判断。

读书只有在笨办法、笨功夫中积累，才能在饱满的内存支撑中成就作品。绕远路，需要克服很多枯燥，克服变现的功利，才能享受"绕"的过程。

学生问我某个问题，我是知道答案的，若直接告诉他，那叫"喂养"，我一般是让其自己读书检索。这么绕一下，答案才会属于他。讲座之后，我一般也拒绝给学生课程PPT，得到PPT似乎是获取知识的捷径，好像有了它就不用认真听课了，我不喜欢这种捷径思维。课堂包含论证和展开的过程，没有这个过程支撑的"PPT知识点"一点儿用都没有，那只是"点"，无法连成"线"并形成"面"。只有笨拙地吸收，才能智慧地输出。

梭罗的书桌

□ [日] 松浦弥太郎　译/叶韦利

我18岁时读到《瓦尔登湖》，由此认识了作者梭罗。《瓦尔登湖》的思想，我当时很难理解，却对那简单独立的生活方式产生深深的敬意和强烈的共鸣——人类的富足，或者说人生的丰富不在于物质消费，而应该来自精神及滋养心灵的劳作。此外，我也从中了解到，每个人都有自己命定的天职。

梭罗的故居位于美国的康科德市。我去参观时被他的小书桌深深震撼，这样一位著作等身的学者，用的居然是一张小书桌，就像小学生用的那样。"人一旦了不起了，就希望有张跟自己土地一样大的书桌，但其实桌子越小越好，这样才能更专心地工作。"梭罗这样说。

我仔细测量他书桌的尺寸，照样定做了一张大小相同的桌子。

曲木雕刻的人偶

□罗 翔

有一位哲学家说："人性这根曲木，决然造不出任何笔直之物。"年少时，我有过很多偶像，但随着年纪渐长，一些偶像塌房了。那时，看到一段喜欢的文字，就会觉得能够写出这样文字的人，人品也一定值得景仰。后来发现，"文如其人"这个说法并不靠谱。

大学时我崇拜过很多思想家，卢梭、雪莱、列夫·托尔斯泰、易卜生、罗素等，后来有人推荐我读英国保罗·约翰逊写的《知识分子》，此书让我"大跌眼镜"，感觉心中燃起一把大火，烧尽了内心深处的偶像森林。该书对这些著名的知识分子进行了毫不留情的嘲讽与批评，认为他们的笔端虽无比真诚，但他们的人生虚伪不堪，他们用精美的文字掩饰内心的伪善与矫情，为达目的不择手段。

难怪乔治·奥威尔会拒绝他人为自己写传，因为没有人能够经得起他人严格的审视，在奥威尔看来：如果仔细审视我们的内心，有谁的一生，不是一连串的失败与忧伤呢？

偶像塌房带来的幻灭在很长一段时间让我感到虚无，后来慢慢发现，人生成长的一个重要步骤是对偶像进行祛魅。没有人能够承受完美的期待，因为我们自己也不完美。所谓的文如其人既对也不对，因为人性本身就充满理性、欲望和激情的争斗，美好的文字也许只是作者内心理性一面的反映，它往往掩盖了作者内心的欲望和激情。因此，永远不要因为一个人能够写出优美的文字就对其德行抱有不切实际的期待。

隋炀帝是历史上有名的暴君，很少有人知道他作为诗人的一面，但是他的诗歌成就不容小觑。如他写的《春江花月夜》："暮江平不动，春花满正开。流波将月去，潮水带星来。"再如《野望》："寒鸦飞数点，流水绕孤村。斜阳欲落处，一望黯销魂。"很难想象如此意境开阔、悠远淡雅的诗出自杨广之手。有些时候，美好的文字不是为了欺骗他人，就是为了欺骗自己，但是文字本身的好亦毋庸置疑。

经常有一些年轻的学生对我说，老师你是我心中的偶像，我不知道如何回复，因为我在他们身上看到了年少的我。我也深知，偶像是会幻灭的。因为古文中"禺"是"偶"的古字，上禺下心谓之愚也。

法治的前提就是对人性不做乐观主义的期待，任何人都要受到法律的约束，因为人性并不可靠。尤其当我们从事一份看似崇高的事业，就必须意识到自己的本性依然有幽暗的成分，无论多少曲木都无法搭建正直的通天高塔。幻想在尘世间追求最好的结果往往事与愿违。时间的长河中漂荡着人类无数美好理想的尸骸，不是理想本身有问题，而是因为搭建理想的人出现了问题。

苏格拉底说，未经审视的人生不值得过。只是很多人不愿意审视自己，但总愿意审视他人。曲线之所以被判断为曲，是因为有直线作对比。只有真正明白何谓正直，我们才知道自己有多么弯曲。越是追求德行，越是自觉污秽不堪，天高路远，今生永不可达，虽不能至，心向往之。如果不相信世上存在正直，自然也就无须反省自己，只需以批评他人来谋取利益，或者掩饰自己内心的不堪。越是虚无堕落，越是喜欢站在道德的高地。

很少有道德伦理学家像康德这么苛刻，他说："世界上有两件东西能震撼人们的心灵，一件是我们头顶灿烂的星空；另一件是我们心中崇高的道德标准。"文章开头提到的人性曲木的比喻也出自康德之口。

认识自己是我们所有事业的起点和终点，终其一生，我们都在认识自己。有人说，太阳永远在那一边，在路上圈出弧形，我常在阴影的这一边，但永不对太阳失去信心。

兴趣的力量

□［奥地利］阿尔弗雷德·阿德勒　译／尤琪

兴趣是智力发展最重要的条件，兴趣受阻并非因为遗传，而是因为气馁以及对失败的恐惧。毫无疑问，大脑的构造在一定程度上是遗传所得，但大脑是心智的工具，并非心智的起源。如果大脑的缺陷没有严重到无法修复，那么大脑就能够得到训练、弥补缺陷。在每一项非凡才能的背后，不是与众不同的先天因素，而是保持兴趣和孜孜不倦地练习。

如果我们看到一些家族一代又一代地向社会输送了许多有才能的成员，也不必认为这是受到了遗传的影响。我们更应该认为，家族成员的成功对其他人起到了激励的作用，家族的传统允许孩子追随自己的兴趣，并在练习和应用中提高能力。

例如，化学家李比希是一位药剂师的儿子，没有必要猜测李比希的化学才能是否通过遗传得来。李比希所在的环境允许他追随自己的爱好，在大多数孩子还不了解化学的年纪，李比希已经非常熟悉化学了。莫扎特的父母热爱音乐，但莫扎特的才华并非遗传自父母。父母期望莫扎特热衷音乐，因此运用各种方式鼓励他。从小莫扎特所在的整个环境都和音乐相关。

在杰出人士的身上，人们经常能看到这种"早期起步"。他们4岁开始弹钢琴，或在很小的时候为其他家庭成员编写故事。他们的兴趣是长期且持续的，他们做的练习是自发且广泛的。他们保持自信，不会动摇，也不会止步不前。

我在"985"学焊接

□鲤 鱼

在我年少时,爸爸是我心目中的英雄。他有一双化腐朽为神奇的手,只要拿起电焊枪,戴上面具,"吱吱吱"一通响,一件崭新的物品顿时就诞生了!某天,我躲在角落里,看着一个个陌生的客人带着他们的破铜烂铁进入我家,天黑时,他们又带着包裹满心欢喜地离开。发现我在偷看后,爸爸擦去额头上的汗珠,说:"这门手艺叫焊接。要想学好焊接,首先要有耐心。"从此,我的心里埋下了一粒小小的种子。

"为什么女生要去学焊接?"邻居家阿姨看到我的大学录取通知书,简直惊掉了下巴。"女孩子去学汉语言文学或者会计啊!学什么不都比学焊接强吗?"这话就连我妈妈也时常挂在嘴边。与其说为什么会有女生去学焊接,倒不如说为什么女生就不能学。

大家对焊接的固有印象是,学完归来,就会变成所谓的"寒假打工人",还是站在大马路上,戴着面具,对着汽车轮胎一顿"吱"的那种。外行看热闹,内行看门道,实际上,焊接专业真不像大家想象的这般简单。我们不仅能焊窗户、焊防盗网,还能焊航母、焊飞机、焊高铁。

那年9月,我拿着哈尔滨工业大学(以下简称"哈工大")的录取通知书,走进了焊接的世界。焊接专业的全称叫焊接技术与工程,隶属于材料科学与工程学院。开学第一天做自我介绍时,我放眼望去,台下都是男生。于是,一向大大咧咧的我,竟成了"一级保护动物"。

作为冷门,焊接专业会不会很"水"?上课时,需要提前准备一把焊枪吗?对于前者,答案是当然不会。而且,在哈工大,焊接可不是冷门专业,相反,这里有国内最好的焊接专业,著名的林尚扬院士和徐滨士院士都毕业于这里。走在校园里,当大家听说你是学焊接专业的,会对你肃然起敬,根本不用担心会被别人瞧不起!

学了4年焊接,可不只是为了把桌面和桌腿焊在一起,朴素的技术往往能焊就高级的物品——我们的老师参与了神舟飞船返回舱、C919大飞机机身的激光焊接工作。这些成绩于我们本科生来说,还很遥远,但听着老师给我们讲起这些故事时,我觉得,那份骄傲是那么近。

至于上课到底要不要自带焊枪,这个问题就跟去食堂吃饭用不用自带餐具一样。如果非要带点什么,那就带着满腔热爱吧!还记得开学第一天,班主任郑重其事地说:"大家既然选择了这个专业,就要从一而终,千万别被专业名吓到!女生同样有能力学好它!"

学焊接,动手能力不能差,因为不管学什么课程,都有很多配套实训课。大二某次实训课,任课老师为了带动教学氛围,课间跟我们做了一个小游戏——将芯片焊接到焊盘上。很多人跃跃欲试,离我最近的男同学自信地第一个完成焊接,结果一检查,错误率最高的就是他。大三实训课,我学到了一项叫"窄间隙埋弧焊"的焊接技术,目前,这项技术正被用于焊接航母的甲板。

即使对焊接不感兴趣的人,也能学到焊接的手艺。据说班上有位男同学是"替父还愿"而选的焊接专业,他本人不爱焊接爱音乐,毕业后马上到国外留学转行学音乐了。但追梦成功后的他也没忘记老本行,利用焊接知识设计了一款耳机,据说量产后销量还不错。

毕业那年,班里一半以上的同学选择继续深造,留在国内的选择了清华大学或本校,前往国外留学的则分布在哈佛、剑桥等名校。焊接专业在航空、航天、汽车、船舶、电子、能源等领域都能找到工作,不少同学拿到了华为等著名企业的录用通知。

我们日常见到的焊接师傅的模样,让很多人对焊接有了偏见。职业没有高低贵贱之分。不仅是焊接,所有工科人都在务实而真诚地建造着这个世界。

欣赏能力

□ 倪 匡

一个人的欣赏能力,和这个人的知识程度,有十分密切的关系。蚂蚁大抵不会欣赏猎豹,也无法欣赏猎豹,因为两者之间的距离,相去甚远。蚂蚁在地上爬,猎豹一掠而过,蚂蚁从何欣赏起呢?就算蚂蚁有幸爬上了猎豹的身子,它能欣赏到的也只是猎豹的皮毛,怎能欣赏到猎豹的矫健?再幸运一些,蚂蚁上了树,从上而下看猎豹,能看到些什么呢?也一样什么都看不到。既然无法欣赏,自然也无从知道猎豹是什么样的生物。

自然,蚂蚁和猎豹,可以换成任何距离极远的两种生物,例如海藻和海豚,甲虫和野马,文盲和曹雪芹等。所以,一个人的欣赏能力,和这个人本身的知识程度,有十分密切的关系。本身知识程度低的,自然难以欣赏他人的工作成绩,那是这种人自身的问题,和他人的工作成绩是好是坏无关。

人的知识程度是窄面的,不可能有人在任何知识领域中都有高程度的掌握。一位杰出的天文学家,未必可以欣赏缂丝工艺。一位出色的钢琴家,也可能不会对遗传化学有了解的兴趣。一个人若是自称什么都懂,这个人多半什么也不懂。

正因为欣赏能力和一个人的知识程度有关,所以也有一些人,不懂装懂。因为他若是给人以懂了、能欣赏了的感觉,自然也给人以他的知识程度高的感觉,这就是不懂装懂者的目的。

如果只是装作懂了,点头微笑,倒也高深莫测,叫人不敢小觑。可是若忽然得意忘形,指手画脚,或是口沫横飞发表起宏论来,唯一的结果,就是原形毕露:原来他是不懂的!好的工作成绩,必然有人欣赏。若是有许多人欣赏你的工作,而有一两个人装作看不见,那是他们的知识程度不够,不关你事!

成功的机遇

□ 青 丝

现代心理学家用多年研究的成果得出一个结论：智力与理性，并不是天然重叠的。很多聪明人，遇事的时候做出了错误的预判，由此做了蠢事。若以这个现代理论对一些历史事件做评估，也可以得出合理解释，如果在历史的某一瞬间，有些人于机会面前能表现得更为理性，就不会错失了本应取得的人生成就。

最著名的例子是北宋词人柳永，年少时即广有才名，但他多次应试不第，又薄于操行，经常偎红倚翠、买笑追欢，以至于声名狼藉，虽然屡得朝臣举荐，却一直未获任用，直到50多岁才中了进士。而这个年纪进入仕途，若是依照品级、资历循序升迁，发展空间无疑是很小的。所以，柳永也很希望能以自己擅长的诗文博得皇帝的好感，由此迅速晋升高位。

有一个姓史的宦官很赏识柳永的才华，恰巧此时又逢天有异象，即老人星的出现。这在古老的神话传说中是国泰民安的象征。宋仁宗很高兴，遂下诏命人作文赋诗，以纪其盛。于是，史宦官推荐柳永应诏，给了他一个表现自己才华的机会。

奉诏而来的柳永志得意满，挥毫写就一曲《醉蓬莱》。可是，词呈上去，仁宗看到第一个字"渐"，就很不高兴（"渐"有皇帝身体不豫之意，皇帝病危叫"大渐"）。读至下阕"此际宸游，凤辇何处"，又与真宗晏驾时仁宗御作的挽词暗合，被勾起了伤心往事，仁宗的心绪更是不佳。及至读到末句"太液波翻"，便再也忍耐不住，斥道："为何不写作波澄？"遂将词章掷在地上。本想拍马屁讨取仁宗欢心的柳永只得悻悻而退，此后也再没有获得过仁宗的召见。

宋仁宗生性温厚，属于持盈守旧、无意开拓创新的保守皇帝，他在位期间，王安石曾向他提出变法的建议就被他拒绝了。仁宗最反感的就是偏激急进、轻狂放浪的人，之前他即听闻过柳永的恶名，心中已有一定的成见，此时如果柳永进呈的词写得四平八稳，显得老成持重，或许还能博得仁宗的好感。然而，柳永存心要卖弄一番，用字也就难免有得意忘形、轻佻浮华的痕迹，结果不仅没有讨得仁宗的欢心，反而捏到了痛处，使得仁宗认为，柳永的年纪虽然大了，轻浮的个性却是丝毫不改，这样的人为官难堪大用。所以，柳永最后困顿偃蹇，以终其身，也是跳到了自己挖的坑里，怨不得别人。

相反，从另一个例子又能看出机遇对于成功的重要性。清雍正年间，上海举人顾成天进京参加会试，寄住在宗人府丞蔡嵩的家里。不久，蔡嵩因事下狱，雍正翻看蔡嵩的案件卷宗，从蔡家的书信笔札里看到顾成天的一首《皇城草》诗，觉得该诗似有讽刺朝廷之意，遂彻查顾成天的所有诗作。

没承想，雍正看了顾成天的刊行诗集，见有六首情真意切、哀悼康熙殡天的挽词，顿时被感动得潸然泪下，对左右大臣说："这种尚未登第入仕的人，也能有这种感恩戴德的诚心，可见其秉性善良，居心忠厚。"于是不再追究《皇城草》诗是否有违逆之意，反而下旨让江南督抚把会试落第、已回到上海的顾成天送到京城。第二年，顾成天赶到京城时，庚戌科会试已过，雍正又破格提拔，将顾成天由举人身份直接擢至三品翰林编修，成为轰动一时的奇遇。

虽然顾成天获得恩遇纯属误打误撞，并非刻意追求所得，但也是有时代背景的。雍正继位以后大兴文字狱，著名的曾静、查嗣庭、吕留良诸案，一时间使得人心惶惶。加上雍正对自己兄弟、儿子也是惩治残酷、毫不容情，给世人一种刻薄寡恩的印象，所以，他也很希望通过某种方式来展现自己"仁君"的一面。顾成天悼念康熙的挽词，就给雍正提供了一个表现自己"孝悌"的机会，犹如饥时饭、渴时浆，可谓正挠到了他的痒处。雍正借此事件大做文章，擢用顾成天，就是昭告天下，他也是一个有仁心的君主。顾成天是在恰当的时候、特殊的需要下出现的一个人物，获得恩幸也就在情理之中。

而这，也非常符合现代利用大数据分析得出的结果：一个人在社会影响下获得成功，有很大的个人运气成分。

虾有背劲蟹有毛

□吕宜园

有一次，我请齐白石老先生画虾，已画了几只，我忽然想起，曾听娄师白说，齐老画虾有个特点，都是头朝左，我所见到齐老画的虾也确实如此。大概因为如果叫它头朝右，有点"背劲"，没法下笔。我就把娄师白的话给齐老一说，想给他出个难题。谁知齐老并不答话，把纸一翻，在背面又画了一只头朝左的虾，但再翻到正面，虾就头朝右了。原来他是利用宣纸的特性，达到这样的效果。这种画法，我还没听娄师白说过。翻一下纸不过举手之劳，固然很容易，但如哥伦布竖鸡蛋，他人虑不及此，那就难能可贵了。

我还看过齐老画螃蟹。正在欣赏他画的蟹壳很有质感，好像敲着能当当响，齐老说："你再细看一下，螃蟹腿上都有毛。"我一看，螃蟹的腿部都毛茸茸的。这是他对墨汁水分的掌握恰到好处，用笔一抹，自然洇出来的。

还有一次，我看齐老画飞着的蜜蜂，他先将头、胸、腹画好，然后把笔涮净，笔尖上一点较浓的墨，以蜂腰作为圆心，卧着笔，由上而下画一个半圆形作为右边的翅膀，又把纸磨动一下，用同样的办法，由下而上画成左边的翅膀，最后添上腿，一只蜜蜂就跃然纸上，看着好像在嗡嗡地飞动。

没有什么问题是蠢问题

[英]约翰·哈德森 译/夏 南

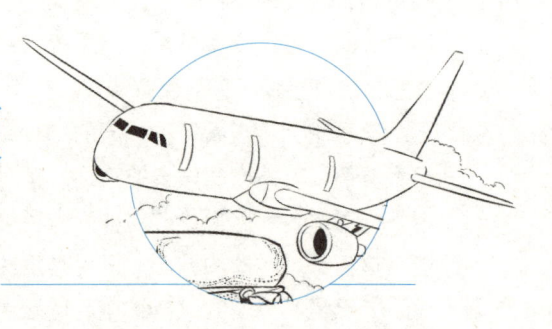

有个方法可以锻炼自己进入"时刻做好准备"的状态。商业航班飞行员入住新酒店时就会做这样的练习。长途航班的飞行员常会身处不同的大洲,所以对他们来说,周围的环境几乎一直都是陌生的。经过日常训练,他们对如何从飞机上撤离了然于胸。但是,返程之前住酒店的时候,他们就不一定知道那里的最佳撤离路线了。

你要是到了人生地不熟的地方,也可以试试他们的练习方式。当你入住酒店以后,第一步,查看门边那张小小的路线图。逃生楼梯和紧急出口的位置可都标在图上,要是半夜闻到烟味或被酒店火警叫醒,就用得上。第二步,沿着逃生路线走到紧急出口。这样的话,在危险真正来临而你需要去紧急出口之前,实地演练已经让你的大脑加深了印象。你需要注意楼梯的拐弯位置,以及逃生门到你的房间的距离。

这可能真的会救你一命,而且它同时是一种很好的练习,可以让你快速进入准备好的状态。在你遇到突发状况需要处理的时候,这些信息就能派上用场了。我曾经跟一群人共事,他们中间既有普通民众也有军人,我能分辨出谁是部队出身。对于我们将要做的事情,部队出身的人都会尽可能多地了解相关信息:我们要去哪片森林?面积多大?有多远?我们知道林子里有什么东西吗?我们要带什么过去?而大多数未经过军事训练的人在你刚说完"森林"二字的时候就已经打算出发了。因为无论是什么样的军事行动,在情况变糟的时候,如何把生命危险降到最低都是一个关键的问题。准备工作并非可有可无,它是采取行动的基础。未知的东西越少,你成功的机会就越大。这种能力是可以开发和训练出来的,也可以在此基础上不断提高。要是有无法预测的状况和事件发生,通过演练掌握越多的合理对策,我们就能在这个时候越快地做出反应,脑子里可以用来处理这些状况的"闲工夫"也会越多,从"工作记忆"里可以腾出的空间就越大。

我们得试着尽可能多地进行演练,这样才能把运行较慢的那部分大脑腾出来,去研究那些我们无法准备的事情。

明白了这一点之后,每次看到那么多人居然不会使用基本工具,我经常会感到惊讶。要知道,这些工具可是他们在工作中经常会用到的。人们整天都在办公室里忙忙碌碌,我想很多人都听到过这样的问题——"如何发送附件?""电子表格是怎么做的呀?"想一想,要是连这些相对简单、基本每天都要使用的工具都不知道怎么操作的话,每天得多费多少心思啊。拿这些简单的问题去问别人似乎很丢脸,但是,你问了别人并搞清楚了,下次就会知道,再练习几次就能熟练操作了。你永远不会听到某个航天员说:"噢,对了,我一直好奇那个警示灯亮着是什么意思。"

在生存训练领域,我们试图营造出这样一种氛围:没有什么问题是蠢问题。关于怎么做、为何这样做,如果有任何不懂的地方,问就好了,确保自己下次能记住答案就行。我们在训练环境中会遇到很多极端的状况,如果你身处其中,是否提问就有可能决定成败。

当你看完这些之后,可以做一个简单的练习。找出一件你在工作中不知道该怎么做的事情,向每天都在做这项工作的人请教一些技巧或建议。通常你会得到积极的回应,因为你对他们认为重要的事情表现出兴趣,也因为大多数人真的很乐意帮助别人。不懂就问,长远来看,这根本不是什么尴尬的事。

希望成为别的什么人，
原不如成为你自己

落笔不惊风雨

□ 胡 烟

网上偶遇一本薄旧的册子，名曰《傅山作品集》，以为是早些年出版的画册，兴奋地买来，收到后却大跌眼镜——竟然是本医书！各种药方，完全看不出门道。我啼笑皆非。

不了解的人，以为历史上有两个傅山。

其实，傅山只有一个。那个被清廷强迫抬进北京的遗民学者，那个一边写草书，一边放言对赵孟頫"薄其人遂恶其书"的狂士，那个医术高明、不惧山高路远为穷人免费治疗的名医，都是傅山。傅山的人生，是一本厚厚的书，其关键词是"传奇"。

提到傅山的儿子傅眉，会心疼。想起鲁迅对悲剧的解释——将人生有价值的东西毁灭给人看。傅眉的人生便极具悲剧色彩。他小时候是神童，不仅博学多才、文武双全，而且极孝顺。傅山进山求道，年轻的傅眉全力养家糊口，照顾老幼。白天进山砍柴，在闹市卖药，晚间读书、练习书法，意志力极强。去世前在父亲怀里，他留下充满遗憾的诗句："父子艰难六十年，天恩未报复何言。"傅山的悲痛可想而知。他日哭夜哭，成就了书法《哭子诗册》，读来令人肝肠寸断，这也是傅山最辉煌的草书之一。

父子二人的山水花卉册页，抛却了时代赋予的压力和苦难，令人莞尔。之前想象，傅山一生志节，刚介奇崛的人格投射到画中，应该以"奇"见长，落笔必定要惊风雨、泣鬼神，类似徐渭笔下的墨葡萄。殊不知，他画中意境安静古拙，如同月光照耀雪后深山，清爽、空灵、皎洁，宛如步出尘世。

第二页淡墨小品《戏写金帛湖》，令人想起黄公望的《九峰雪霁图》，却过滤掉了崇高，回归淡然、平和、质朴。神性消失，温暖的人性崛起。第三页，傅山把月光作为滤镜，静谧舒朗。月光像一条河，将风景分割成蜿蜒的区块。傅山用楷书题："半夜自西村还土塔河房，次日忆作。"当下一刻，没有国恨家仇，心与自然相通。

傅眉笔下的山水十分可爱。想象一个乖巧的孩子，很稚拙地用笔。他中规中矩地描画柳树、山石、凉亭，细细密密，仿佛不懂任何技法。在动笔之前，他透过纯真的心灵看待这个世界，目光中是天然的清新。第十一页，红衣人行走于天地间，不知所绘是否为父亲朱衣道人傅山。巨石浑然，像从龚贤的画中借来。水中一轮月亮的倒影，照见他旷古的心事，意象朦胧。第十二页如印象派的雨后风景，令人心里暖暖的、痒痒的。第十六页的田园风光，几座低矮的草房子像被画家轻轻捧在手心里……

这对父子笔下有着独特的诗意。他们开辟了自己的路，不因循任何宋元明名家。

想起傅山的书论："宁拙毋巧，宁丑毋媚，宁支离毋轻滑，宁真率毋安排。"用在绘画上，也很贴切。做加法容易，做减法难。傅山、傅眉的绘画，可贵之处是平常心。作为画坛巨匠，他们依然能够清新地回归。

世界是（不）对称的

□ 郁喆隽

物理学家费曼在一次科普讲座中提出这样一个问题：如果有一天人类遇到了外星人，怎么和他们谈论左与右呢？这个看似无厘头的问题，却饱含深意：外星人如果可以和人类交流，那么他们必定也拥有一定的关于客观世界的知识，例如长度、数量等，以及用来描述它们的语言和概念。即便各自语言不同，仍可以找到共同的定义基础。例如用氢原子的直径来定义长度单位，就像人类用通过巴黎的子午线从赤道到北极点长度的千万分之一来定义"米"。

不过，人类之所以认为左右的划分是理所当然的，或许还有另一个前提条件——我们的躯干和四肢大致是沿着脊椎呈左右对称的，而内部脏器则大多是不对称的。绝大多数人的心脏长在左边，而肝脏长在右边，但也存在极少数的镜像人。倘若外星人不是像我们这样的脊椎动物呢？如果它们接近章鱼那样，有八个爪（触腕），还会区分左和右吗？地球上还有一些生物是辐射对称的，例如水母、海星和珊瑚虫。动画片里的"派大星"被拟人化地画上了眼睛和脸，但海星并没有头和尾的分别。画脸的地方其实就是海星的五条腿之一。更有甚者，还有些生物没有对称性，例如海绵和阿米巴变形虫。由于缺乏对称的肢体，它们极有可能无法也不需要理解左右乃至上下的区别。

在那次讲座中，费曼最终引入了某些粒子的手性，来向外星人解释左和右。其实，他本来举这个例子的进阶目标是介绍宇称不守恒定律……即便不进入怪诞的微观世界，停留在稳定的宏观世界里，对大多数人来说，左和右虽然看似清楚，但是难以界定，因为它是一个相对方位。只有当人们都头顶向天，面对一个方向时，左右才是一致的。有研究表明，澳大利亚一个原住民部落的语言中根本就没有表达前后左右的词语，而只用东南西北。这样倒也可以避免左和右引发的误解。

曾经有个人在公众演讲中向观众发问，行人都靠右，那左边留给谁呢？这句话虽然被当作笑话，但不知道现场是否有人点破他。这个世界在很多情况下的确是不对称的。觉得世界总是对称的人，可能是无知；而觉得世界永不可能对称的人，大致就是出于"恶意"了。左和右的不对称，不是因为人和人不同，而恰是因为人和人相同。其实最好的化解方式很简单——转个身。

那些世界名画里的劳动者

□ 大 树

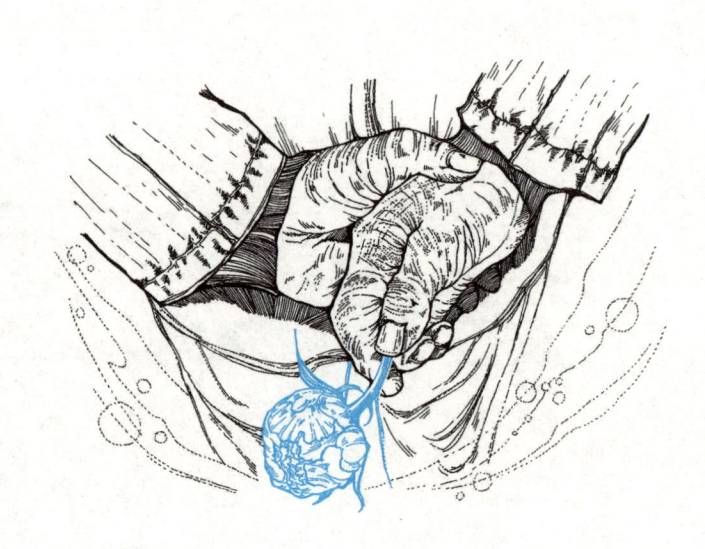

米勒对大自然和农村生活有一种特殊的深厚感情,他早起晚归,上午在田间劳动,下午就在不大通光的小屋子里作画,他曾说过:"无论如何,农民这个题材对于我是最合适的。"米勒在巴比松的第一幅代表作品是《播种者》,这也是米勒第一次被官方沙龙所接收的作品。1848年,法国二月革命爆发,工人、农民等劳动者的反抗起了很大的作用。在这样的时代背景下,一向保守的官方沙龙对《播种者》的态度一反常态,这或许是由于米勒在这幅画中所刻画的是时代中真实的个体,而不是他们之前所青睐的那些神话人物。

米勒的《拾穗者》绘于1857年,是一幅现实主义题材的作品,画面很简单,3名农妇正弓着腰捡麦穗。从整体来看,《拾穗者》是一幅"运动"的画作,人物排列在不同的位置,做出不同的动作,虽然是农民题材的作品,却能让我们感受到画面的美感。米勒的整体构图严格按照黄金分割比来安排,黄金分割是公认最能引起美感的比例。

《拾穗者》反映的是农民的疾苦,如同在富裕阶层的一片汪洋中扔下了一颗石子,它最珍贵的地方在于如实记录了生活,把现实中的细节搬进了画作。

凡·高很崇拜米勒,曾说:"在米勒的作品中,现实的形象同时具有象征的意义。"

《夕阳下的播种者》属于凡·高后期的画作。这幅作品的色调,一如既往地继承了凡·高后期作品炙热的感觉,主体色调采用钴蓝和橙色的对比色调。这是大胆的做法,整幅画对对比色调的拿捏度的要求很高,而凡·高在这一点上把握得很精确,整幅画给人明亮醒目的视觉效果。

从凡·高的内心来解读,这幅画具有"收获季节"的含义,从事画家这一行业的这些年来,他只得到了弟弟提奥的支持,因此他在内心深处渴望得到来自家庭和外界的认可。拉大的透视视角,除了满足美感上的需求,更让人们在欣赏这幅作品之余,对远方的世界有了更多的遐想。这是否代表着凡·高对于未来的翘首期盼呢?夕阳所散发的光芒采用了斑驳的笔触,以及在日落之时,夕阳仍然展现出光芒四射的状态,更加坚定无疑地表达出凡·高内心的呐喊——渴望生活!

《伏尔加河上的纤夫》是俄国批判现实主义画家伊里亚·叶菲莫维奇·列宾于1870年至1873年间创作的一幅油画,现收藏于圣彼得堡俄罗斯国立美术馆。该画描绘了伏尔加河畔一组在沉闷压抑的气氛中奋力拉纤的纤夫群像,反映了俄国纤夫苦难的生活,寄托了画家对底层人民群众悲惨生活的同情,也艺术地体现了画家的革命思想。

《赞省的割麦女人从田野归来》的尺寸并不大,却体现出瓦西里·格里高里耶维奇·彼罗夫在人物造型上进行的努力与尝试。农妇经过劳累的一天从金色的田野回家，这个主题和真实的农村生活直接相关。画面描绘了不同年龄的农妇，有些人静静地走着，也有人停下来沉思，聆听大地母亲的声音。彼罗夫采用横向构图，使人像产生有规律的节奏，割麦女人在收割的谷物中行走，给人留下动作缓慢、平稳的印象，让画面充满音乐旋律，令人想起俄罗斯的民歌。

作为19世纪高产的艺术家之一，莱昂·奥古斯丁·莱尔米特的声望在创作《拾麦穗的女人》时达到了最高峰。他对现实主义绘画的发展做出了重要的贡献。和许多同时代的画家不同，莱尔米特从未放弃对绘画技术的追求，他在炭笔画和胶彩画领域成就斐然。

1890年，对官方美术沙龙感到失望的莱尔米特组织一批志同道合的同行，建立了法国全国美术家协会。《拾麦穗的女人》在该协会的第二次年展中展出，获得极高的评价。

莱尔米特1844年出生在法国皮卡第大区的埃纳省，并在那里生活了20年。这正是他眷恋农村生活、几乎所有的作品都用来描绘农事劳作的原因。1874年在法国沙龙取得成功之前，他一直往返于法国和英国之间，靠卖画为生，其表现乡亲们劳作的画作后来在参展时受到关注与认可。

1848年，法国大革命爆发。库尔贝积极投身于法国革命，在画布上开始了描绘劳动人民的题材创作。从30岁往后的10年，是库尔贝创作的高峰期。他成功塑造了一批劳动者的艺术形象，创作于1854年的《筛麦妇》就是其中的一幅。

穿红色马甲裙的年轻农妇是画面中的主角。她背对着观众，跪在铺在地上的白布上。她绾着一个方便劳作的发髻，露出修长曼妙的脖子，高举着筛子的两条手臂圆润结实，露出的鞋底似乎告诉我们，她可不是那些养尊处优的富家大小姐。农妇没有任何装饰，却有着无与伦比的健美。她身上的红裙仿佛一面歌颂劳动的旗帜，振奋人心。

画面左侧系着头巾、身着灰色衣裙的另一名农妇盘坐在白布上，细心挑拣着麦粒。画面右侧的男孩翻开木柜，正在搜寻着什么。也许是按照妈妈的吩咐，帮着做家务吧。年幼的男孩穿着绿格子衬衫，脸蛋圆鼓鼓的，一副乐在其中的模样。可以说，库尔贝对整幅画的朴素拿捏得十分精确。他没有过分渲染贫困辛劳，而是将日常劳作表现得欣欣向荣、趣味盎然。

他这样解释自己的画作："艺术应放在较低的水平上。"他口中的"低水平"当然不是指画画的技法，而是说艺术家的目光应当聚焦于底层劳动人民的朴素之美，献媚于上流社会的年代已经一去不返。

另一种游戏

□盘晓昱

只要用一片小树叶
遮住眼睛
就能让全世界都看不见我
只要我捂住耳朵
所有的声音都会绕道走
只要我退步走
路边的花花草草
就会竞相地朝前面奔跑
来一个倒立姿势
大地变成天空
我正在把地球缓缓托起
下次，我要调一下所有的钟表
让它们按逆时针走
我们就能像回到婴儿时那样
眼睛明亮，心思单纯

契诃夫与"没钱文学"

□ 马紫晨

"天气好极了，钱几乎没有。"

"我希望来年春天我会有一大笔钱，我是根据迷信来判断的：没有钱就是快有钱了。"

这些真实又有趣的文字来自俄国作家契诃夫的书信。契诃夫一生共写了4000余封信，其中有许多因钱而生的"爱恨情仇"。

气恼时，契诃夫会写"没有钱，没有钱，而且不会很快就有，这可诅咒的钱"；无奈时，他会请求编辑"我正在写一篇短篇小说，在发表前我想把它寄给您审阅……但应当抓紧一些，因为我没有钱用了"。在信里哭穷的契诃夫，没有了"短篇小说巨匠"那样的距离感，反而与当今职场人有几分神似。他的哭穷文字被印在手机壳上，成为年轻人的自我调侃和个性宣言，真挚而直白的"哭穷"更被不少人戏称为"没钱文学"。

契诃夫虽然总在"创作""没钱文学"，但他其实是挣钱能力一流的人。契诃夫的祖先曾是农奴，1860年，契诃夫出生，这是俄国农奴制被废除的前一年，黎明前的黑暗笼罩着他的童年。契诃夫小时候常常帮父亲站柜台。1876年，父亲的店铺破产，全家迁往莫斯科，契诃夫独自在故乡读中学。为维持生计，契诃夫在学习之余担任了家庭教师，挣来的钱不仅要养活自己，还要接济家人。

但很快，契诃夫就依靠自己的能力扭转了局面。1880年，契诃夫考入莫斯科大学，攻读医学专业。1884年，契诃夫毕业，在兹威尼哥罗德等地行医。在自己钟爱的文学领域，23岁发表《小公务员之死》，24岁发表《变色龙》《外科医生》。1880至1884年，青年契诃夫共发表了300多篇文章。

有人统计，在当时，契诃夫的短篇小说是一篇100卢布，相当于当时一名小学老师4个月的工资；而以他一年平均40篇短篇小说的产量估算，他一年已经可以赚到同时期小学老师十几年的工资，这还不包括中篇小说和戏剧创作的收入。39岁时，契诃夫将自己除戏剧外的所有版权一次性卖给出版商，获得75000卢布，正式实现财务自由。就这样，契诃夫通过稿费养活了自己、父母和其他5个兄弟姐妹在内的大家庭。

契诃夫并没有将钱看得过重，相反，他一直在思考为钱所累的自己。他曾痛苦地诉说："我的心灵痛苦不堪，因为我意识到我是在为钱工作……"

契诃夫的钱都花在了哪里，以至于他不得不一直痛苦地为钱工作？除了自己和家人的生活消费，契诃夫还将大量的钱投入周济穷人和扶助社会上。他会给看不起病的穷人治病，有时还会为从远方来的病人支付路费、安排住宿。在和高尔基一同发起的为肺痨病人建造疗养院的募捐中，契诃夫一人就捐了5000卢布。1892年，契诃夫购置了梅里霍沃庄园，一直到1898年因肺结核病情恶化而迁居，他仍在无偿地给农民看病、用自己的钱建立学校。为赚钱而写作的契诃夫是痛苦的，但用钱来解决问题、扶助弱小又是他所期望的。或许，正是对钱的淡然与需要，才让"我寂寞，我气恼，钱出去得太快，我要破产了，我要从烟囱里飞出去"这样的"没钱文学"如此生动、有趣又真实。

在"没钱文学"的背后，是俄国作家、文学泰斗的爱之深。

隧道视野效应

□卫 蓝

我们演讲时，如果看到台下的观众都在认真听讲，肯定会非常高兴。但是，如果我们突然看到一个人在打瞌睡，那么就可能会将所有的心思都放在那个打瞌睡的人身上，进而产生这样的疑惑：我讲得不好吗？

实际上，这不是演讲得好不好的问题，而是我们忽视了99%的人，只将自己的注意力放在最特别的那个人身上，从而产生了错觉。这也是很多人不敢上台演讲的原因，他们过多地将注意力放在那些特例上面，给了自己巨大的压力。

当然，我也曾经遇到类似的情况。我为了写一篇文章，查阅了几天文献，终于完成并分享到网上。大多数评论表达了支持和鼓励，有时也会突然出现一句"答主辛苦了，都是没用的理论"。还好，我明白"隧道视野效应"，所以基本上不会被这种不具有建设性的言论影响。

"隧道视野效应"指的是一个人若身处隧道，他看到的就只有前后非常狭窄的视野。只有拥有远见和洞察力，才能视野开阔，看得高远。

也有一些为了吸引眼球的媒体以此来夸大事件，吸引我们的注意力。

比如，在公路上发生了一起交通事故，司机是女性，人们就很喜欢为其贴上"女司机"这样的标签，并将这起事故特殊化，进而造成我们的感知错误。将事故和这些标签联系起来，会使人们形成刻板印象。也正因为这样的联系和特殊化，很多人认为女性司机出车祸的概率更大、情况更普遍。实际上，男性司机发生交通事故的概率更大。多个省份的调查报告显示，女性司机的交通事故发生率远低于男性司机。

"隧道视野效应"会让我们产生更多的错误判断。就像100只猴子中有99只普通的猴子，只有1只白色的猴子时，我们会不自觉地将视线放在那只与众不同的白猴子身上，这样我们的思维就会被大大地限制，看不到全局。

所以，我们在思考问题时，需要多加留意问题的限定边界，尤其是对媒体报道对象的界定。这样才能保持思考的独立性。

局外人的优势

□[加拿大] 大卫·爱波斯坦 译/范雪竹

阿尔菲斯·宾汉姆是有机化学专业的博士。20世纪70年代，还在研究生学院的他发现在研究制造特定分子时，总有人能想出更聪明的办法。"我注意到，那些聪明的办法并不来源于课堂知识。"直到有一天，他也成了最聪明的学生之一。

他想出一个简单巧妙的办法，可以用简单的4个步骤合成一种分子，而这个办法的核心知识竟然和塔塔酱有关，宾汉姆从小就知道这种烘焙配料。"你可以去找20位化学家问问塔塔酱是什么，他们中的大部分人不知道。"他说，"总有一些偶然的想法能够让解决方案更聪明、更划算、更高效，也更省钱。所以我从这个想法出发，思考问题是如何被解决的，再到'如何建立一个组织，用这种方法解决问题'。"多年以后，当宾汉姆成为礼来公司研发战略副总裁时，他就有机会建立这个聪明的组织了。

2001年春天，宾汉姆收集了21个困扰礼来公司的科学家的问题，在询问了一名高管的意见后，他把这些问题放在了网上。礼来公司收到了很多答案。正如所预计的那样，局外人的知识才是解决问题的关键。

一位律师提供了一种分子的合成技术，他的相关知识都来自平时的化学专利案件。这位律师写道，当他想出这个解决办法时，"我想到了催泪瓦斯"。"催泪瓦斯和这个问题没有任何关系，"宾汉姆说，"但是他发现，催泪瓦斯和我们需要的分子在化学结构上有相同之处。"

宾汉姆邀请局外人的做法大获成功，他把这种思维方式叫作"请来局外人"：远离那些围绕问题本身的专门训练，从八竿子打不着的其他经验中寻找答案。

历史中充斥着用这种方法改变世界的例子。

拿破仑曾经为部队的补给感到焦虑，因为他的军队能携带的补给只够消耗几天。"饥饿比刀剑更加凶残。"4世纪的一位罗马军事编年史作者写道。拿破仑是科学和技术的支持者，所以，1795年，他专门为食物保存研究设立了奖金。许多世界知名科学家深入研究这一问题都失败了，而来自巴黎的食品和甜点商尼古拉·阿佩尔找到了解决办法。

尼古拉·阿佩尔被称为"万事通"，他在食品烹饪领域的涉猎异常广泛。在面对食物保存的难题时，他拥有科学家不具备的优势。"我的日子都是在食品储藏室、酿酒厂、库房、香槟酒窖、商店、制造厂、糖果厂的仓库、蒸馏酿酒厂和食杂店度过的。"他把食物放在厚厚的香槟瓶子里，然后把瓶口封上以保证密封性，再放到开水里煮几个小时。正是因为阿佩尔的发明创造，才有了罐头食品的诞生。

他曾把一整只羊保存在瓦罐里，只为炫耀一下自己的发明创造。因为阿佩尔的方法成功地保存了食物中的营养，水手的噩梦——维生素C缺乏症，从此不再是致命的诅咒。这一科学上的重要顿悟——高温可以杀死微生物——比路易斯·巴斯德的发现还早了60年。阿佩尔的方法给公共卫生带来了一场革命。但对拿破仑来说就不甚幸运了——阿佩尔的方法跨越了英吉利海峡。1815年，拿破仑在滑铁卢惨败，他携带的补给品都被英军吃掉了。

1989年，埃克森·瓦尔迪兹号油轮在威廉王子湾附近触礁，装载的原油全部泄漏。这是一次巨大的生态灾难，也是渔业的大灾难。当原油和海水混合在一起时，负责清理溢油的工人把海面上黏稠的物质称为"巧克力慕斯"——在寒冷的海水中，处理溢油的人面对的是像花生酱一样黏稠的物质，想要清除这些溢油极其困难。近20年后，依然有3.2万加仑的原油无法清除，顽固地附着在阿拉斯加海岸线上。

溢油治理的最大难题是，驳船把海上的石油撇去进行回收，接下来该如何把这些油从驳船上抽出。斯科特·佩高是溢油回收研究所的项目经理，这个研究所就设在阿拉斯加。2007年，斯科特觉得应该尝试一下向创新中心咨询。如果有人能提出把冷冻的"巧克力慕斯"从回收船上抽出来的办法，他愿意提供两万美元的奖励。

许多想法接踵而至，约翰·戴维斯的解决方案便宜又简单，斯科特一看就笑逐颜开。

约翰·戴维斯居住在伊利诺伊州，是一位化学家。他在出差等飞机时思考溢油处理问题。作为一位化学家，他很自然地想到用化学方法来解决问题，但是后来，他彻底改变了这种思路。"我们想要处理的污染物本身就已经是化学品了。"戴维斯说，"所以应该尽可能避免再使用化学方法。这样才能避免二次污染。"他放弃自己的专业知识，选择化学领域以外的其他类比思考。"我把这个问题比作喝冰沙饮料。"他说，"喝到最后，你必须用吸管在杯子里搅一搅才行。那么，怎样做才能毫不费力地把冰沙都弄出来呢？"

冰沙问题让戴维斯想到了关于建造楼梯的一次短暂经历。数年之前，好友请他帮忙修建一段混凝土楼梯，把好友的房子和旁边的湖连接在一起。"可我并不是一个超级强壮的人，所以，实话实说，我干得不怎么样。"

混凝土在山顶处被卸下，等山脚需要混凝土时，就让其顺着沟槽倾泻而下。戴维斯站在山顶处，他担心，大部分的混凝土还没来得及流至山脚就已经在太阳照射下变硬了。他赶紧提醒朋友的哥哥。"看我的。"朋友的哥哥对戴维斯说。他拿起一根棍子，在上面绑了一个马达，然后插进混凝土中。"混凝土马上就流动起来了，像液体一样哗哗地流。"戴维斯回忆着当时的场景。这根棍子就是混凝土振动器，就像它的名字一样，它会持续振动，避免混凝土固化。"当我想到这个例子时，那一瞬间我就觉得，找到答案了！"戴维斯说。

他打电话给一家销售混凝土振动器的公司，了解了一些细节问题，然后制作出一张图表来描述振动器如何轻松地和驳船连接，以及振动器如何搅动"巧克力慕斯"，就像搅动混凝土一样。算上图表，整个解决方案一共只有3页。

对于那些最难解决的问题，从问题自身领域找到的解决方式通常差一些，局外人看似离题万里，但是当他们重新分析问题时，往往能取得突破，带来重大的创新。

秋天的田野

□杨泽西

玉米掰完后，玉米秆显得格外轻松，它站在秋风中任意摆动枯叶，就好像这枯才是它的新生。

板结的土地露出几道裂缝，一只蟋蟀从黑暗中爬出来，细长的触角上还带着对这个世界的警觉。

不远处是姥姥的坟茔，没有了庄稼的陪伴，显得有些孤单，但愿她在那边过得幸福，没有苦难。父亲仍在另一片田地里收割豆子，我则在他身后捡拾遗落的豆子。

那时，我还不知道豆子就是词语，那样的生活就是诗，以后我会成为一个诗人。

有观念的规则

□沈方正 卢智芳

好的规则，应该是有观念的规则。举例来说，酒店餐厅提供自助餐，规定"晚餐17:20开餐，21:30收餐"，这就是没有技术含量的做法。所谓有观念的规则，应该是"自助餐开餐时间不得晚于17:20，收餐时间不得早于21:30"。

为什么需要有这样的改变呢？因为每项规则背后，都应该有"人的需求"存在。一般酒店自助餐餐厅的座位数，大概是房间完全客满时人数的三分之二。如果所有客人都集中在某个时间段来，就需要排队。你想想，客人难得出来玩，花了这么多钱，好不容易排队进了餐厅，才坐下来，而餐厅员工为了遵守操作规则，已经开始收餐，客人怎么会不大发雷霆？

基层员工遵守工作规定，有没有错？没有。但是，他们得把观念放进去，规则里才有服务与人性。从规则到观念并不难。再举个例子，餐饮业都会规定服务人员：需要客户等待时，必须说明原因。但是，如果不对规则加以细化，只是简单地颁布一条规则了事，也是会有问题的。

有一次，我到一家大型连锁餐厅吃早餐，想点他们家的松饼，服务人员居然跟我说"没有了"。我听后很吃惊，因为这是一家很大的餐厅。于是，我就问旁边一位看起来像主管的人："松饼没有了吗？"

他的答案就不是这样的。他说，因为点松饼的人很多，需要重新准备材料。"您能等20分钟吗？"他问我。我马上回答："我很乐意。"你看，二者就有这么大的区别。

有些员工凭直觉认为，当客人面对需要等候的情况时，大多数会选择不要该商品，所以他不向客人解释要等多久，而是直接说"没有"。这时，餐厅管理人员必须给员工明确另一项规则："我们提供的商品，绝对不能出现'没有'的状况。"如果具备"提供的商品全部要有"的观念，就算真的没有材料，也可以到别的餐厅调货。只是需要先跟客人道歉，请他等候。不过，这还不够。万一其他商品都有，偏偏客人要你没有的商品，这时候应该怎么办？

例如，明明自助餐已经有100道菜，有个小朋友却非要吃餐厅没有的炒面。若完全按照规则来处理，绝对没有什么好的办法。但若通过观念强调"特别关注老人和小朋友的需求"，员工就会想办法，超越原来规定的层次提出解决方案。餐厅里没有炒面，但有意大利面，用意大利面来炒，可不可以？或者给小朋友吹个气球。要满足小朋友，有很多种方法。

培养员工的服务观念时，要告诉他们如何表现，给他们提供很多个案和实例，让他们知道：啊，原来可以这样做。这就是有观念的规则。

在服务的每个环节中，我们必须时常思考：什么适用于规则？什么适用于观念？怎样去沟通、解释？要确认员工真正理解每项规则背后的观念，才是服务业保证质量的关键。

沉默与说话同等重要

□[德]赫塔·米勒 译/李贻琼

沉默与说话同等重要。沉默可能让人产生误解时,我需要说话;说话将我推向歧途之时,我又必须沉默。沉默不是说话过程中的一段停顿,而是一个独立的过程。我所熟悉的家乡的农人,没有把使用词语变成一种习惯。如果不谈自己,他们就没什么可说的。

我们祖孙三代同住一所房子,同处一个庭院,彼此沉默着擦肩而过。我们使用共同的物品,心却孑然离散。如果没有倾诉的习惯,也就不需要用词语思考,更无须用说话来提示自己的存在。这样的一种态度,是生活在城市里的人不具备的。一个人习惯了这样的态度,就会无视人们的沉默。大家根本不想说话,只将自己锁进沉默中,用目光将他人环抱。

城里人喜欢问自己亲近的人:"你在想什么?"我小时候没听过这个问题,也没听到有人回答:"什么也没想。"这个结果往往不被接受,被人们视为借口,试图转移发问者的注意力。我们喜欢假定别人总在想点儿什么,假定他肯定知道自己在想什么。

我却以为,人们可以"什么都没想",也就是说,他不知道自己正在想什么。在不用词语思考时,他就"什么都没想",因为他的思想无法用语言表达,不需要词语的轮廓。思想在脑中伫立,话语却飞走了。沉默躺着,躺在那里散发着自己的气味,和我站在别人身旁注视自己的地方一样。

沉默在花园中是金合欢的香味,或是刚刚割下的三叶草的气味;在房间里是樟脑或柜子上的一排榅桲味儿;在厨房则弥漫着面粉和肉味儿。每个人在脑子里都驮着他的楼梯,沉默顺着楼梯上上下下。

从表面看,写作和说话类似,但实际上,写作是一种独处。

落在纸上的文字之于经历的事件,相当于沉默之于说话。我将经历转化为句子时,一个幽灵飘移般的迁徙开始了。事实的内脏被打包进词语,学着跑步,跑向迁徙开始时还未知的目的地。

为了停留于这样的意象之上,我在写作时,仿佛在森林里支了一张床,在苹果中放了一把椅子,街上跑来一根手指。或者相反:手提包变得比城市还大,眼白比墙大,手表比月亮大。

经历中有地点,头顶和大地之上有天空,或晴空万里或乌云密布,脚下有柏油路或地板;经历中有时间环绕,眼前是光明或者暗夜,对面有人或物。事件有开端、过程和结果,皮肤能感觉到时间的长短。

写作将经历变成文字,却永远不会使它成为一场谈话。事件在发生时,无法容忍事后用以记录它们的词语。对我来说,写作就是在泄密与保密之间走钢丝,并且二者处于不断变化当中。泄密时现实转向虚构,虚构中又透出现实的曦光,尤其在文字形成之前。

人们阅读时感受到的一半内容是无法诉诸文字的,它们在头脑中引发迷失,开启诗意的震撼。这种震撼我们只能在无语中思考着,或者说,感觉着。

丑只是美的反面吗

□ 喻 军

优美与崇高、悲剧与喜剧、丑与荒诞，是为审美的六种类型。把"丑与荒诞"列入审美范畴，还是在19世纪中叶以后。1853年，罗森克兰兹出版《丑的美学》，系第一部论述丑的美学著作。书中首度提出丑与美一样，同属美学理论范畴，但在表现丑时，必须使之服从于美的法则。

其实在中国古代文献中，不乏对美丑的认识，且充满深邃的辩证思维。东晋葛洪在《抱朴子》中说道："锐锋产乎钝石，明火炽乎暗木，贵珠出乎贱蚌，美玉出乎丑璞。"尤其最后一句，表明美不是孤立的存在，而是在某种条件下，比如以丑作为反衬时才凸显为美。中国画中常见一种画法：以一块丑石作为墨竹的陪衬，则益显峻拔之气。若画成美石不是不可，其筋骨气韵、主次对比、意境营造则呈两相削减、喧宾夺主之势。擅长画竹的郑板桥就说过："燮画此石，丑石也，丑而雄，丑而秀。"

这就要说到审丑的第二层含义，即美学意义上的"丑"并不仅体现在它的陪衬功能上，还在于它往往比流行意义上的"美"，更具深刻的内涵和艺术表现力。比如，八大山人或一爪独立或翻着白眼或三翎尾翼的墨鸟，形态近丑而非美，笔触极简而不事琐细，但它的意态、神态和形态所流露出的，是笔墨的深度和笔性的高超。所谓墨点无多泪点多，只因无处可诉说，那样的"丑鸟"岂是"莺歌燕舞"和匠缚之技所可比拟的？

罗丹1891年为已故文学大师巴尔扎克塑像，他一口气制作了多尊皆不满意，却一时找不出问题的症结。某日，他问学生布尔德的意见，布尔德却一下子被精致逼真的手部吸引，久久加以凝视且赞叹不已。罗丹这才恍然大悟，遂毫不吝惜地用锤子砸去了这只手。因为在罗丹看来，巴尔扎克的精神特质才是最需要表达的，手部过于生动反而冲淡了作品的整体性，也转移了欣赏者的注意力。目下所见整件作品虽显得有点"丑"，但巴尔扎克的"骄傲、自大、狂喜和陶醉"（里尔克语）淋漓尽致地展现出来，成为雕塑史上一件运用"减法"而垂世的杰作。由此可以看出，艺术作品的美与丑，并不取决于表现对象本身，而在于艺术家的创造力和美学认知层次。

"同用一个碗"原则

□ 沈文才

我的父亲是个街头小贩，他在新加坡卖了30年的虾面。每天清早，他用虾壳、猪骨和用焦糖炸过的大蒜煮一大锅高汤。从小学到大学，每个周末和学校假期我都去给父亲帮忙。十几岁时，我很不愿意早上7:30就要到小吃摊干活，很不喜欢手上退不去的虾腥味！我的主要职责是洗碗。摊位上只有一个自来水小水槽，紧挨着灶台，我们就在这里洗厨具、洗手。至于碗碟，我们采用的是三桶水流程来清洗。

第一个水桶较深，加了洗碗精，所有顾客用过的餐具都要放进去浸泡一会儿。浸泡后，我用海绵将每只碗的里外都擦一下，然后将碗浸入第二个装有清水的桶中，把洗碗精洗掉。接下来是第三桶水，用于最后一次冲洗，然后擦干，碗就可以再次使用了。洗了50～60只碗后，第二个桶里的水会变得浑浊，我就要换一桶清水。

高三那年，父亲开始让我为顾客煮面条。有一天中午，我想给自己煮碗面吃，就走到桑拿房般热气腾腾的灶台边，煮着面条的水滚滚翻腾，不停地冒着蒸汽。我从干净的碗架上拿了一只碗，到水龙头下冲洗。父亲看到了，说："不要再洗一遍。"他严厉但小声地对我说，以免让顾客听见。我愣住了，不知道自己哪里做错了。看到我一脸茫然，父亲说："如果碗对顾客来说够干净，那么对你来说也够干净了。"

因为对自己先前洗的碗不放心，所以我又洗一次。这其实是在质疑父亲，动摇了他多年来行之有效的三桶水洗碗法。如果此时突然有顾客来到摊位前看到我这样做，他们肯定怀疑我们的碗没洗干净。

听了父亲的话，我洗碗时更用心了，让自己用碗时再也不用多洗一次。那一天，我学到了一个关于职业道德的重要准则：即便没人看，也要认真做事。这并不容易，偷懒、走捷径很有诱惑力，但违反规定的人最终逃不过公司或行业监管机构的法眼。

这个"同用一个碗"原则，伴随我从小吃摊进入银行。我卖给客户的金融产品，必定也是我自己愿意买的。在短期内，这种执念可能会让我损失一些交易，但我知道，由此收获的客户信任，最终一定会让我受益。

你的确来自"天堂"

□ [英] 马库斯·乔恩 译 / 孔令稚

你血液中的铁、骨骼中的钙、肺中吸入的氧都是远在地球诞生前，在漫天繁星内部形成的。事实上，我们与星系之间的关系紧密到任何占星家都无法想象，而科学家发现这一惊人事实的道路漫长而曲折。

第一步是发现宇宙间万物生灵都是由原子构成的。理查德·费曼曾提出一个问题："如果有大灾难发生，所有科技都即将毁于一旦，我们只能为后世留下一句话，那么怎样才能用最少的话语传递最多的科学信息呢？"他斩钉截铁地自问自答道："万物皆由原子构成。"

在漫长的几个世纪里，人们曾经不断尝试将一种物质炼制成另一种物质，比如说把铅变成金子。有趣的是，在经历了几百年的失败尝试之后，人们突然发现世界是由微小而不可分的粒子构成的，这些基本粒子并不能从一种变成另一种。原子不仅是基本元素，还是谱写万物的字母表。将原子按不同方式、不同类别组合在一起，能构成一个星系、一棵树或者一只在山间嬉戏的猿猴。世间繁复多变的事物多是虚幻，万物的本质都十分简单，只是自然基本元素的排列组合而已。

自然界一共有90多种自然存在的原子或者说元素，从质量最轻的氢元素到现今找到的最重的铀元素，其中一些元素在宇宙中很常见，另一些则不然。到了20世纪，我们又发现另一个古怪的事实，一个元素在宇宙中含量多少与其原子核构造有关。比如说，原子核最轻的元素最为常见。

那么，为什么元素在宇宙中的含量会和元素原子核结构相关呢？唯一说得通的解释是，核反应过程也参与到原子形成的历程中了。换句话说，造物主并不是一次性创造出这90多种元素的。真实情况是，当宇宙还处于幼年阶段时，它只拥有最简单的原子——氢原子。而其他更重的元素都是由氢元素组合形成的。

原子核内的质子之间排斥力异常强，要想靠核力将它们像《星际迷航》中的"牵引光束"那样，束缚住并且黏合在一起，就必须把质子放置到足够近的地方。这就意味着，质子必须以极高的速度"砰"的一下撞击在一起。温度是微观运动的量尺，也就是说，这种核反应需要极高的温度。

20世纪的物理学家面临的问题是：宇宙中什么地方的温度可以让原子核融合，从而形成新原子的高温熔炉呢？最初，科学家认为是各大恒星的表面，但即便是那里的温度，似乎也不够高。他们发现找错了地方，于是把目光转移到宇宙诞生之初的那一瞬间：宇宙大爆炸的火球就是最初的熔炉。

但是，大自然做事才不会如此简单，炼造出90多种元素的宇宙熔炉并不止这一处。质量极轻的一些元素，比如说氦，的确是在宇宙诞生的最初几分钟里炼化而成的。而所有重一些的元素则是由各恒星内核自大爆炸起就苦心经营、费力炼化而来的。

太阳这般的恒星不够热、密度也不够大，炼化不出任何比氦元素更重的元素。但大质量恒星内部能炼制出重至铁元素的原子。到最后，这类恒星的内部结构就如洋葱一般，每一层的构成元素都比它外面一层的构成元素更重。

如果这些恒星始终保持稳定，没有演化到超新星爆炸阶段，那么，这些新的更重的元素便一直被封锁在恒星内部。这样一来，我们也就不会存在了。

幸好，这些恒星不仅会借助自身爆炸将核熔炉中融合的新元素分享给全宇宙，而且在爆炸过程中会产生更重的元素。

这些元素与星际云的气体和尘埃混合在一起，丰富了星际云中的重质量元素，它们与星际云一起孕育新恒星和行星。正因如此，重元素才会在地球上出现。正如美国天文学家艾伦·桑德奇所言："我们都是兄弟姐妹，我们都来自同一次超新星爆炸。"

如果从恒星上挖一小块物质会是什么样的呢？如果好奇的话，那你不如举起自己的手看一看，毕竟你就是星尘所化。

挺直腰背

□ 徐立新

我第一次挑担子大约是在10岁，父亲让我从红薯地挑一小筐红薯回去。

扁担上肩，挑起筐子，我走得跟跟跄跄，腰背根本直不起来，感觉肩上的担子太重了，压得我喘不过气来，肩、腰、背都十分痛苦。身后的父亲对我大喊："把腰板子直起来，腰和背都要挺直，不要弯腰背弓！"我心想，弓弯着腰背我都嫌担子重，如果挺直了岂不更重，哪还挑得动。

父亲将担子从我肩膀上卸下来，说："你要重新挑，扁担上肩的一瞬间就要用力将腰背挺直起来，一旦腰背挺直了，担子就不会那么重了，你越是腰背弓弯着，担子就会越重。"我半信半疑，按照他的指点将担子重新上肩，在挑起担子的同时，也将腰背挺直起来。

还真是，挺直腰背后，我走起路来竟不跟跄了，脚下轻松多了。肩上的担子也没先前感觉的那般沉重了，很快我便把红薯挑回到家中。晚饭后，父亲对我说："腰背挺直了，身体上的力量就能轻松地输送到肩膀上，肩部有了力量，担子就不会显得重。反之，一旦弯腰背弓，身体上的力量就不容易输送到肩上，都堵在弓弯处了，人就会觉得担子很重。"

现在想来，父亲这套挺直腰背挑担子的方法还真是有道理：对抗压力和负重最好的方法，就是鼓足力量，挺直腰背，无惧无畏地挑着它们走。

夏天留给我一道暗语

□吴千山

1

小时候,爸爸妈妈工作忙,没空管我,所以寒暑假的大部分时间,我会待在大舅家。

大舅家的房子是一座两层的土砖房,我和表哥表姐住在二楼,打大通铺。二楼卧室后面就是储存农作物的地方,放着一个很大的容器。那容器像是一个被拉长放大的蒸笼,一层层叠加,最高可达三米,几乎要顶到天花板了。在那容器齐人高的地方,有一扇巴掌大小的活动门,将插片拉起来,带着壳的金黄色稻谷就会顺着活动门下方短短的轨道流出来,如果用编织袋接,稻谷会在袋子里堆成"金字塔"。晚上睡觉,我经常听见编织袋上发出摩擦声,感觉有什么东西一闪而过。我问表哥表姐那是什么,他们说只是老鼠而已。可能因为总看动画片,我并不觉得老鼠有什么恐怖,那摩擦声反而带给我某种活跃的安全感。

暑假刚刚开始的时候,稻子还没黄,绿油油的稻田在山间谷地里摊开,在有坡度的地方,就会形成层层叠叠形状不规则的梯田。我站在院子边上看着,偶尔会想象自己是一个巨人,手掌抚在那牙刷头一样的稻田上,有一点点刺痛感。田是不规则的块状,有的绿色深一些,有的浅一些,从山上看,好像不同颜色的水滴挤在一起,但不相融。

我问大舅为什么会有不同的颜色,明明都是水稻。大舅反问:"为什么你和你表哥长得不一样,明明你们都是人?"我辩解说,水稻又不是人。大舅说,水稻也是活物嘛,是活物就有不同的脾气。他这么说,我似乎理解了一点,接着开始好奇它们各自的脾气是什么样的。但我没问大舅,我觉得他也不知道,大人应该不关心这些。

比起小孩,大人有很多奇怪的禁忌和习惯。比如,他们不让我参与任何和农作事务有关的事情,好像如果我做了,就容易被绑在这片土地上,他们不喜欢这种行为暗含的隐喻。由于大人设下的农作事务与我之间的结界,所以当大人农忙,特别是割稻谷的时候,我只能到稻田所在的溪边,坐在一旁钓鱼。

2

那时候钓鱼和现在不一样,没有一样东西是现成的,都得自己动手制作。钓竿是用细竹子做的,在竹林里转上小半天,才能找到一根有资格作为钓竿的竹子。这不是一件简单的事情,用一种比较玄乎的说法,就好像魔法师在找自己的魔杖,除形态、硬度符合要求外,还得有一种感应和眼缘。总之它得称手,否则钓鱼的时候,我会感觉哪儿都不对劲。

找到一根称心如意的竹子,钓竿制作就完成了一大半,其他部件的制作和组装都不算难。鱼漂是用坏掉的人字拖的鞋底剪成的小方块;钓线和钓钩是在镇上的小卖部买的;至于饵料,通常是蚯蚓。我会扛着比我还高的锄头走到后院的菜园子里,一锄头下去,就能翻出四五条又粗又长的蚯蚓。将带着土的蚯蚓扒拉到塑料袋里,再用钓线把钓竿、鱼漂、钓钩连到一起。做好这些准备工作,就可以去小溪边坐在阴凉的地方,把钓线甩入水中观察鱼漂的动静。我能钓上来的东西很有限,通常是小螃蟹、一指宽的小银鱼或者泥鳅。这些东西显然是不方便吃的,大一些的鱼,一般鱼刺也多,肉吃不了两口,还得抠半天牙缝。鱼汤也不好喝,总带着一股子土腥味。尽管不方便吃,这些小东西还是会被我用小桶提回家,然后倒进后院的储水池里。

储水池的水是活水,夏天才有,冬天就枯竭了。水池的角落里有个小洞穴,水从那里进出。这些螃蟹、泥鳅、小银鱼会在水池里待上几天,被我们观赏一阵之后,从那个洞穴离开。我一度十分好奇那洞穴里的光景。有一段时间,我会在睡前很用力地祈祷,希望做梦时能够附身在某条银鱼身上,进入洞穴一探究竟。但是等到冬天来了,水池干了,我的愿望也没能实现。

钓鱼的滋味我已经尝到,稻谷金黄时,我还是想跟着大人一起割稻谷。坐在钓竿旁边,我时常回头去看他们在田地里的身影。镰刀是弯弯的,一下一下挥过去,留下一茬茬圆饼一样的金黄色。鱼可常钓,但是割稻谷一年就那么几天,过了得等到什么时候呢?看着水面的鱼漂,我告诉自己:得想些办法。

3

我是在写暑假作业时想到办法的。如果要绕过大人给我设下的不能触碰农作事务的结界,我就必须"用魔法攻击魔法"。我告诉大舅,老师布置了一份暑假作业,要我们体验割稻谷,然后写一篇关于割稻谷的作文。大舅将信将疑,在电话里问我妈妈怎么办。妈妈说:"那就割吧,总不能不写作业。"我如愿以偿。大舅和大舅妈教我割稻谷的基本动作,我速度很慢,简单的动作在重复几百次之后,感觉身上的每个部位都酸痛。腰得一直弯着,手抓住一把稻秆,割掉,放到一边,再进一步。这些动作很无趣,我却有一种奇怪的满足感。不像钓鱼,割稻谷时我不用在脑海中进行任何想象和思考来打发时间,只要割眼前不断出现的稻秆就行。

割一会儿,我就起身看看身后的稻茬,还有堆积在一旁割好、成捆的稻谷。这种丰盈的感觉很难形容,我知道这么说有点奇怪,但我首先想到的类似行为是玩消消乐游戏。它和割稻谷一样,只需要简单地重复动作,两个一样的东西碰到一起就会消失,等所有东西都消失,就像是置身于一片铺满稻茬的田野。

那个夏末,我跟着大人割完了所有的稻谷。一开始,他们认为我坚持不了一上午。或许不想被看扁,我忍着烈日暴晒和浑身不适,坚持到了最后。其实坚持到第三天,那些不适就消失了,就好像长跑的人只要跑过疲乏阶段,在后面的很长一段路上都是在平稳又麻木地前行。

夏天结束,有一天,我站在浴室里洗澡,从镜子里发现后腰上有一片深色的印记。大概是因为一直弯腰割稻谷,上衣被掀起来了,于是后腰的位置就一直被太阳暴晒。暴晒的同时,频繁的弯腰动作还在不停拉扯那块皮肤,于是被晒黑的部位又被扯出了裂纹。那些深色的裂纹和新皮肤浅色的纹路混在一起,既像颜色深浅不一的稻田,又像收割后龟裂的土地。

我静静地站在镜子前欣赏着,感到满意,好像和大自然成功进行过某种隐秘的交流,它在我身上留下一道暗语。更妙的是,这道暗语只存在于我能看见的位置,虽然平时不能随时看见它,但我知道它就在我的腰上。或许,这就是稻田的脾气。当然,印记会随着时间的流逝而消失,等它不知不觉淡到和周围的皮肤相融的时候,我已经忘记这件事情了。

生命的三种状态

□草莓大福团子

生命最好的状态是"不用选",其次是"没得选",最后才是"挑花眼"。

"不用选"往往路径明确笃定,早早知道力要往哪里使,生命效能高。

"没得选"看似是限制,很多时候反倒是量身定制的精选,也是一种屏蔽和保护。

"挑花眼"最糟糕,好像具备很多可能,实际多是冗余和虚耗,丰盛有时候让人陷入和冗余的纠缠中,迷失在命运的十字路口。

古人的自我介绍有多"卷"

□ 刘中才

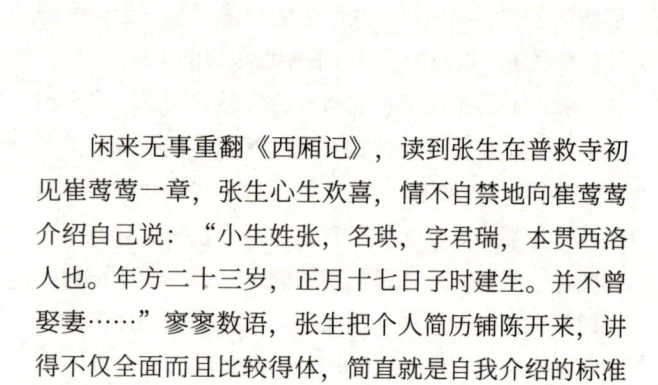

闲来无事重翻《西厢记》，读到张生在普救寺初见崔莺莺一章，张生心生欢喜，情不自禁地向崔莺莺介绍自己说："小生姓张，名珙，字君瑞，本贯西洛人也。年方二十三岁，正月十七日子时建生。并不曾娶妻……"寥寥数语，张生把个人简历铺陈开来，讲得不仅全面而且比较得体，简直就是自我介绍的标准模板。

一个好的自我介绍不但能让你在大众面前脱颖而出，而且能帮你赢得一份好工作。因此，从古至今，懂得展示自我至关重要。而古人在自我介绍时，不但遣词造句精准得当，而且聚焦主题，言简意赅，可谓"内卷"至极。

在古人的各种自我介绍中，最为经典的应是爱国诗人屈原的自我介绍。他在《离骚》中说："帝高阳之苗裔兮，朕皇考曰伯庸。摄提贞于孟陬兮，惟庚寅吾以降。皇览揆余初度兮，肇锡余以嘉名。名余曰正则兮，字余曰灵均。纷吾既有此内美兮，又重之以修能。"

这段话中，屈原明确地描述了自己的身世和姓名籍贯。暂且不说词句的美妙，单从内容上来说就已经胜人一筹。放在今天，绝对可以赢得面试官的心理认同。

自我介绍拼的是文化内涵，所以古人在展示自己的时候还特别注意体现个人优点和特长，西汉辞赋家东方朔在这方面经验十足。《汉书·东方朔传》记载了东方朔的自我介绍："年十三学书，三冬文史足用。十五学击剑。十六学《诗》《书》，诵二十二万言。十九学孙、吴兵法，战阵之具，钲鼓之教，亦诵二十二万言。凡臣朔固已诵四十四万言。又常服子路之言。臣朔年二十二，长九尺三寸，目若悬珠，齿若编贝，勇若孟贲，捷若庆忌，廉若鲍叔，信若尾生。若此，可以为天子大臣矣。"

大凡读到这段文字，人们无不被东方朔的才华所折服。东方朔的介绍自信满满且气势磅礴，可谓又"卷"又狂，单是腹中诗书兵法就有四十四万言，再加上高大魁伟的外表，任凭哪个主考官，只需一面之缘便会被他打动。

不过，每个人的性情不同，自我介绍也会迥然有别。如果说东方朔过于直白，忧国忧民的杜甫则恰到好处。杜甫在《奉赠韦左丞丈二十二韵》中介绍自己时就内敛且坦荡地说："甫昔少年日，早充观国宾。读书破万卷，下笔如有神。赋料扬雄敌，诗看子建亲。李邕求识面，王翰愿卜邻。自谓颇挺出，立登要路津。致君尧舜上，再使风俗淳。"

杜甫深知获得他人赏识并不容易，因此在做自我介绍时并未表现得过于谦虚，而是实事求是地表达个人的能力、具备的特质以及心怀的抱负和理想，以此谋求建功立业的机会，为国家社稷贡献出自己的才华。

纵观古人的自我介绍，"内卷"的同时也颇有特点。正是因为古人格外看重自我介绍，也深知其中蕴含的价值，所以才会注意遣词造句和表达方式，以求伯乐慧眼识才。而这样的自我介绍既是宝贵的文化财富，也为现代人如何介绍自己提供了借鉴思路。

潜在信念

□ [美] 拜伦·凯蒂 史蒂芬·米切尔 译／周玲莹

做决定很容易，只有你为决定编故事才显得困难重重。当你跳伞时，你拉开降落伞的绳索，但它没有打开，你会害怕，因为千钧一发之际必须赶紧拉另一条绳索。你不假思索地拉了那条绳索，降落伞仍没打开，那已是最后一条绳索了。这一刻，你无计可施了。

当没有任何决定可做时，就不再恐惧了，只得好好享受这段旅程。那正是我的心境——我是热爱真相的人，而真相是，没有绳索可拉，该来的已经来了。

有了这份安心，每件事都会变得清清楚楚。人生会提供给你深入自己的所有帮助，决定将会出现。如果你采取行动，最糟的结果只是一个故事而已；如果你不采取行动，最糟的结果也是一个故事而已。决定会自己出来：何时吃，何时睡，何时行动。它一向我行我素，平平静静，却无往不利。

如果我说我不想做决定，其实，我已经做出一个决定了。

努力和运气

□ 刘慈欣

很多人问我，接下来的写作生涯中还会有作品超越《三体》吗？我觉得很难吧。

因为像《三体》这样一部作品，它取得目前这样的成功，肯定有作者的因素，有作品内容的因素，还有许多外部因素，有各种各样的机遇。有些机遇就有如神助，凭你个人的努力，不太可能第二次让它们碰到一块儿。像马尔克斯这种获了诺贝尔奖后，又能写出来一部厉害的作品的人，确实不多见。任何成功的作品都有机遇在帮助你，一部作品换一个时间、换一个环境发表，结果可能完全不一样。

努力和运气不是x加y的关系，而是x乘以y的关系，其中一个为0，结果就为0。你说再写出一部这样的作品来，可能性不是太大，但不能因为那样就不去写了，要努力地去写。

我写作的意义就是尽可能创造出能让大家共享的、共同感到震撼的想象世界。这个世界有很广阔的时间和空间。我希望让更多的人去欣赏到、看到这样一个想象世界。

去做人生的学徒

□ 铁 凝

三四十年前，听朋友讲起他的农民老父亲。这位老父亲一生赶牛车、赶马车，没有坐过汽车、火车。后来，在城市读完大学又找到工作的儿子决意请父亲坐一次火车，并告诉父亲要坐快车。父亲这才知道，原来火车还分快慢，就问儿子快车票便宜还是慢车票便宜。儿子答，当然是慢车票便宜。父亲惊奇地说，坐慢车的时间长，怎么反倒便宜？那时我们一边听朋友讲，一边笑，笑那老父亲的天真。

几年前在新加坡，读到一则关于跑步的故事。一个青年和一个老人清晨在公园跑步。青年矫健活泼，老人瘦弱迟缓。本来跑在老人后面的青年，很快就冲到了老人的前边。他优越感十足地回头叹道："咳，你们这些老人啊，到底是跑不快了啊。"老人并不生气，边跑边对超过他的青年说："年轻人，你的前边是什么呀？"青年说："是路啊。"老人又问："路的前边呢？"青年说："还有一座桥。"老人说："桥的前边呢？"青年说："是一片树林。"老人问："树林的前边呢？"青年说："也许是山吧。"老人问："山的前边呢？"青年说："我看不见，恐怕就是生命的尽头了吧？"老人说："那你跑那么快做什么呢？"我心里一惊，感受到一种苍凉的智慧。

不久前，我走进江南山中的一片竹海，请山民教我认新竹老竹。要知道，世间植物唯有竹子长得最快。据说，一名小学生放学回家，将书包挂在一棵竹子上，坐在竹林里写作业，写完作业就够不着书包了。真是俏皮！我仿佛看见一棵挎着书包的新竹正蹿入云霄去天堂上学。

今天，我们生活在一个快时代。我忽然想起朋友的农民老父亲。当年轻的我们笑他天真时，怎知他早就洞悉了慢的昂贵，就像公园里那位慢跑的老人。但当我想到那个跑步的故事，却也不打算责怪那位心怀优越感的青年。如果青春是用来挥霍的，那他的确拥有快跑的资本。

连快跑都不敢的青年，岂不是枉费了青春？于是我的眼前不断闪现出那棵挎着书包的翠绿新竹。它的速度令我恐惧，可它挎着书包的样子又让我开怀大笑：挎着书包的竹子毕竟不那么老谋深算，它是去上学吧，是去做人生的学徒吧。

去做人生的学徒，这又让我想起很早以前看过的卓别林主演的一部电影——《舞台生涯》，卓别林扮演一位名叫卡维罗的喜剧演员。我记住了这部电影里的一句话：当卡维罗历尽艰辛终于以他精湛的技艺博得观众狂热的喝彩时，女友激动地对他说，他的表演使同台的那些演员都成了票友。对此，卡维罗严肃地答道："不，也许我们都还是票友，要在艺术上真正有点造诣，人生是太短暂了。"

卡维罗的谦逊和"上学"的竹子让我感到艺术的艰辛和生命的局促。我写作，与其说是为了要告诉读者什么，不如说是在向文学讨生命。艺术和写作恰可以盈满我们的精神，放慢我们生命的脚步。在浩瀚的宇宙之中，假如人生似一棵绿竹，以我这并不年轻的生命，仍愿做背着书包的那一棵，急切努力，去做人生的学徒。

有意义还是有意思

□陈 方

与"有意义"相比，我更喜欢"有意思"，有意思多好玩啊，追逐那些有意思的事，才能真正顺从内心的选择。

曾经，中国中车长客股份有限公司焊工李万君在获得人社部门颁发的正高职称资格证书，成为吉林省第一个获得教授级别的工人时，有记者采访他，他的回答耐人寻味："我第一次看到焊花就感觉像过年放烟花一样有意思。这一焊，没想到就焊了这么多年，焊出一个教授来。"他的回答，远比给你讲一通"技术工人的意义"要打动人心。

如果一个人发现不了平凡生活中的"意思"，让他去寻找"意义"，实在痛苦。我一直惊叹于有人凡事都要挖掘它的意义。你可以说，那些特别喜欢探究意义和价值的人，也许是想活得更坚定、更踏实一些；也可以说，人是唯一寻求意义的动物，于是才产生了哲学、艺术。但哲学家去探究意义，是"职责"所在，日常生活中，如果人也总在探究什么样的事情有意义，那附着在意义之上的人和生活，是功利而无趣的。

凡事都先要问问是不是"有意义"，这本身就没什么意义，如果一定要先有意义才能有意思，那就不是生活了。有意思可以像每晚进厨房一样琐碎，但没人否认那是幸福的瞬间。

当这些琐碎最终魔幻般重塑了"有意思"这个动宾词组之后，这些瞬间才渐渐升华成"有意义"。

想想也是，跳出"有意义"的羁绊，做一个"有意思"的人，对抗生活风险的能力才会更强一些吧。你看苏东坡，当年被贬谪到还是瘴气遍布的广东时，"有意思"的他可以"日啖荔枝三百颗，不辞长作岭南人"，而追求"有意义"的韩愈同样被贬到那里时，只能号啕"好收吾骨瘴江边"，让亲戚来给自己收尸了。

活明白了，也许我们就不至于在平常生活的泥土里打着滚，还拼命寻找它的意义所在了。

有趣的自然实验

□ 徐 玲

美国加州大学伯克利分校的大卫·卡德、麻省理工学院的约书亚·安格里斯特，还有斯坦福大学的吉多·因本斯，曾一起获得过2021年的诺贝尔经济学奖。瑞典皇家科学院在颁奖词中说，这三位经济学家证明了自然实验可以用于研究社会科学中的因果关系问题。这里有个关键词，叫"自然实验"，这具体指什么呢？

自然实验，是相对于实验室实验来说的。在实验室条件下，如果你想了解多浇水会不会促进植物生长，那么，你就养两盆植物，在保证土壤、肥力、光照、空气等一切因素都相同的情况下，给它们浇灌不同的水量，看哪盆长得好，就能得出结论了。这就是实验室实验的方法。但是，在做社会研究时，这套方法就不管用了。

比如，你想知道移民增加会不会降低当地人的工资。理想的实验情况是，你找到两座城市，它们的人口规模、经济水平、产业结构、工资收入都差不多。然后你通过颁布法令，让其中一座城市不许有移民进入，而让另一座城市敞开大门接收大量移民。这时候，再去观察两座城市的工资水平变化，就能得出结论。但问题是，这样的实验条件可能存在吗？

这时候，就只能求助于自然实验。虽然你不能控制实验条件，但"上帝之手"帮了你一把，通过某个意外事件，正好创造出了符合要求的实验条件。比如前面说的移民问题，就有一个历史事件恰好促成了最佳的自然实验。

1980年4月，古巴忽然宣布开放港口，凡是想离开的古巴人都可以自由离境。在之后的短短几个月中，共有12.5万名古巴人偷渡到美国的迈阿密。

这个意外事件，对美国政府来说，可能是一个麻烦；但对经济学家来说，可是一个千载难逢的自然实验。迈阿密周边的几座城市，比如亚特兰大和休斯敦，和迈阿密的经济发展水平和就业状况差不多，但没有受到移民冲击，正好可以作为参照系。经济学家的研究结论是，无论移民到达不久，还是几年之后，迈阿密的工资和就业水平既没有明显恶化，也没有明显提升，而是基本不受影响。所以，这个研究结果，就否定了移民会降低当地人工资水平的假设。

再举个例子。美国蹲监狱的人口比例居世界第一，世界人口中，美国占了5%；世界监狱人口中，美国占了25%。很多经济学家想知道，如果适当放宽法律，降低监狱人口比例，会对美国的犯罪率造成什么影响。理想的实验条件，就是选两个犯罪率差不多的州，然后让其中一个州释放1万名轻罪囚犯，再来比较两个州犯罪率的变化。当然，正常情况下这肯定做不到。

但是恰好，有一个民间组织，一直在抗议美国监狱人口过多，于是他们挨个起诉各州政府，要求它们释放囚犯。有的州真的败诉了，法院判定它们必须在规定时间内释放一定数量的囚犯。这对经济学家来说，又是一个绝佳的自然实验。他们发现，与胜诉州相比，败诉州在三年内囚犯数量下降了15%，同时犯罪率显著上升。

三位经济学家就是用这样的自然实验方法来验证社会中的因果关系的。比如，大卫·卡德发现，提高最低工资标准不会影响低收入人群的就业。而约书亚·安格里斯特的研究，驳斥了"读书无用论"，并且给出了一个非常确切的"读书收益"：美国人平均多上一年学，就可以增加9%的收入。

约书亚·安格里斯特的合作者艾伦·克鲁格发现，上不上名校对一个人的未来收入没有影响。比如，小王和小李，他们平时成绩不分伯仲，都有机会上清华。但高考时，小王和小李差了2分，小王踩着线幸运地上了清华，而小李只能去普通学校。未来，小王和小李的命运会如何？根据这项研究，他们未来的收入会差不多。上名校的人是因为他们本身就行，而不是名校给了他们更多机会。

买蛋糕，还是买一本好书

□王可越

什么样的产品能够被用户认同？什么样的东西值得买？怎么买才划算？一些用户看重价格和品质，一些用户要的是"薅羊毛"，只有绝对的低价才会让他们愉快。还有一些用户的价值认知更宽泛，他们认为"值得"的标准，不见得与价格或品质相对应，有可能是模糊的、具有象征意义的。例如，某明星代言了某产品，而他购买了"明星同款"，就是通过购买行为分享了价值。对于这个明星的粉丝群体而言，购买行为的价值感十分明显。

我们消费的对象，并非产品或服务本身，而是这些对象所代表的价值。追求价值一定意味着追求"有用性"。除了功能上的实用性，"有用性"还有更广泛的内涵，比如社交、炫耀等情感价值。如果花了同样的钱，买到了更"有用"的产品或服务，就是"划算"的，反之就是"不值"的。

大城市的时尚青年在咖啡店吃一小块蛋糕，配一杯咖啡，花费七八十元，这个价格似乎很合理。而一本内容上乘、印刷精美的图书，定价七八十元，很多人觉得贵。为什么花差不多的钱，有人宁可买蛋糕，也不愿买一本好书？因为人们对二者"有用性"的评价标准差异很大。

吃蛋糕，一个人能获得即时反馈。吃一口，甜蜜柔软的感觉会立刻充盈口腔。除了能马上享受美味，还可以拍一张漂亮的照片，在朋友圈发布，这也具有一定的炫耀价值。一本经典的书呢？或许读起来费劲，获得快乐的门槛有点高。况且，对有些人来说，一本书的炫耀价值也比不上一块蛋糕。

再比如，某欧洲现代画家的画展门票一百多元，展览质量一般，仅包含几张原作，但并不影响参观者的热情。这是为什么？

答案是，一个布置精美的展览的主要价值在于参观体验的过程。参观展览是一种可以呼朋唤友的社交行为。在展厅摆造型后拍出的照片，又可以被当作社交媒体的"展示素材"。这样，一个展览就同时具备多种价值。同样，我们还可以发现，这位现代派画家的展览虽然受欢迎，可是他的画册销量不太好。究其原因，是参观者认为画册"没有太多用途"。

看起来，似乎买书"非必要"，阅读也处于大众消费中的"弱势地位"。可是，对于藏书爱好者而言，限量版的好书比蛋糕或展览的价值高得多。

信自己，有时比权威更重要

□ 杨 照

有一个极出名的心理学实验，是由美国心理学家米尔格兰姆设计的。在实验中，被找来的实验者要做的事，就是按按钮电击一个他完全不认识的人。实验之前，要按按钮的人被告知那个遭电击的倒霉的人也是自愿的，而且电击产生的电量一定会控制在安全范围内。

实验开始后，每按一次按钮，电量就增大一次，被电击的人的反应也就越激烈。到了一定程度之后，被电击的人开始哀号尖叫要求停止实验。可是负责主导实验的专家，继续坚决地下达按按钮的命令："再按！再按！"

实验的目的，就是要看那些受试者会不会拒绝按按钮，到什么程度会拒绝按按钮。在实验的过程中，其实根本没有电流，被电击者的痛苦表情、满地打滚的模样，全是装出来的。

能够设计出这样骗人的招数来做实验，很令人惊讶，不过更令人惊讶的是实验得出的结果。有三分之一的人，虽然不是没有犹豫、不是没有挣扎，最后却会遵照指示，不管被电击者怎样哀求，"一直按按钮、一直按按钮"。

这个实验常常被用来解释，为什么会出现像纳粹德国屠杀犹太人那样的集体暴力。尤其是当年暴行的纳粹执行者，他们平日生活中一派绅士，听音乐读哲学，可是到了开毒气瓦斯时丝毫不手软。当然更大的迷思在于：这些事不是少数人关起门来偷偷摸摸做的，虽然不能说每个德国人都支持纳粹、都参与了屠杀罪行，但知情而没有任何反对的人多得数不清。

一个社会为什么会变得那么残忍？一个平常人为什么会变成杀人不眨眼的刽子手？米尔格兰姆的实验的确给我们打开了一扇通往人性黑暗深渊的门：我们看到了在科学的名义下、在实验的指令下，和你我一样的平凡人，可以对别人的痛苦折磨视若无睹的残酷潜能。

除了这扇残酷之门，这个实验，其实还打开了另一扇让我们看见另一种人性缺陷的门——让我们看见了人对于权威、对于专家的盲目依赖与信从的愚蠢。

心理学家弗洛姆提醒我们，每个人都会在口头上热爱自由、支持追求自由的价值理念，可是自由的另一面也就是没有人替你安排，没有人给你指导，没有人下命令，你必须自己选择，有什么后果你也只能自己承担。这样的"实质自由"，就不是每个人真正想要或真正有能力要的了。所以在号称"自由"的社会里，人们反而惶惶着寻找可以逃避自由、逃避责任的空间，而权威就是替大家遮蔽自由艳阳、提供阴影的最主要的大树。所以权威不是单方面由拥有权力的人去夺取、去构建的，一定还包括许多人或积极或消极的推波助澜。

我们还可以从米尔格兰姆的实验明了一般人其实多么不信任自己的感官、自己的常识。这一点从另外一个同样知名的心理实验得到了更强有力的佐证。早在1956年前后，心理学家阿希就做过一个实验，把一位真正的受试者放入一个七人的小组里，小组的其他成员都是阿希安排的。这个小组一起接受一连串很简单的问题，受试者被排在最后一个回答。前面的人故意在几个问题上，串通给出错误的答案，再看受试者会不会受到影响。结果是：在其他人都故意答错的情况下，受试者也说出错误答案的概率是三分之一。

说了那么多心理实验，我真正要提醒的是我们这个社会的"专家危机"。如果大家都不再依赖专家，其实并不构成"危机"。"危机"是来自米尔格兰姆实验明确标示的：一个社会无法轻易从权威依赖上解脱出来，如果连专家都不值得信任时，那我们就需要社会上非常强大的常识力量，用常识来检验专家、制衡专家。

不顾一切的真

□丁时照

我认为，《诫子书》是最真的话。

五代时后唐大将李存审出身寒微，他曾经告诫孩子们："你们的父亲年轻时提一把剑离开家乡，四十年间，位极将相。其间，九死一生的情况绝不止一次，剖开骨头从中取出箭头的情况有百余次。"他把取出的箭头送给孩子们，让他们收藏起来。他说："你们这些孩子，出生在富贵人家，应该知道你们的父亲是这样起家的。"

东方朔性格诙谐，滑稽多智。他的《诫子书》一点也不幽默："明者处事，莫尚于中，优哉游哉，与道相从……"说了一大通，就是告诉孩子们一个道理——中庸之道。

张之洞为"晚清中兴四大名臣"之一，曾大规模兴办新式教育。他的《诫子书》有浓浓的父爱，有恨铁不成钢的无奈，有对官家子弟骄纵的担忧。此书信可能是写给第十一子张仁乐的，可惜教育失败。九一八事变后，张仁乐投靠日本，成为汉奸。

教育不是万能的，但没有教育万万不能。家风家教家训，很多都在其中传承。曾国藩在《诫子书》中说："今将永别，特将四条教汝兄弟。一曰慎独而心安……二曰主敬则身强……三曰求仁则人悦……四曰习劳则神钦……此四条为余数十年人世之得，汝兄弟记之行之，并传之于子子孙孙，则余曾家可长盛不衰，代有人才。"

最负盛名的是诸葛亮的《诫子书》，八十六个字，很多人会背诵。他教育后代的理念，如"静以修身，俭以养德，非淡泊无以明志，非宁静无以致远"已经成为不证自明的公理，只因为，此中有着不顾一切的真。

看透"头衔"

□ 傅根洪

林冲的经历，博得了很多人的同情。这位原本有着美好前途、幸福家庭的好汉，只是由于一个无耻"官二代"看中了自己的妻子，很快就被祸害得家毁人散、被判充军。林冲，也由此成了被"逼上梁山"的典型代表。他内心所受的伤害，远比鲁智深、武松更为深重——因为林冲更加期望维持原本安乐平淡的生活，哪怕为此而遭受高干子弟的羞辱；因为林冲更加看中自己在体制内的位置，一个"八十万禁军教头"的头衔，给了他最大的安慰与满足。

所以我们在《水浒传》中看到，林冲在刺配沧州之前给妻子写下休书时，劈头一句就是："东京八十万禁军教头林冲，为因身犯重罪……"写休书时的林冲，只是一个朝廷罪犯，而不再是什么"禁军教头"了，但他仍将这个给自己带来快慰的头衔理直气壮、浓墨重彩地写了下来。林冲，到了刺配之时，仍在梦想着有一天能够重回体制内，重新当他的禁军教头。

直到此后一连串阴谋与追杀排山倒海般扑来，才让他真正认清了世态炎凉，彻底明白了忍辱并不能换来对手的宽容，从而手刃数人、雪夜上梁山，走出了一条告别"头衔"的英雄之路。

与林冲相比，刘备显然更轻易地领悟到了"头衔"的真谛——名头再大，也是空头支票，现实利益才最重要。

话说当年，渴望成功的有志青年刘备在高人的指点下，决定拉"卧龙"诸葛孔明入伙。《三国演义》第37回专门记录了此事，说是第一次上门时，刘备"下马亲叩柴门"，待一名童子出来，他朗声说道："汉左将军、宜城亭侯、领豫州牧、皇叔刘备，特来拜见先生。"想想这一大串头衔真够吓人，又是将军又是皇叔的，也难怪刘皇叔时刻不忘将它们挂在嘴边，自我介绍时愣是一字没说错。错就错在他碰到的对象。真是诸葛家中无弱童，想来整天跟在"当世大贤"屁股后头也很增长见识，面对不久就要闻名全国的刘备，孔明的门童只淡淡地说："我记不得许多名字。"这下刘皇叔突然有了一记重拳颓然打空的感觉，只得改口道："你只说刘备来访。"

千万不要轻视了孔明门童的轻轻一语，狡慧如刘备者，即从中悟出大道理来。故事继续，刘备再访孔明，这样问门童："先生今日在庄否？"第三次去访，则云："有劳仙童转报：刘备专来拜见先生。"及至这回终于见到了诸葛先生，更是谦恭得令人起一身鸡皮疙瘩："汉室末胄、涿郡愚夫，久闻先生大名……"

其实"愚夫"不愚，有了孔明死心塌地的相助，刘备终成霸业，以致临终时可以简洁地用上"一字头衔"——朕。

刘备的故事告诉我们，"头衔"的含金量与字数多少及显摆式的表述并无直接关系。

可惜，《西游记》中那只人见人爱的孙猴子，开始时也没明白这一道理，还拿"头衔"当作最大荣耀，视为"天赋猴权"。直到在冷酷的现实面前碰得头破血流，猴子才领悟到"头衔"之虚幻莫测及害人不浅。

孙猴子学得一身本领后，就想弄个"头衔"来耍耍，刚好玉帝怕他惹事请他上天为官，猴子于是成了"弼马温"。猴子初入官场，不知官越大越会忽悠人，还真以为弼马温这个"头衔"金光闪闪，工作起来兢兢业业一丝不苟。直到有一天，偶然间得知自己当的只是个"未入流"的芝麻小官，单纯的猴子愤怒得当即扔下手头的工作，立马返回花果山，且自封了有史以来天下最大的官——"齐天大圣"。

这个炫耀显摆的"头衔"极大地伤害了玉帝的自尊心。玉帝一生气，后果很严重，天兵天将轮番攻打花果山，只是这些神人平时懒散惯了，真上战场只会屡战屡败。此时，太白金星为领导献计，抛出"头衔可给，但不给实权与工资"的下三烂之计。

果然，当了"齐天大圣"的孙猴子很知足，不过在天上"今日东游，明日西荡"罢了。后来由于众所周知的原因，孙猴子被佛祖压在了五行山下，只能"饥食铁丸、渴饮铜汁"了。

此时回首自己为"头衔"而作的艰苦卓绝的奋斗，痛定思痛的孙猴子很可能会觉得当年很傻很天真，直到此时，他才明白当一只自由自在的野猴，是最幸福的。于是当观音告诉他保唐僧西行可得自由时，心性高傲的孙猴子满口答应。这也很好地解释了为什么当糊涂无能的唐僧一次次误会他、伤害他时，孙猴子总是默默地选择了隐忍。因为他对唐僧心怀感恩，也因为头上的"金箍儿"时时提醒他"遵纪守法才是好猴子"。直到取得真经，如来封他为"斗战胜佛"时，孙猴子赶紧对着唐僧说了这样一番话："师父，此时我已成佛……趁早儿念个松箍儿咒，脱下来打将粉碎，切莫叫那甚么菩萨再去捉弄他人。"

这是书中孙悟空说的最后一段话。于此足见，在他看来，西行取经不过是被人"捉弄"罢了，当然，被"捉弄"的报酬是可以重获自由。猴子对唐僧始终礼敬有加，成佛了仍是一口一个"师父"，充分说明了猴子对于寻回自由的发自肺腑的期待与兴奋。

可以说，很多人的奋斗成长史，就是一段从争取"头衔"到看透"头衔"的心路历程。

林冲的看透，是一种痛彻骨髓的绝望，因为他曾经热切怀抱的那点并不过分的希望却给他引来了杀身之祸；刘备的看透，是一种奸雄式的眺望，因为他最看中的永远是实际利益而非大而无当的表面荣耀；孙悟空的看透，是一种大众化的失望，因为他单纯的理想总被现实的风雨吹打得七零八落、一地落英。

夕阳也是旭日

□ 史铁生

当牵牛花初开的时节，葬礼的号角就已吹响。

但是太阳，它每时每刻都是夕阳也都是旭日。当它熄灭着走下山去收尽苍凉残照之际，正是它在另一面燃烧着爬上山巅布散烈烈朝晖之时。

那一天，我也将沉静着走下山去，扶着我的拐杖。有一天，在某一处山洼里，势必会跑上来一个欢蹦的孩子，抱着他的玩具。

当然，那不是我。但是，那不是我吗？宇宙以其不息的欲望将一个歌舞炼为永恒。这欲望有怎样一个人间的姓名，大可忽略不计。

杜甫那个修鸡栅的儿子

□陈思呈

杜甫的诗里，有一首写他催儿子去建鸡舍的事。那首诗很长，我讲述一下背后的故事。

出现在老杜诗中的儿子，有长子宗文、次子宗武，还有《自京赴奉先县咏怀五百字》中因饥饿而夭折的幼子。对长子宗文和次子宗武，杜甫的区别看待不加掩饰。他给宗武（小名骥子）写了不少诗，大致都是以下这类内容：

"骥子好男儿，前年学语时。问知人客姓，诵得老夫诗。"

"骥子春犹隔，莺歌暖正繁。别离惊节换，聪慧与谁论。"

老杜对宗武如此满意，也许因为宗武遗传了他的诗才。"自从都邑语，已伴老夫名""诗是吾家事，人传世上情"，都是在强调宗武继承了他的才华和人生理想。

而对长子宗文呢？他单独写给宗文的诗，据考，明确的就是这一首：《催宗文树鸡栅》。

诗写于公元766年，那一年杜甫在四川夔州。诗的内容是，鸡笼要修在哪里，怎么修，鸡要怎么区别，各种天气怎么应对……诗中的宗文，当然很能干。

老杜家的亲子生活很有意思，对次子宗武的要求是"熟精文选理，休觅彩衣轻"。而对长子宗文的要求是"墙东有隙地，可以树高栅"。

是偏心吗？如果我们说老杜偏心，那就是我们预设了建鸡栅一定不如读书。

事实上，很可能宗文天生适合农事工作，是一个动手能力很强的人，建鸡栅让他得其所哉。如果基于这样的认识，那么老杜是因材施教。

杜甫让宗文修鸡栅这件事，在诗歌史上，成为一桩重要事件。鸡栅，成了一个文化符号。后世的诗人们写到和儿子的沟通，背景墙上总会有个鸡栅的影子。

比如陆游：

"群散鸡归栅，声喧雀噪困。丁宁语儿子，切勿厌沉沦。"

"宗文树鸡栅，灵照挈蔬篮。一段无生话，灯笼可与谈。"

"高谈对邻父，朴学付痴儿。补栅怜鸡冷，分粮悯雀饥。"

比如范成大：

"南浦回春棹，东城掩暮扉。儿修鸡栅了，女挈菜篮归。"

比如黄庭坚：

"诗催孺子成鸡栅，茶约邻翁掘芋区。"

在网上用"鸡栅"作为关键词，就能搜出许多句子。修鸡栅的宗文，显然成了乡村生活中动手能力超强的青壮年形象代表，万千乡间老父心中的亲子符号。

从这个意义来说，宗文不比宗武差。

世界是每个人的天地，
何不现在就奋勇向前

去闻一朵水仙花的香味

□ 宋 麒

结构主义人类学宗师克洛德·列维-斯特劳斯,学术著作等身,但他最负盛名的作品是一部行云流水的游记——《忧郁的热带》。他生于1908年11月28日,在这部"为所有的游记敲响丧钟的游记"中,列维记述了自己1934至1939年间在巴西亲访亚马孙河流域以及高地丛林深处原住民部落的种种经历与见闻。

该书写于1954年,距离列维最后一次离开巴西雨林已过去15年,而他也经历了第二次世界大战带来的恐惧与流离,从意气风发的年轻人变成了饱经风霜的中年学者。因此,这部游记不单单是他对某地某事的客观描摹,更掺杂了他对过往岁月的回望与追缅,对那些注定消失的文明形态的反思与悲悼。

1954年的列维正处于人生的低谷,他未能在法国任何一所大学谋得教席,也无法得到学术界的热情接纳。有趣的是,恰恰是这部成书于失落与愤懑中的作品,为他带来了前所未有的声誉和关注。

列维在《忧郁的热带》中写道,一个人此生总该经历一次壮游,其中务必包括日晒、风吹、虫咬和饥饿,包括跨越整个大洋的航行,包括海上的月圆之夜,包括在见所未见的植被中行走,包括吃烤蜂鸟、烤鹦鹉和烤鳄鱼尾……而在这一切经历当中,最强烈的冲击莫过于站在甲板上望着一整片从未踏足的大陆,而你心中知道,那里存在着全然异质的文明。

列维穿过沼泽与密林,只是为了与那些人面对面坐在一起,听他们说话,看他们劳作,并由此得出一个革命性的论断——原始社会在智慧上并不与现代社会存在重大差异。他就此被公认为现代人类学之父。

然而,热带究竟因何而忧郁?因为与普通探险家不同,人类学家的目的不是跑去某个人迹罕至的部落拍摄一堆影像,回到欧美都市播放给公众看。人类学家首先是反思性的,这也恰恰是其忧郁的源头,他不仅应当看到西方文明对于原住民文化的侵扰乃至湮灭,更应当正视原始文明正在悄然散失的事实。

列维相当长寿,活了整整一个世纪。在漫长的学术生涯当中,他始终对所有文明抱持着同等的悲悯之情和赤子之心。

事实上,热带的忧郁恰是人类学的忧郁。人类学家似乎除了见证异质文明的式微,除了目击那独特而富有魅力的一切沉落于历史的深渊,做不了其他更有价值的工作。"这个世界开始的时候,人类并不存在;这个世界结束的时候,人类也不会存在。"这是列维为我们指出的残酷事实。而即便如此,他也勇敢地走向了田野,走向了那个注定带来伤痛与忧思的真实世界。

列维说过:"去闻一朵水仙花的深处所散发出来的味道,其香味所隐藏的学问比我们所有书本中的知识全部加起来还多。"

去吧,去真实的世界!

屋顶上的星空

□ 王国梁

夏天热得让人无处可逃。终于到了晚上，暑气消退，夜风也飘了过来。可是，房屋和树木阻挡了风的脚步，总觉得风来得不那么顺畅，于是想攀到某个高处，那该是多么畅快！屋顶，成了首选。

小时候的夏天，我们经常去屋顶睡觉。家乡是大平原，那时候没有楼房，农家的平房屋顶就是最高的地方。人在高处，感觉风就像在无边无际的大草原上尽情奔跑，肆意自在。

我仰面躺在屋顶上。闭上眼，听到蛙声一片；睁开眼，看到夜空浩瀚。

夜风荡漾，树影婆娑。不知为什么，月亮在我的印象里没什么存在感，我关注到的是漫天的星星。那时候刚刚在课本里看了有关星座的知识，我煞有介事地跟妹妹讲起来。

我用手指"指点江山"："瞧，那里就是银河，就是王母娘娘用玉簪划出的银河。那里是牛郎星，那里是织女星。还有冥王星、海王星……"虽然我多半是信口开河，胡指一气，但妹妹明显对我充满崇拜，觉得关于星空的知识，我能说出的词语比祖母多很多。

星光闪烁，夜空显得深邃而辽远。妹妹忽然问："哥，你说是天上的星星多，还是地上的人多？""当然是天上的星星多，地上才有多少人！"我不假思索地回答。在我的概念里，地上的人，不过就是村里这些人，二狗、老赖、麻子之类的，能有多少呢？而天上的星星，密密麻麻，数也数不清。

夜空深不可测，星光悄然出没，人像是进入一个全新的世界一样，满眼都是新奇。父亲就躺在我们旁边，不管我们说什么，他都不搭话，可能觉得小孩子说什么都是对的，或者他根本就是在想田里的庄稼用不用浇水。

父亲高中毕业，做过几天小学教师，但忙碌的生活让他更多的时间是沉默的。只有一次，他教我们背起了诗。那次他教我们背的诗是曹操的《观沧海》：日月之行，若出其中。星汉灿烂，若出其里。"星汉灿烂"给我的印象极为深刻。

夏夜短促，不知不觉到了深夜时分。夜风依旧是长一阵短一阵，屋后的田野腾起淡淡的雾气，给世界笼罩了一层神秘。空气中弥漫着乡村特有的气息，有草木的清气，还有土地的味道。我蒙眬睡去。

屋顶上的星空，在我的梦里璀璨着。银河闪闪发光，流星倏忽而逝……那个神秘而神奇的世界，让我看到了比屋顶更高的天空，比村庄更远的天地。

后来我长大了，知道了世界上的人，除了村子里这些，还有更多。我萌生了去外面世界走一走的愿望，看看世界上的人有多少，看看屋顶上的星空有多深邃……

海底"书斋", 梦开始的地方

□汤养宗

我读书的场所跟别人有点不一样。其中有一处，在海底。

一切的悲愤皆来自我这辈子再也无缘踏进大学校园了。"我要读书。我要自学一点知识，让自己强大起来。"这是我每每打开书本时都要默念的两句话。

萌发这个意识时，我已经告别父母，离家当上了一名海军。当兵的第一年，我在上海接受了一整年的舰上声呐专业知识培训，空闲时间便到上海南京路的书店里买了许多属于大学中文系的课本。

我最初只是想了解一下，看看同龄人在大学中文系里都读了哪些书。

这有点儿像在有意地跟谁赌气，也是让自己接受人生的下一项任务，更是一个不能向他人透露的秘密。后来，不知不觉中，我竟深陷于不可自拔的阅读乐趣中。所谓"春蚕吐丝，竟不知吐出了一条丝绸之路"，说的可能也有这份意外。

后来我被分配到海军某导弹护卫舰，当上了一名正式的声呐兵。

那时我20岁上下，班里分配给我的战位是仅由我看守的声呐升降舱。战位的操作非常简单：每当军舰出海需要打开声呐演练或搜寻海底目标时，位于甲板上声呐工作室那头的班长便会下达命令，由我把声呐搜寻杆下降到海水深处，过后再把它升上来，恢复到原位。

这给我提供了大把的自己可以做主的时间。几年时间中，都是因了这个与人隔绝的声呐舱，我在悄无声息又自由自在中偷偷读了许多书。

这个声呐舱距军舰甲板有20多米，属于整艘军舰船舱的底层，需要从甲板穿过一层又一层的舱体才能到达。在一个水兵舱过道的一侧，掀开两层铁铸的盖板，再沿着一架垂直的铁梯而下，才能来到这个神奇的地方。

这就是我当兵时的"书斋"，处在水平面以下的海水深处，只要侧耳倾听，四周都是水波冲流与摩擦的声音。一个人坐在这里，像有人正与我窃窃私语。

当我再想到这地方正处在大海中，便会感到自己已经是一个"沉浸中"的人。没有人看到我，我已经与世隔绝，深深的海水那头，有人可以为我做证，我们却永远无法相认。

如果这时正处在阅读中，我便会感到眼前所有值得领会的文字，也会在轻轻的荡漾中进入大脑喧响起来，产生可以融入大海而鼓荡起来的效果。因为海水这时正在我的左侧，也在我的右侧，或者既在我的脚下，也在我的头顶。我如同在大海里的一个房间里读书，四周都是我要看到的文字。

更神奇的是，每当军舰出航后，我的阅读就出现了另一种情景。那时，我整个人与这艘军舰都是漂浮着的。船在行进，我的阅读也在行进。我感觉到在向后退去的浪涌中，有两样东西在并排向前走，一样是我正在阅读的书籍，另一样是穿越在水波之间的舰船，而它，也像在一米又一米地阅读着海水。

这让我在阅读中有了新奇的行进速度。这种速度放在书籍的章节里，有着整个身心和文字被谁一起端走的感觉。

这种感觉十分迷人。在你与一本书或一段文字共同前进的时候，你分不清是自己带走了一本书，还是这本书正在把你的整个身心带远。你翻动书页，内心突然有了迷人的幻觉，感到自己也在一页又一页地翻动着大海。

这是一种带有双重性的穿越，海水与书籍在同时被翻动。你必须在阅读中警醒自己，你必须与自己的阅读相互追赶，因为你的阅读速度也是一艘舰船行进的速度，你所处的地带也是这艘军舰行程中的所在。

我吃惊地发现，这种置身于海底的阅读，会让一个读书人感觉自己的肉身是形同虚设的。因为在阅读当中，这个人已经化作大海的一部分，他的思维也会在海水里喧响着，鼓涌而起或者突然陷落，一切都随着大海的呼吸而呼吸，灵魂不知是在下沉还是飘升。

我实在迷恋这种置身在海水里阅读的经历。面对文字时，海水在头顶劈头盖脸地翻涌而过。一种自身无法拒绝的深深淹没，及阅读中随时可能发生的高高托起，成为另一种激活，成为另一个人或者另一个精灵，在自己所要的文字里停下或者离去，羽化或者空荡荡。

而后军舰突然停住，靠岸，我从最深的舱底爬上来，登上甲板一看，发现自己的船已经来到了另一座城市的港湾。也像是，大海翻开了崭新的一页。

这种迷幻的经历与感觉，后来都在我的写作中有了深刻的体现。我后来的文字显得那样摇晃及虚实难辨，还有多维的对待事物的视角与习惯顾左右而言他的伎俩，不得不说都与这段阅读经历所带给我的奇幻感受有关。

人生的开悟往往在一灯即明的暗室，而我的暗室就在这四处都是波涌之声的海底。

而我还要感谢允许我这样阅读的一个人，他就是我的班长。整艘军舰的上百人中，只有他一个人知道我在自己的战位上偷偷阅读大量的文学书籍。他对于我的这种爱好，睁一只眼闭一只眼地惯着和掖着。

这助推了我后来走上长长的文学道路。如果没有这个独一无二的读书环境，我一生的文学梦在当兵服役这几年怕就已经丢失了。同时我不知道，后来我的人生会是什么样的。

2020年年底，这位与我阔别40年的老班长，终于带着他的太太以及几位朋友来到我的家乡霞浦旅游。当他在这里的一些景点看到我的文字时，才知道当初那个小兵偷偷摸摸躲在船舱下看书，便是为了能够写出今天他所看到的这些文字。

食言而肥

□ 蒋芳仪

"食言"是有典故的。《左传》记载，春秋时期，鲁国大夫孟武伯，总是不信守承诺，这让国君鲁哀公十分不满。有一次，鲁哀公举行宴会。席间，孟武伯见大臣郭重也在座，不由得心里泛起一阵忌妒，因为郭重向来很受鲁哀公器重，孟武伯早就看他不顺眼。过了一会儿，孟武伯便想借着给鲁哀公敬酒的机会，羞辱一下郭重："您最近吃了什么啊？长得这么胖！"

孟武伯的这一表现一下子引起了鲁哀公的厌恶，鲁哀公不等郭重说话，便替他回答道："食言多矣，能无肥乎！"这话不仅将孟武伯的攻击轻松消解，反过来还讽刺了孟武伯的言而无信。孟武伯听后，面红耳赤，顿觉万分难堪。

市区的蘑菇

□ [意大利] 卡尔维诺　译 / 马小谟

风，从远方来到城市，带着不寻常的礼物，但只有少数敏感的人才察觉得到，像有花粉热毛病的，就会因为别处飘来的花粉而打喷嚏。

一天，不知从哪里来了一阵夹带着孢子的风，于是蘑菇在市区街道的花坛中萌芽了。没有人发现，除了小工马可瓦多，他每天早上都在那里等电车。

马可瓦多对城市的生活不是很适应。广告招牌、红绿灯、橱窗、霓虹灯、海报装腔作势地想引人注意，但是他就像行走在沙漠中似的从未停驻过目光。相反，一片高挂在树枝上枯黄的叶子，一根缠悬在红瓦上的羽毛他却不曾遗漏。马背上的牛虻、桌上的蛙洞、人行道上被轧扁的无花果果皮，马可瓦多不会不注意到。四季的变化、心里的欲望和自己微不足道的存在，这些他都能发现。

这样，一天早上，在等着电车来载他去公司上工时，马可瓦多在站牌附近注意到一些奇特的东西，在沿着林荫大道铺满石板并消过毒的花坛中，某几处树根上，似乎鼓起了肿块，这里那里地微露着地下的圆形体。

他弯下身去系鞋带以便看清楚点。是蘑菇，真的蘑菇，正在市中心萌芽！对马可瓦多而言，他周围这个灰色而贫乏的世界，仿佛在一瞬间因为这批不为人知的宝藏而变得丰盛肥沃。而且，生命中除了以小时计酬的雇员薪水、额外的工资补助和家庭津贴，还是有某些东西可以期待的。

这天他工作时比以往都更心不在焉。他老想着当他在那儿搬卸盒子、箱子的同时，那些只有他知道的蘑菇，在幽暗的土地上寂静、慢慢地成熟；那多孔的果肉，吸取地下的水分，蹭破土地表层。"只要下一晚上的雨，"他自言自语道，"就可以采收了。"并急着让他太太和六个孩子知道这个发现。

"我跟你们说，"马可瓦多在吃少得可怜的晚饭时宣布，"在一个礼拜之内我们有蘑菇可以吃！很棒的油炸蘑菇哦！我向你们保证！"

然后他对那些较小的，还不知道什么是蘑菇的孩子激动地解释各品种蘑菇的美丽，它们鲜美的滋味，还有烹煮的方法，这样就可以把他太太多米娣拉硬拖进来参与讨论。因为她始终一副怀疑和漠不关心的样子。

"这些蘑菇在哪里？"孩子们问，"告诉我们蘑菇长在哪里！"

对于这个问题，马可瓦多基于多疑的理由煞住了他的兴奋——哎，我一跟他们说出位置，他们和平日混在一起的野孩子一齐去找，然后消息会传遍整个社区，蘑菇就都到别人的锅子里了！——这个推测立刻填满了那原来充满着大爱的心灵，担心、嫉妒及冷漠把心关闭起来，现在他只渴望拥有。

"蘑菇的位置我知道，而且只有我知道，"他跟孩子们说，"你们要是在外头走漏一句话，就该倒霉了。"

第二天早上，当马可瓦多走向电车站时，满是挂念。他蹲在花坛上，看到蘑菇长大了，但并不多，几乎还完整地藏在地下，才松了一口气。

他就这么蹲着，直到察觉有人站在身后。他猛地站起身来并试着装作若无其事的样子。一个清道夫正倚着扫把看着他。

管辖这片蘑菇生长区域的清道夫是一个戴眼镜的年轻人，瘦高个儿，叫阿玛弟吉，对马可瓦多一向不太友善。或许是因为他已习惯透过那副眼镜在柏油路上探测搜寻每一个大自然留下的待清扫的痕迹。

那天是星期六，马可瓦多有半天的空当都消磨在花坛附近，魂不守舍地转来转去，眼睛远远地盯着那个清道夫和蘑菇，同时心里盘算着还要多长时间蘑菇才会长大。

晚上下起雨来，马可瓦多是全市唯一的如同久旱逢甘霖的农民因为雨声而兴奋地跳起来的一个。他爬起来坐在床上，叫醒全家。"下雨啦，下雨啦！"他吸着潮湿的尘土味，还有从外面飘来的新鲜霉味。

星期天清晨，带着孩子和一个借来的篮子，马可瓦多冲向花坛。蘑菇都在，站得笔直笔直，小帽子在水汪汪的地上高高扬起。"万岁！"全体立刻埋头开始采摘。

"爸！你看那边那位先生摘了多少！"小米开尔说。做爸爸的抬起头来看见，站在他们旁边的阿玛弟吉也挽着满满一篮的蘑菇。

"啊！你们也来采？"清道夫说，"那么是真的好吃吗？我摘了一些，但是又没有把握……更那边一点的大道上还长有更大朵的蘑菇……好，现在我知道了，我得去通知我的亲戚，他们正在讨论要不要摘……"他便大踏步走开了。

马可瓦多一句话都说不出来：还有更大朵的蘑菇，而他竟然不知道。眼睁睁地看着一次意外的收获就这样变成别人的，他有好一会儿几乎气傻了，然后——有时候会发生——因为个人情感的崩溃使得他突然慷慨起来。那个时候，有很多人正在等电车，由于天气仍不稳定而且潮湿，大家手臂上都挂着雨伞。"喂！你们这些人，今天晚上想吃油炸蘑菇吗？"马可瓦多对站牌附近拥挤的人群喊道，"在马路上长出了蘑菇！你们跟我来！每个人都有份！"之后他就紧跟着阿玛弟吉，而他身后则紧跟着另一群人。

大家都找到了蘑菇，没有篮子的，就把蘑菇放在打开的雨伞中。某个人说："如果我们一起办个午宴一定很棒！"但最后，所有人都带着各自的蘑菇回到自己家里。

不过他们很快重新见面了，就在同一天晚上，同一家医院的病房里，由于食物中毒来洗胃：中毒都不严重，因为每个人吃的蘑菇数量并不多。

马可瓦多和阿玛弟吉正躺在相邻的病床上，怒目相视。

当我置身于树木之间

□［美］玛丽·奥利弗　译／柳向阳

当我置身于树木之间，
尤其是柳树和皂荚树，
同样的还有山毛榉、橡树和松树，
它们散发出这般的快乐暗示，
我几乎要说它们救了我，每天。
我离自己的期望如此遥远，
在期望中我善良而敏锐，
从不匆匆穿过世界，
而是缓慢地走，经常鞠躬。
在我周围，树木摇动着树叶
呼唤着："请停留片刻。"
光沿着树干流淌。
它们又喊道："这很简单。"它们说：
"你也来到了这个世界上
要做这些，要活得轻松，
要充满光，还要闪亮。"

想好哪些事情是重要的

□ [美] 奥赞·瓦罗尔 译/苏 西

"今天我到这儿来，是为了穿越沼泽，而不是为了痛扁所有鳄鱼。"这句话之所以引起我的共鸣，是因为我们常做的与之恰恰相反。我们总是忙着跟鳄鱼打得不可开交，而不是穿越沼泽。

沼泽是个吓人的、充满不确定性的地方，我们可能永远也到不了沼泽对面。而且我们还担心，万一真的过去了，自己会变成什么样。因此，为了逃避穿越沼泽的不适感，我们开始跟鳄鱼搏斗。

我们更愿把时间花在最熟悉的事情上，而不是做完重要的事。对岸那么遥远，不知何年何月才能抵达，而鳄鱼就在眼前明摆着。于是，随便一封邮件就能让我们忘记轻重缓急，仿佛它比真正重要的事更重要。

我并不是说打鳄鱼毫无意义，毕竟它们确实存在，而且可能代表着危险。鳄鱼们以高分贝嘶吼，引起我们的注意，所以我们觉得非打不可。于是，我们没有积极主动地朝着目标挺进，而是把一天中的绝大多数时间——以及一生中的绝大多数时间——用来被动地防御。

这一切的折腾和忙乱，看似高产，实则不然。我们确实在"扫清障碍"，可道路究竟通向哪儿呢？把不重要的事情干得再漂亮，也不能让它变得重要。当我们忙于应付那些"不得不做"的微末小事时，也避开了更为复杂的、能够帮助我们进阶的大事。

非凡的人会无视鳄鱼，把注意力聚焦在如何穿越沼泽上。方法很简单。想好哪些事情是重要的，然后孜孜不倦地优先做它们。无视鳄鱼的存在，把精力放在重要而非紧急的事务上，然后慢慢穿越沼泽。

管理精力

□ 佚 名

管理学大师彼得·德鲁克说，我们更应该管理精力，而非管理时间。

时间管理不奏效的一个重要原因是，我们所做的事情中有80%是无效的。即便我们成功完成计划清单上的所有事情，其中仍有80%是无意义的。高效浪费时间仍是浪费时间！

记住"要事第一"是精力管理的第一原则。我们需要放弃将所有该做的事都安排进日程的想法，而应该专注于做那20%最有效、最有用的事情。

人体具有内在的节奏，掌握好精力消耗与恢复的节奏，是保证精力可持续性的根本。除了合理饮食，保证睡眠，还要去做一些对体能、情感、思维和意志有益的事情。

自律，是为了提高效率，而不是把所有的时间都用计划填满。不要用战术上的勤奋来掩盖战略上的懒惰。

山和鸟儿都睡了

□ 李 云

山和鸟儿都睡了,睡得很沉,温柔的秋风缓缓拂过山林。我翻来覆去睡不着,爬起来看月亮。我披上一件单衣,走出房间,来到院子里,一轮明月正挂在树梢上,露出半边脸庞,似在与谁窃窃私语。

这是我回到乡下的第一个夜晚,我住在姑妈家里。白天我随姑父姑妈一道去山上采茶叶,体验茶农的田园生活。采茶是个细致活儿,需一片叶子一片叶子地采下来,放进竹篮里,老半天也采不了一斤。如果没有足够的耐心,绝对干不了。姑父和姑妈就很有耐心,因为有耐心,不知不觉就活到了七十多岁。二老身体尚好,一点儿都不显得老态龙钟。

白天我采茶的山坡上,耸立着一排排高不可攀的杉树。此刻,漆黑的夜空下,它们睡得比婴儿还沉静。门前一湾溪水,哗哗流着,愈加增添了夜的神秘。

沉沉的夜落下来,周围似乎隐藏着无数双眼睛,它们窥视着这片沧桑的土地。故乡于我而言,只是一个符号,一幅含义不明的抽象画。三十多年前,我从此地出发,归来已不再是少年。多少人事变迁都已融入茫茫夜色,无从捞取。我的眼睛凝望着四周的群山,同样感觉世事如云。到了一定年龄,我开始坦然地面对很多问题。不如就让它们一直如云,我并不急着寻求最终的答案。

在这个山和鸟儿都睡得很沉的夜晚,我也即将睡去。不过临睡之前,我还想在院子里坐坐,看看白天不曾看过的东西。世界上很多事物都适合在夜里观看,它们会呈现出与白天全然不同的面貌。就连生与死也喜欢奔走在黑夜的路上,来的时候,惊心动魄;去的时候,无声无息。

譬如此刻,我如同置身于旷野中,耳边充盈着来自宇宙的洪钟巨响,心里却流淌着涓涓细流,只有宁静与欢喜。

击败恐惧之道

□ [美] 佩玛·丘卓 译/佚 名

以前有一个年轻的精神勇士,她的老师告诉她必须和恐惧决斗,她却不想这么做。她觉得那样似乎太吓人了。但是老师要求她非做不可,接着便教给她方法。

决斗的那一天到了。她站在一边,恐惧站在另一边。她觉得自己很渺小,恐惧看起来却巨大而狰狞。

她站起来向恐惧走过去,三鞠躬之后说:"我可以和你决斗吗?"恐惧说:"谢谢你这么尊重我,还问我能不能和你决斗。"然后勇士问恐惧:"我怎样才能打败你?"

恐惧说:"我的武器就是我讲话的速度很快。我很快就能逼近你的脸,这样你就会被吓破胆,我说什么你就会做什么。你可以听我说话,也可以尊重我一点,甚至你会完全被我说服。但是如果你不按照我的指示去做,我就没有力量了。"

于是,她便学会了击败恐惧之道。

我们的天气

□［英］特里斯坦·古利 译／周颖琪

1993年，在美国西南部的4州交界地区，10个纳瓦霍印第安人出现了类似流感的症状，他们的肺部出现积液并最终死去。得病之前，他们都是健康的年轻人。这样的致命疾病对纳瓦霍部落来说不是第一次出现，1918年和1933年也有过类似事件的报道。这些怪病困扰了医学界好多年。

解开谜团的关键，在于纳瓦霍人将重要事件口口相传的历史传统。这几次流行病的暴发都出现在反常的大雨或大雪天气后。雨和雪本身并不会致人病死，所以其中的关联一开始并不明朗。调查人员和纳瓦霍人谈过之后，逐渐拼凑出了事情的前因后果：充足的降水使树上的松子产量大大增加，这又造成啮齿动物的爆发式增长；纳瓦霍人和啮齿动物的接触机会急剧增加，以致那几名患者因感染上汉坦病毒肺综合征而死亡。这是雨水、松子、啮齿动物、病毒和死亡共同交织成的一场悲剧。

而在遥远的西伯利亚，韩国摄影师、博物学家朴秀勇花了20年，对神出鬼没的西伯利亚虎进行追踪，观察这种动物的一举一动。朴秀勇注意到，风能帮松树传播花粉。雌花得到花粉，完成受精，不久后就会长出松果，松果很快又会掉落。食草动物来找松子吃，而老虎为了追踪猎物，也循着食草动物的痕迹而来。红色的花粉是风的地图，标示出一条让朴秀勇认得出的小路。他就是这样找到老虎的。

从雨、风一直到松子、老虎，都清楚地反映出天气、气候和小气候是自然拼图中不可或缺的部分。一个人和土地的联系越紧密，就越能明白土地和天空之间的联系。

作家塔姆辛·卡利达斯在赫布里底群岛有一个小农场，她在那里感受到天气即将发生变化时，羊群会躲进附近的森林，鸥群会更紧密地围在喂食者身旁。她还感受到了自己身上发生的变化："我的嘴里有一股单调沉闷的味道，这种迟钝的味觉要么预示着麻烦，要么预示着变化。"

天气也是人类内心世界的重要组成部分。冬季的白天更短，会导致数百万人出现季节性情感障碍。这种情感障碍在阿拉斯加州的发病率是佛罗里达州的7倍。突如其来的寒风不仅会让人产生生理上的寒冷感，还会让人产生"该回家了"的心理感受。急匆匆往家赶的人，步伐的节奏也会随着风的鼓点而改变。有研究者发现，某个镇上的人本来在用正常速度行走，但当风力达到6级时，被研究对象的步伐会突然加快。不过，人们的反应不太一样。风对待男女居然是"不平等"的。

女性比男性对冷风更敏感，也许正是出于

这个原因，男性喜欢迎着强风，而女性喜欢背对强风。这项研究成果于1976年发表。从此，风还是照样吹，但人们对自身的感受大大改变了。我很好奇，如果现在还有人继续这项研究，他会认为造成这种行为差异的原因到底是生理性的多一点，还是文化性的多一点？无论如何，春天率先找到温暖角落的人，依然会是带小孩的妈妈。她们总是能找到最好的避风港，并且远远早于其他人。

当人遇到冷风的时候，身体会自动做出反应，即使身上已经包得里三层外三层，感觉不到寒冷。有研究表明，人的额头持续遭到冷风吹拂短短30秒，人的心率就会下降，身体会做好准备，将热量集中在重要的器官周围。

无论是好天气还是带来麻烦的坏天气，都塑造着你我，自古以来就是这样。有些历史学家认为，腓尼基、古埃及、亚述、古巴比伦、中国、阿兹特克、玛雅和印加等伟大的古文明，都发源于平均气温为20摄氏度的地方，这是让现代人感觉舒适的室内温度。

大气候营造着四季的轮回，统领着广阔的世界，而小气候创造出了那些奇妙的时刻。一条凉爽的山谷里为什么有那么多葡萄园？哦，是河水反射了阳光，让葡萄可以得到双重光照。对于这样的发现，又有谁能不产生一丝愉悦呢？还有多少这样的趣味就藏在我们的眼皮底下？我们有没有注意到，由于雨水中含盐，所以海岸边的彩虹看上去有一点点小？更重要的不是问题的答案，而是问题本身。观察本身就可以创造奇迹。

底层规律

□ 古 典

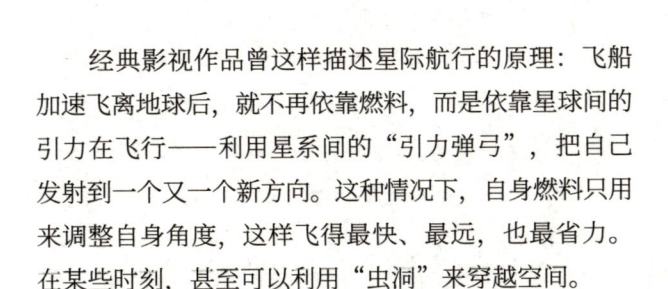

经典影视作品曾这样描述星际航行的原理：飞船加速飞离地球后，就不再依靠燃料，而是依靠星球间的引力在飞行——利用星系间的"引力弹弓"，把自己发射到一个又一个新方向。这种情况下，自身燃料只用来调整自身角度，这样飞得最快、最远，也最省力。在某些时刻，甚至可以利用"虫洞"来穿越空间。

个人发展也是一样的，个人的命运并不是一条孤独的航线，而是与整个社会缠绕在一起的。一开始，你应该通过努力和精进达到"逃逸速度"，然后切换思维方式，利用平台和系统的力道，撬动自己去更远更好的地方。

没有一个人是仅凭努力、天赋、机遇而获得巨大成功的，跃迁式的成功都是利用了底层的规律，激发了个体的跨越式成长。

尤里卡

□ 张 生

也许，巴尔扎克的《绝对之探求》并不是他最感人的作品，却是一部最让人感到矛盾的小说。之所以说最让人感到矛盾，是他在这部小说里塑造了痴迷于化学的科学家巴尔塔扎克·克拉埃。这个人物既让人恨，也让人爱，而他的一生更是让人感慨不已。

在巴尔扎克笔下，巴尔塔扎克是佛兰德斯的杜埃城的富翁，他继承了祖先积累的巨额财富，有着伯爵的贵族身份，还有爱他且崇拜他的妻子、两个可爱的女儿，以及忠心耿耿的仆人。他们宫殿般的公馆装饰得精美绝伦，花园里稀有而名贵的郁金香花香迷人，他的生活可谓幸福如意，并且大概率将一直如此。但是，这一切在他邂逅一个波兰军官后改变了，因为后者曾是一位化学家，一度试图寻求某种名为"绝对"的、可以构成万事万物的神秘物质，但因家贫从军而放弃了自己的探索。而巴尔塔扎克年轻时曾在巴黎跟随大化学家拉瓦锡学习化学，对化学同样所知甚深。这个波兰军官有关"绝对"的探索无意中唤醒了巴尔塔扎克探索科学的梦想，他也试图通过自己的努力来寻找这个"绝对"，从而解读世界的奥秘。从此，他开始息交绝游，在自己的阁楼上建立了一间实验室，从早到晚地忘我工作。

但巴尔扎克并没有从巴尔塔扎克的视角出发，来直接描写他所投入的看不到尽头的科研生活，而是通过他的妻子约瑟芬和女儿玛格丽特的眼睛，审视这位不顾一切献身科学的丈夫和父亲。因为巴尔塔扎克的实验不仅耗费时日，更需要各种仪器和材料，他很快就把家里的财富消耗殆尽。挚爱他的妻子虽然为之焦虑，可最终还是决定不惜一切代价来支持他的探索。她卖掉了自己的首饰，卖掉了收藏的名画，最后，她因家产耗尽和自己油尽灯枯而去世。女儿玛格丽特在继母掌家之后，依然像母亲生前一样竭尽全力支持父亲的科研事业。但是，父亲的实验消耗实在太大，不仅把她节衣缩食省出来的财富化为实验室的烟雾，父亲还不经过她的同意，把家里所有的财产都抵押出去以继续自己的科研。而玛格丽特为了自己和妹妹的生存，只能设法自救。她一方面动用法律手段，使父亲不得不退还他侵吞的孩子们的生活费用，另一方面动用各种关系给父亲找了一份外地的税务专员的工作，让他离开自己销金窟一样的实验室，去改变他自己不能控制的可怕人生。七年后，当玛格丽特在亲戚朋友的帮助下终于重振家业，到外地将已经垂垂老矣的六十五岁的父亲接回家养老时，没想到已经白发苍苍像八十岁老翁的巴尔塔扎克竟然再次欠下巨额债务。因为在此期间，他并未停止自己从二十三年前就已经开始的寻求"绝对"的化学实验。

而巴尔塔扎克的这种对于科学的迷恋和坚持不懈的忘我投入，不仅让外人觉得他不近情理，是个着了魔的炼金术士，是个品行败坏的巫师，就连他的家人也都觉得他难以理喻，与疯子无异。巴尔扎克在小说里也多次谈到他对于巴尔塔扎克这样献身于自己事业的天才的看法，说天才就是那种"没有节制，吞噬时间、金钱、身体"的人。他还借妻子约瑟芬临终时对巴尔塔扎克说的话表达了自己的观点："像你这样一心追求伟大事物的人既不能有妻子，也不能有女儿。独自走你们贫困的路吧！你们的美德不是凡夫俗子的美德，你们属于世界，不能属于一个女人或一个家庭。你们像大树一样吸干了你们周围土地的水分！"

但是，巴尔扎克对巴尔塔扎克这样的天才的态度同样是矛盾的，他给主人公取名为巴尔塔扎克·克拉埃，也许别有深意，因为巴尔塔扎克有"拯救生命的国王"和"智者"的意思，而克拉埃有"人类的胜利者"的意思。因为人类真正的进步，就是靠巴尔塔扎克这样的人锲而不舍、不顾一切的奋斗带来的，虽然他们自己的生活乃至亲人的生活是不幸的，但他们给人类未来的发展带来了希望。

或许正因如此，巴尔扎克在小说的结尾给病入膏肓的巴尔塔扎克安排了一场令人难忘的死亡。当巴尔塔扎克回光返照之际，他忽然叫了一声"尤里卡（Eureka）"。而这个词就是当初阿基米得在浴缸里发现浮力时喊出的那句著名的话，意思是"我找到了""我发现了"。就在巴尔塔扎克像阿基米得一样喊出"尤里卡"后溘然长逝的那一刻，他之前对妻子的薄情，对孩子的寡义，对科学病态的疯狂痴迷，似乎也在读者心中得到了原谅。而巴尔塔扎克那可恨又可怜、失败又悲惨的一生，也因此变得崇高伟大起来。

耳 语

□ 黎紫书

我一直坚信，你为世界归还一秒钟的寂静，世界就回馈你一秒钟的音籁。

隔壁的钢琴家似乎感知到墙这边腾出的安静，慢慢地进入状态，从最初一两周纯粹而反复的练习，到后来终于成了忘我的独奏，相同的乐章也就有了不同的意境。因此，我写字时也不用戴耳机听随身听了，琴音是沙漏中的沙粒，是时光的耳语，是一个音乐家的呼吸。钢琴家一定不晓得，那样的时刻，墙这边有另一双手也在键盘上敲打着自己的世界。

有一个晚上，大概是饭后，那房子里来了好些人，当中有拉小提琴的，与弹琴者合奏了一曲《梁祝》。两种乐音丝丝缕缕，清晰而缠绵，如空中一对悠悠荡荡的蝴蝶，宛然生出耳鬓厮磨的意思。我听得出了神，手指便一直悬在键盘上，直至一曲完毕，忍不住与那房子里的听众一起鼓掌。天知道那一刻我有多激动和感动，天知道我走了多少路，拐过几个弯，做过多少人生的选择，才得到这样的机缘和福祉，在这个晚上当了一个隔室的领受者。

如此我就感觉幸福了，那是一种圆融，与素昧平生的人以及陌生的世界和谐地结合。只是无比短暂也无比珍贵的一瞬，我觉得世界很小，而我在其中。

被安葬在月球上的人

□ 王 爽

1994年7月16日，世界范围内的许多新闻媒体都不约而同地直播了一次重大的天文事件——"彗木相撞"事件。早在1993年3月，就有3个人预言了这一事件的发生：一位差点儿登上月球的地质学家，一位曾经痛恨理科的家庭主妇，以及一位靠天文学糊口的文学硕士。

我们先从那位地质学家讲起，他叫尤金·舒梅克。尤金·舒梅克从小就对各种各样的矿石有着浓厚的兴趣，他甚至给一个宝石工匠当过学徒。1944年，16岁的尤金·舒梅克考上了加州理工学院，学习地质学。19岁，尤金·舒梅克本科毕业；20岁，他获得了硕士学位。

毕业后，尤金·舒梅克进入美国地质调查局工作。地质调查局分配给他的第一项任务，是去科罗拉多州和犹他州搜寻铀矿。几年后，地质调查局又派他去研究火山喷发过程，因为铀矿经常出现在火山口周围。为了完成这项任务，他跑到了亚利桑那州北部。在那里，他遇到了一个大坑。

那是一个直径约为1.26千米、深度达170多米的坑。1903年，美国采矿工程师巴林杰买下了它的所有权。巴林杰认为，这个坑是被一个含有大量铁和镍的巨大陨石撞击形成的，他打算把这些铁和镍都挖出来。但他挖了20多年，什么都没挖到，他的陨石撞击理论也沦为笑柄。

在长达半个世纪的时间里，人们普遍认为这个大坑是一次大规模火山喷发的结果。但尤金·舒梅克不这么看，他认为这里的火山活动根本不可能制造出这么巨大的坑。为了破解其中的奥秘，他前往内华达州，去研究那里的一个地下核爆破坑。尤金·舒梅克

发现，巴林杰买下的这个大坑与核爆破产生的坑极为相似。换句话说，它的成因是外部的剧烈撞击，而非内部的火山喷发。据此，尤金·舒梅克推断，这个大坑——如今人们叫它"巴林杰陨石坑"——的确是源于一颗巨大陨石的撞击。这个发现让尤金·舒梅克于1960年获得了普林斯顿大学的博士学位，同时开创了一门全新的学科——天文地质学。

需要说明的是，尤金·舒梅克的陨石撞击理论并没有得到学术界的普遍认可。很多人认为，陨石撞击不会产生这么巨大的破坏力。要说服众人，舒梅克需要找到陨石撞击产生巨大破坏力的直接证据。为此，他把目光从地球转向了太空。尤金·舒梅克首先想到的是月球。他认为，遍布在月球上的密密麻麻的环形山，有可能也是因陨石撞击而形成的。

美国那时正在开展"阿波罗登月计划"。美国国家航空航天局曾把尤金·舒梅克列入候选宇航员的名单。后来由于身体原因，舒梅克与登月失之交臂。

1969年，尤金·舒梅克回到母校加州理工学院任教。此时，他的兴趣已经转向那些"陨石坑的肇事者"，即彗星和小行星。利用帕洛马山天文台的一台施密特望远镜，尤金·舒梅克开始系统地搜寻那些可能掠过地球的彗星和小行星。最开始，他单枪匹马地做研究；10年之后，他有了一个非常得力的助手，那就是他的妻子卡罗琳·舒梅克。

卡罗琳·舒梅克有一个好友，叫大卫·利维。他是一个拥有英国文学硕士学位的作家，并且从小就对天文学感兴趣，所以卡罗琳·舒梅克邀请他利用闲暇时间来天文台搜寻彗星和小行星。不可思议的是，这两个半路出家的"非职业选手"，竟成了那个年代最好

的小行星猎手。

1993年3月24日，这个小团队终于迎来了他们一生中最光辉的时刻。那天晚上，舒梅克夫妇和大卫·利维像往常一样，开始用那台施密特望远镜搜寻彗星和小行星。这一次，他们在木星周围发现了20多块奇怪的碎片。经研究发现，这些碎片都源于同一颗彗星。在此之前，这3个人已经合作发现了8颗彗星。所以这颗新发现的彗星被命名为"舒梅克-利维9号彗星"。

为什么舒梅克-利维9号彗星会变得支离破碎呢？原因是，它不慎落入了木星的洛希半径。

1848年，法国天文学家爱德华·洛希发现，每个大质量的天体与相邻的小天体之间都有一个特定的影响半径。如果一个小天体不慎进入这个特定的半径，那么它所受的潮汐力就会将它撕裂。这个特定的半径，就是所谓的洛希半径。

这正是舒梅克-利维9号彗星的命运。由于进入了木星的洛希半径，它被撕裂成了20多块碎片。它们一字排开，就像一列拥有20多节车厢的星际列车，继续绕木星运行。研究表明，用不了多久，这列"星际列车"就会与木星撞在一起。

尤金·舒梅克非常兴奋。多年来他一直认为地球和月球上的大坑都是被陨石撞击出来的，但由于找不到直接证据，他的理论一直得不到主流地质学界的认可，现在他终于有了亲眼见证行星撞击事件的机会。

1994年7月16日，舒梅克-利维9号"星际列车"终于到达了它的终点站——木星。在6天时间里，20多块碎片先后撞上木星，在木星表面留下了一连串巨大的伤疤。其中威力最大的是第7块碎片，即碎片G。它在7月18日7时32分（协调世界时）撞上木星，在木星表面撞出了一个直径超过1.2万千米的伤疤。

在被地质学界冷落多年以后，尤金·舒梅克终于获得了辉煌的胜利。从那以后，再也没有人怀疑他的陨石撞击理论了。

现在人们普遍相信，木星扮演了"太空吸尘器"的角色，挡住了大量可能威胁地球的彗星和小行星，它是真正意义上的"地球守护神"。

1997年，尤金·舒梅克在澳大利亚遭遇车祸，不幸身亡。为了纪念他，美国国家航空航天局于1998年1月7日发射"勘探者"号月球探测器时，把他的部分骨灰带到了月球南极的一个陨石坑里。他的骨灰就这样与月球的土壤融为一体，从而让他成为迄今为止唯一被安葬在月球上的人。

奇　迹

□［波兰］切斯瓦夫·米沃什　译／西　川

我们以个人身份，生活在众人之中。这是个奇迹。

我们每天在共同建造一个巨大的蜂窝，上面有千百万个蜂巢，我们在里面存储思想、发现、发明、作品，存储我们生命的蜂蜜。

即便如此类比，也很难说准确，因为它的描述是静态的，而我们的"集体作品"——且不管它叫什么——我们的社会、文明、城邦，一直在时间或历史中变化，呈现多姿多彩的面目。

但这仍然是一种不完全的描述，因为它忽略了其中最重要的东西，即这一"集体作品"的生命力，来自一种最私人的、最隐秘的燃料——个人的渴望和决断。

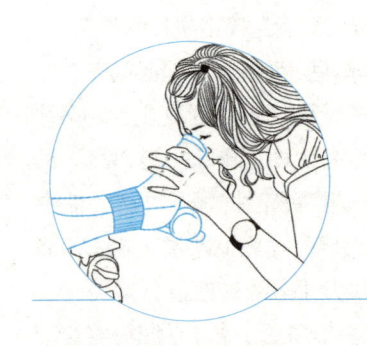

学习观鸟的孩子们

□ [西班牙] 拉米罗·拉克鲁斯 译/冯 珣

在靠近秘鲁首都利马的海滨度假胜地圣巴托洛，一群曾流浪街头、遭受虐待的孩子正在通过学习观鸟改变自己的命运。

"快看！那边的岩洞里有一只燕鸥！"清晨，16岁的阿伦兴奋地叫道。虽然今年夏天比往年要热一些，但在利马以南50公里处，圣巴托洛的峭壁上笼罩着一层淡淡的薄雾。太阳还没有发出刺眼的光芒，无数鸟儿在岸边、空中和岩石间盘旋，其中就有阿伦刚刚看到的印加燕鸥。

他知道它的学名，能清楚地分辨出它的颜色（红色的喙，白色和灰色的羽毛），还能说出它与其他燕鸥的区别。阿伦有时借助手中的双筒望远镜，有时则仅凭肉眼观察，他正在成长为一个敏锐的观鸟专家。对于他和兄弟姐妹以及"边缘儿童和青少年之家"（以下简称"儿童之家"）的其他伙伴来说，观察天空也是一种重生。

"儿童之家"创始人露西·博尔哈说："寻找和观察鸟类有助于培养孩子们的敏感度。"该机构成立至今已有30余年，收留过1000多名流浪街头的儿童，他们有的受过虐待，有的被殴打甚至被逮捕过。目前，该组织在利马地区设立了三个"儿童之家"。博尔哈的女儿露西塔尼娅·巴赞于2021年发起了"学与感"项目，为6至16岁的青少年提供培训，教他们认识和分辨圣巴托洛峭壁附近栖息的50多种鸟类。

4000年前，第一批原住民在这片土地上定居，之后是伊奇玛文明、瓦里文明和印加文明，当时的居民会观察鸟类并把它们的形象织进布里、绘制在陶器上。住在"儿童之家"的15岁男孩叶立科就在收集这些文化遗迹。他在那只印加燕鸥附近观察到一群白鹈鹕，它们在一块不时被海浪冲刷的白色岩石上舒展翅膀。

"我最喜欢的鸟是红腿鸬鹚。"叶立科在一间面朝大海的房子里说道。他懂得如何区分不同种类的鸬鹚。他说："能识别鸟类是件很酷的事。等我长大了，我想上大学，学习建筑学或生物学。读书能使我变得更好，因为我之前非常叛逆。"这个年轻人没有忘记他小时候的苦日子，母亲能把他和他在利马的兄弟姐妹抚养长大简直就是个奇迹。在圣巴托洛的经历让他和"儿童之家"的其他孩子都看到了不曾想象过的未来，以及生活的其他出路。他认识的这些鸟儿似乎也在邀请他乘着梦想的翅膀飞翔。

博尔哈说："鸟儿是自由的。"她暗指"儿童之家"秉持的精神。与其他收容场所不同，"儿童之家"是开放的，这意味着孩子们可以随时离开。它不是完美无瑕的（个别青少年确实离开后再也没有回来），但自1988年以来，它一直在努力创造希望。

"吹蚀穴"是一种海蚀洞，顶部有缝隙，当有大浪时，水会从缝隙向上喷涌而出。在吹蚀穴的上半部分，14岁的尤兰达发现了一只美洲蛎鹬，这种鸟有红色的喙，头上有黑色的羽毛，身上是棕色的。她说她能分辨出在该地区活动的不同种类的燕鸥，如秘鲁燕鸥、凤头燕鸥和黑脚燕鸥。她和同伴们熟悉这些鸟的常用名和学名，甚至会很在意自己拼读的学名是否正确，严谨的态度令人钦佩。

巴赞说，这种学习能帮助孩子们明确自己掌握了什么知识、不了解什么知识。在学习中，孩子们逐渐对自己所在的生态系统和社区产生更强的主人翁意识。实际上，孩子们已经感受到自己的生活发生了变化，从简单的"看鸟"到了解它们的秘密、行为和食谱。"儿童之家"的心理学家刘易斯·哈钦森说："意识到脆弱之美是很重要的。"对孩子们来说，观鸟可能是一条治愈内心的道路，既是在看大自然，又是在进行自我审视。同时，孩子们也可以通过这项历史悠久的活动与过去对话。

"鸟类很脆弱，如果你不小心一点，就会弄坏它们的蛋和巢。"巴赞说。有些孩子是在街头长大的，还有一些孩子的原生家庭充满矛盾和争吵，他们都像鸟儿一样脆弱。通过学习观鸟，他们从内心的暴风雨中逐渐走出来，感觉到自己不是孤立的，而是周围环境的一部分。他们开始用不同的眼光看待这个世界，一点一点地改变自己的生活。去年10月，孩子们还受邀参加在库斯科举行的第11届南美鸟类博览会。就这样，他们感觉到自己开始被认可了，这在从前是不可能的，那时候的他们只会被别人看不起。许多孩子都盼望着去参加全球鸟类博览会。

和这些年轻人一起，沿着海岸走在陡峭的巨岩上，能感受到一种充满感染力的热情氛围。"儿童之家"还开设了冲浪、巴西战舞、杂技和音乐等课程，都是为了帮助孩子们找回自信。

在圣巴托洛的另一片海岸旁停泊着许多小船，男孩卡洛斯正在努力寻找逐浪抖尾地雀的踪影，这是一种秘鲁特有的棕色小鸟。卡洛斯说他刚开始接触观鸟，还需要学习。七岁时，因为受够了家人的虐待，他和哥哥一起离家出走了。兄弟俩在利马一个贫困街区流浪了两个月，以卖糖果为生。他们用赚来的钱买食物分着吃。卡洛斯辗转多个收容所、一个预防未成年人犯罪中心，最后来到了"儿童之家"，他在那里已经生活了几个月，生活似乎开始回到正轨。

"观鸟对我的学习有帮助，而工作坊使我放松。"卡洛斯说。这种学习也唤醒了孩子们的艺术冲动，在工作坊，参与者可以把亲眼看到的和照片上的鸟类画下来。在其中一次活动里，尤兰达展示了她所画的三种燕鸥。她解释说："它们的嘴和腿都不一样。"她的部分画作被印在了海报和T恤衫上。

在圣巴托洛的米格尔·格劳公园，"学与感"项目的成员也为当地鸟类作画，比如他们绘制了灰蓝裸鼻雀和红头美洲鹫的壁画，其目的是让社区居民有机会了解自己所在生态系统中有哪些鸟类栖息。他们还经常邀请本地和利马其他地区的孩子来分享观鸟经验。在未来，"学与感"项目会成为一个有收益又可持续的生态旅游活动。

一群弗氏鸥刚刚在孩子们的注视下飞过吹蚀穴。它们的身影消失在悬崖峭壁间。天气晴朗，地面被阳光晒得滚烫，走在上面有点烫脚。鸟儿在地面上、天空中、岩石间、大海里及树梢上自在地生活。何塞的童年过得很艰苦，他目前已经开始学习观鸟了。他吃力地念出一些鸟的名字，但脸上散发着某种希望的光芒。另一个女孩艾斯特在壁画前腼腆地为他讲解草鹭吃什么食物。生活还在继续。

多 想

□ 贺 燕

我多想，我多想回到小时候
坐在青瓦白墙的竹前
再逮只黄色的小蝴蝶
幻想朝它吹口仙气
它就能让我如花似玉，一秒变成小仙女

我多想，我多想回到那个盛夏
一头扑进妈妈怀里
听她再讲那些萤火虫的秘密
讲野百合、萱萝草、蒲公英

那时葡萄已经成熟
青蛙已经长大
稻香和盛夏一遍一遍
把我的梦境烧红

事先预约的惊喜

□ 程 玮

有一次我在柏林参加一个文学活动，跟普鲁斯特有关。会上有出版家演讲，有译者演讲，还有演员朗读其中的某一个篇章。最后观众的提问很热烈，也很专业。轮到我开口时，我提了一个冷门的问题：在座的有多少人真正读完了《追忆似水年华》这部洋洋七卷的恢宏之作？

静场了一会儿，突然爆发出一阵笑声。经过一番推心置腹，大家发现，大部分人只读过第一卷，有一部分人读了第一卷中的第二部分《斯万之恋》。因为这部分篇幅较短、独立性比较强，被认为是初读这部著作的最好选择。还有一个研究普鲁斯特的博士生，正在写毕业论文，她坦率地承认自己也没有全部读完这部书。

而我，是在场的唯一把这部七卷200多万字的巨作从头读到尾的人。这不能说明我是个认真的读书人。只是，我有时候会出于某种特殊的原因，去发狠啃那些一般人不愿意啃的书。

《追忆似水年华》中文版刚出来不久，我就已经把它们扛到德国了，但一直下不了决心去读。一是因为太厚，二是因为字号太小，刚翻开就已经被吓着了。直到有一次在巴黎一个朋友家做客，他告诉我们，普鲁斯特的故居就在他家隔壁。我探出头去看一眼，隔壁的窗子黑洞洞的，可我好像真的看到普鲁斯特坐在窗口写他的《追忆似水年华》。这触发了我阅读的兴趣。从那天起，我陆陆续续用了一年的时间把这部大部头的书读完了。

大家开始谈论在人生的哪一阶段才会有心境、有时间读这样一部作品。有个大学教授说，他还没有读过这部书。不过，这并不影响他对这部书的向往。他早就买了全套书放在书房里。他等待有一天滑雪摔断了腿，躺在床上不能出门时，再开始阅读。他每年冬天都去阿尔卑斯山滑雪，摔断胳膊或腿的概率是很大的。

一个记者说，她准备在退休以后，在周游世界以后，在走不动路以后，在家里一边慢慢地读这部书，一边追忆自己的似水年华，因为这部书本来就是人生暮年读的书。

想起两年前的夏天，我得到两本好书，却没有舍得马上读，我把它们留给乡下的冬天。德国北部农村的冬天天黑得特别早，狂暴的风从远处掠过田野，夹带着雪珠，嘶叫着呜咽着，猛烈地敲打着窗子，就好像《呼啸山庄》里凯瑟琳那不安宁的灵魂。那时候不能出去串门，也不会有不速之客到来的惊喜。从吃过午饭以后，我就开始等待天黑。有时候，天还没有完全暗下来，我已经迫不及待地给壁炉生了火。然后，坐在壁炉边的扶手椅上，倒一杯红酒，慢慢喝着，读着我在明丽的夏天预留给冬天的书。在那个漫长黑暗寒冷孤独的冬天，每一个晚上，对我来说，都像一个美好的约会。

我们想读的那些书，想去的那些远方，想见的那些人，就像一座座灯塔，在远远近近的地方照亮着我们前面的未知世界。即使世界一片混沌，我们知道至少有它们在等待着我们。我们的每一次抵达，都是一场惊喜。

世界上第一位程序员

□佚 名

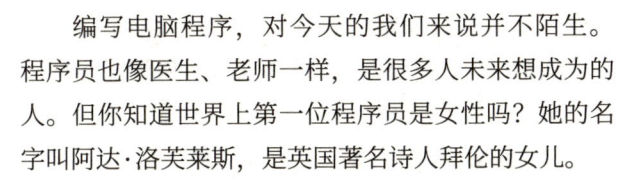

编写电脑程序，对今天的我们来说并不陌生。程序员也像医生、老师一样，是很多人未来想成为的人。但你知道世界上第一位程序员是女性吗？她的名字叫阿达·洛芙莱斯，是英国著名诗人拜伦的女儿。

阿达·洛芙莱斯生于1815年。她出生后没多久，拜伦就离开了英国，并于1824年死于国外，父女两人实际相处的时间极为有限。但阿达·洛芙莱斯继承了父亲诗人的性格，她很爱幻想，希望将来成为一名科学家。

阿达·洛芙莱斯的母亲为女儿聘请了当时著名的数学家做老师。在这些老师的影响下，阿达·洛芙莱斯的数学天赋得到了充分展现。老师们都很喜欢这个聪慧刻苦的女孩，鼓励她打破世俗观念，争取在数学方面有所成就。

19世纪30年代初，英国著名数学家兼发明家查尔斯·巴贝奇，设计了一种可以进行运算的分析机。这可以说是现代计算机的雏形。遗憾的是，它的出现并未引起广泛关注。但阿达·洛芙莱斯前往参观时，年轻的她已懂得分析机的运行原理，并为之感到震撼。正是在那次活动中，阿达·洛芙莱斯认识了巴贝奇，之后还成了他的助手。

1840年，巴贝奇到都灵参加一个会议，向在场的数学家和工程师介绍了自己的分析机。意大利一位年轻的数学家认为这是一项了不起的发明，特意撰写了长篇论文《分析机概论》，以便让学界更多地了解这一发明。

随后，阿达·洛芙莱斯将这篇论文翻译成了英语，并对论文做了极为详尽的注释，使原来的论文增加了不少篇幅。注释中，阿达·洛芙莱斯提到了一个比巴贝奇更具前瞻性的设想：分析机不仅能进行计算，还可以执行命令，今后有可能创作复杂的音乐和图像。为此，她还为这台机器设计了一段程序，正是这段程序，让她成了"世界上第一位程序员"。

如今，阿达·洛芙莱斯的设想早已成真。

寻找隐身草

□ 胡松涛

夏天，楚国的一位书生一直在树下寻找捕蝉的螳螂。他读《淮南方》时，看见书上有个句子，"螳螂伺蝉自障叶可以隐形"。他想，螳螂躲在树叶后捕蝉，蝉却不知不觉，大概是这树叶可以隐形吧，这不就是自己找了许多年都没有找到的隐身草吗……

看到《古小说钩沉》中的这个故事，我想起小时候寻找隐身草的往事。

狗尾巴草、车前子、马鞭草、马齿苋、灰灰菜、蒲公英、薯草……我小时候割草放羊，识得上述异花野草，但印象最深的是我不认识的隐身草。村里的驼背爷爷说，谁拿到隐身草，谁就可以隐藏自己，无论干什么，别人都看不见。隐身草成为一群乡村少年追寻的梦想。田埂沟渠上，我和小伙伴们寻找隐身草，却总也找不到。

在一个清亮之夜，驼背爷爷一边卷烟，一边慢悠悠地说："你说隐身草呀……有一句话叫'不传六耳'，知道吗？"

那时我正读《西游记》入迷，就学着孙悟空拜师时的话说："此间更无六耳，只弟子一人……"

驼背爷爷哈哈大笑起来，笑声惊动了附近的一头驴，那驴昂扬大叫。爷爷的耳朵动了动，说："你说此处无六耳？这是什么？"

"牛马驴骡也算吗？"

"当然。它们听见了，不小心说出来，草就听见了，草听见了，藏在众草间的草神就听见了，草神听见了，隐身草就隐身别处了。"

楚国那个寻找隐身树叶的书生，终于发现一只螳螂躲在一片叶子后面，举起大刀准备捕蝉，蝉在前面毫无察觉。书生一阵狂喜。他连忙找根棍子将螳螂面前的那片叶子挑下来。飘落的叶子与树下的落叶混在一起，花花绿绿无法辨别。书生就把这些叶子收起来，装了一篮子，拿回家中，一片一片地检验。他举起一片叶子，问妻子"看得见我吗"，妻子说"看得见"，又举起一片叶子问妻子"看得见我吗"，妻子说"看得见"，如此反复，妻子不耐烦了，见丈夫又举起一片叶子，就说"看不见"。丈夫听妻子说"看不见"，心中大喜。他举着那片叶子来到集市，于熙熙攘攘的人群中拿人家的东西，被人捉住绑个结实，送到县衙。县令升堂，问清始末后大笑，最后惊堂木一拍："放了吧。"这位县令，是不是也迷恋过隐身草？

那夜，周围没有"六耳"，油灯明灭，花也睡去。驼背爷爷压低嗓音告诉我："知道隐身草在哪里吗？有个神仙告诉我，草窝藏神草，喜鹊窝里藏有隐身草。"

"那么多树上都有喜鹊窝，隐身草在哪棵树上？"

"不在柳上，不在槐上，在杨树上。"

"杨树？"

"不是一般的杨树，是有九个喜鹊窝的杨树。"

"九个喜鹊窝，隐身草在哪个窝里？"

驼背爷爷四下看看，对我耳语道："记住，隐身草在九个窝中最上面的那个窝里，此事不传六耳，唯你我知道，若是别人知晓，隐身草就隐身别处了。"

那些日子，我跑遍方圆数里，找到了有三个喜鹊窝的杨树，有四个斑鸠窝的槐树，有棵柏树上有六个乌鸦窝，却没有找到一棵有九个喜鹊窝的杨树。我没有放弃，相信总会找到那棵有九个喜鹊窝的杨树。

赵南星在《笑赞》中也讲了一个关于隐身草的故事。有个人拿着一根草吹嘘："知道什么是隐身草吗？就是你把它拿在手中，你想干吗就干吗，旁人都看不见。不信，我试给你们看。"说罢，他走进集市，如入无人之境，上前拿起人家的一串钱，大摇大摆地走了。主人一看，这家伙光天化日之下拿我的钱，这还了得，追上前去一顿拳脚。挨打的这位手里还举着那根草，得意地说："你打任你打，只是看不见我。"这也是一个为隐身草着迷的家伙。

进入冬日，树叶尽落。在离村五里的小树林中，我看见一棵筑满鸟巢的杨树：是的，杨树；是的，鸟窝；是的，喜鹊窝。数一遍，八个喜鹊窝；再数一遍，九个喜鹊窝，太好了，终于找到了。一阵风起，吹乱树枝，九个窝变成十个。换个角度再数，还是十个。我不甘心，去问驼背爷爷："我找到一棵杨树，上面有十个喜鹊窝……"驼背爷爷打断我的话说："九个，必须是九个。不然，纵是你有偷天妙手，也找不着隐身草。"

有一个人最终找到了隐身草。这个人叫王明。王明自称，自古以来识鸟语的只有两个人，一个是孔夫子门下公冶长，一个就是他王明。长官说，你不是会鸟语吗？你去找凤凰商量一下，要它两个蛋，一雄一雌，给我拿来。王明听令，便到凤凰山寻找凤凰，要凤凰蛋。凤凰山山顶上有一棵树，"顶上婆娑的许多枝叶，就像一把雨盖当空。也不偏，也不歪，端端正正就有一个窝巢做在上面。"王明爬上树一看，窠巢空空，没有凤凰，也没有鸟蛋。正在失望时，忽见窠里有什么东西闪闪发亮，仔细看时又不见了。王明就慢慢地拆鸟窠上的树枝，一点一点地寻找那个发亮的东西。找来找去，"理出一根灯草来，只有二尺少些长，却是亮净得可爱"。王明拿在手里一看，觉得可以"把来拴头盔上的缨子"。他正在头上比画时，一个樵夫路过，抬眼看见树上有个人，一会儿看得见，一会儿又看不见。樵夫一想，这是神仙啊，连忙磕头叩拜。王明心想，我一拿起草来，他就吆喝"不见了"，放下草，他就吆喝"出来了"。原来这是隐身草啊！长篇小说《三宝太监西洋记》讲述了王明与隐身草的故事。这个隐身草，为后来王明建功立业帮了大忙。

我又多次去小树林看望那棵杨树，希望有一家喜鹊搬走，树上只剩下九家喜鹊。结果，又有两家喜鹊在上面筑窝。

少年的梦想没有实现，长大后继续寻找——在书中找隐身草，找到的是"笑话"，还有神话。除了王明无意间找到隐身草的个案，好像还没有第二例。如今，我明知道隐身草是个传说，恍惚又觉得天地之大无奇不有，天地间应该有这样一种神奇的草。现在，我们"找到"了隐形飞机，"找到"了隐形军舰，古人的许多梦想都实现了，难道还不能"找到"一株隐身草吗？没准儿有一天，真的可以找到那神秘的隐身草。为此，我怀揣梦想……

树林里

□赵雪松

长时间在树林里行走，
我丢失了姓名，
我就是那枚落叶触地。
我一遍又一遍地
看那些树，那些草，
仿佛在它们身上
有挖掘不完的宝藏。
它们不问为什么地生长着。
不问自己是谁。
就那样枝枝蔓蔓，
也不想成为什么栋梁。
在它们身上，
有一种教诲的力量，
无言地对我说：把心也收了
像鸟儿敛翅归巢。

纪念背后是被拯救的灵魂

□ 林竹萧萧

学医的时候，我最讨厌的一件事就是背人名。有无数人名需要记忆，当时的我实在不理解为什么要用人名来命名这些技术、方法，而且不仅上课的时候老师这么教，考试的时候也这么考，有时选择题的4个选项就是4个外国人名，简直有种考西洋百家姓的错觉。更奇怪的是，临床上也这么用：手术台上大夫们叫着用某某钳、某某夹，下了手术又要做某某评分……为什么？

海姆立克无疑就是这样一个人名。他在20世纪70年代首先创立并描述了一种能够有效地处理气管异物梗阻的急救方法。为了表彰他在这方面工作的卓越贡献，《美国医学会杂志》的主编告诉他，他们将以海姆立克的名字命名这种急救方法。于是海姆立克急救法就成了无数医学教材上标准的急救方法之一，他的名字被印在教材上、考卷上，被无数人提及。

对我而言，除了多年前在医学教材上学会了海姆立克急救法，跟这个人名有关并印象深刻的事有三件。第一件事是在我的荷兰教授家中，教授告诉我："海姆立克用他创立的急救方法救了一个人！你说这事儿巧不巧！"当时，我很难想象这位90多岁的传奇人物居然还在续写自己的传奇故事。第二件事是我们急诊科大夫现场给大家演示了海姆立克急救法，而我就客串了那个"被救者"。实在没有想到，第三件事却是听闻这位传奇人物离世的消息——他死于心脏病并发症，他的人物百科词条描述中的时态也从现在时变成了过去时。

在海姆立克急救法"风靡"全球之后，很多媒体自然而然把海姆立克供上了"神龛"。有人说海姆立克的地位被抬得太高了，因为这种方法非常容易，谁都学得会，算不上什么重大的医学发明发现。可是，医学的目的从来不是比拼谁更高深莫测，通过让别人都学不会来炫耀智商。很多时候，带来巨大改变的都是平淡无奇的小突破。就是那么微不足道、短短几秒钟的动作，却能够改变无数人的命运。

与海姆立克急救法类似的，还有美国外科大夫阿图·葛文德向全世界推荐的手术核对制度。他仅仅通过在手术前对患者的姓名、性别、手术部位与方式，以及预计出血量等看起来非常简单的事项进行二次甚至三次核对，就能够有效避免由于疏忽导致的不良事件的发生。

尽管海姆立克被全世界铭记是因为他的急救法，但这个响亮的名字所撰写的传奇故事绝不仅限于此。第二次世界大战期间，海姆立克志愿前往支持中国，和他的战友们一起来到戈壁滩上，作为战地医生治疗中国伤员。他回忆起他在中国给一名胸部受伤的战士做手术，尽管手术顺利完成，但第二天这名战士还是因伤势过重去世了。他希望能做更多的事，在那时却无能为力，只能眼睁睁地看着病人逝去。17年后，他发明了海姆立克胸腔引流阀。这项发明极大地增强了胸腔引流的效果，成为抢救胸腔外伤患者的利器，拯救了更多的生命。

海姆立克无疑是一位英雄，但在科学的世界里，没有"神龛"这样的位置，每个人都可能犯错。海姆立克急救法对治疗普通气道异物梗阻的效果是毋庸置疑的，它也曾因为一些不准确的数据被推广到针对溺水患者的急救中，但很快被"辟谣"。此外，在海姆立克的职业生涯后期，他曾一度推崇所谓"疟疾疗法"并声称这种方法可以治疗癌症、艾滋病等绝症，甚至开展了相关人群的试验，希望能够攻克这些不治之症。如果这一切成真，那他无疑是人类历史上最伟大的医生之一。但是，该方法被证明无效，他也因此在医学界为人诟病。

被海姆立克急救法拯救的人不计其数。据报道，海姆立克急救法在美国可能已经拯救了超过10万人，其中既包括美国前总统里根、影星伊丽莎白·泰勒等著名人物，也有众多我们并不熟悉却同样拥有家庭、亲人和爱的鲜活生命。

在荷兰的时候我和教授促膝长谈，说起对于一名医生、医学科学家最大的荣誉是什么，他告诉我是在医学史上留下自己的名字——用自己的名字来命名一种技术、方法、器械，或是疾病。我当时不解，回忆起考试时的痛苦，心里不由得嘀咕起来。这时教授微笑着说道："每一个纪念背后都有无数被拯救的灵魂。"

精通一件事

□［美］德雷克·西弗斯　译／闵徐越

奋斗使人快乐，孜孜以求与郁郁寡欢截然相反。在生命的尽头，那些对自己的人生心满意足的人，往往把大部分时间花在了令他们着迷的事物上。把生命的力量汇聚在能赋予你强大力量的一件事上。阳光无法引燃火柴，但如果用放大镜把阳光聚焦到一个点上，火柴就能被点燃。精通需要你全神贯注。

你对一件事知道得越多，要学的东西也就越多。你看到了一般人看不到的地方，路越走越有趣。追求精通有助于长远思考，这能让你将目光投向视线的最远之处。你有目的地利用时间，每个月都有一个节点，每一天都有一个目标。生命中最有收获的事，往往费时多年，只有不好的事才会瞬息而至。

当你优先处理的事只有一项时，做决定很容易。你的目的地是地平线上那一座巨大的山峰，无论在哪里，都能看到它。你要登上山顶，始终记得自己要去哪里，下一步要做什么。这样做，困难就不会阻挡你的脚步。大多数人紧盯着脚下，每次遇到阻碍都被搅得心烦意乱。放眼地平线，你将跨越障碍，势不可当。

"张骞优选"与"郑和海淘"

□ 梅姗姗

张骞曾两次出使西域,让西域各国直至中亚腹地都了解到大汉王朝的存在,沿线各国百姓开始了延续千年的商贸交流。1877年,一位名叫李希霍芬的德国地理学家,给这条基于张骞探访而打开的商贸交易信道取名为"丝绸之路",这便是"张骞优选"的来源。

将张骞出使西域的时间线往后拨1000多年,来到1405年,明成祖派郑和率舰队通使西洋,28年间,总计7次出洋。

郑和领命出访各国的目的,自然不是贩卖蔬菜。他的目标是建立友好邦交,让尽可能多的国家认识屹立在遥远东方的大明王朝。

每到一地,当地人都让郑和带回不少礼物。中国也因此有了长颈鹿、大象、金钱豹、狮子以及各种奇珍异宝。这次出访,让当时开始全球海洋殖民的葡萄牙认识了大明王朝。

16世纪初,葡萄牙船只来到广州。他们带着做生意的目的,将从各个大陆收集的瓜果蔬菜、金银财宝与本地港口商人进行交换。随后的几百年间,荷兰、英国、德国、美国的船只陆续到达这里,中国的土地上第一次种上花生、土豆、红薯、西红柿、辣椒等原产于美洲大陆的食物。这些食物一开始只是满足他们自己的日常需求,但逐渐地,中国人也开始看到这些食物的价值,并伴随着人口迁徙传播开来……"郑和海淘"由此而来。

显然,张骞与郑和并不是"海淘"代购。他们甚至很可能没有参与过食物的选品,只是在自己跋山涉水的漫长旅途中,创造了一种中国与西方物种地域交换的可能。但历史上是否有人为我们的餐桌做过甄选?

应该是有的。

很久以前,中国人就已经懂得用味蕾为所喜欢的生活方式投票。

比起阿拉伯人最爱的椰枣和地中海人喜欢的莳萝,由外国传入中国的苹果、西红柿,以及土豆等作物,在数百年间便火速占领中国人的餐桌,成为再也看不出原籍的"本土食材"。

你或许发现了,甄选出能够持续稳定进入我们餐桌的食物的,既不是张骞,也不是郑和,而是与土地相依相伴5000多年的中国老百姓。任何食物,只要被中国老百姓认可,几乎所有的困难都能被克服。

来自北美洲的蓝莓酸甜可口,营养丰富,便携还不脏手,于是,从蓝莓商业化栽培起步,到变成世界上蓝莓种植面积以及产量最大的国家，我们用了不到20年；来自墨西哥的牛油果口感细腻，脂肪丰富，可"荤"可素，于是，到2022年，我国本土牛油果产量已超过12万吨；东南亚的榴梿香软柔滑，仿佛天然奶酪，于是，2020年，我国海南岛已经开启大面积的榴梿推广种植……

　　张骞大概没想到，自己开启的竟是这样一场持续近2000年的饮食交流。中华大地赋予中国人的味蕾经验，不断与来自世界各地的食材冲撞、撕扯、擦出火花。从芝麻、大蒜，到榴梿、牛油果，中国人的味蕾也在这一过程中不断被丰富。

没有了狼，鹿会怎样

□ 吴艳龙

　　在美国的阿拉斯加自然保护区里，人们为了保护鹿，消灭了狼。鹿没有了天敌，生活很是悠闲，不再四处奔波，便大量繁衍，引起了一系列生态问题，致使瘟疫在鹿群中蔓延，鹿群大量死亡，竟然出现了负增长。

　　后来护养人员及时引进了狼，狼和鹿之间又展开了血腥的生死竞争。在狼的追赶捕食下，鹿群只得紧张地奔跑以逃命。这样一来，除了那些老弱病残者被狼捕食外，其他鹿的体质日益增强，鹿群生机勃勃，恢复了往日的灵秀。

　　自然界中的这种生态关系也存在于人类社会。

　　1984年，巴西通过了一项禁止进口任何外国计算机的法令，其目的是对处于初级阶段的巴西计算机产业的发展提供保护。不过，法令执行后的最终结果却令人惊讶。

　　巴西生产的计算机，在技术上比世界先进水平落后了许多年，而消费者却需要支付2倍或3倍于世界市场的价格。同时，由于巴西的计算机价格太高，因此在国际市场上毫无竞争力，巴西的众多计算机公司无法通过向其他国家出售产品获得经济效益。

　　计算机的高价极大地损害了巴西的经济，1990年，巴西经济部长卡多索·德·麦罗不得不承认："由于这一不理智的爱国主义，我们变得更加落后，计算机产业的问题严重阻碍了巴西其他产业的现代化。"1992年，巴西政府正式宣布放弃计算机进口禁令。不到一年时间，圣保罗和里约热内卢的商场中便摆满各种进口的电脑。巴西本国的计算机研究水平直线上升，很多计算机公司开始从计算机改革中获益。

　　巴西政府最初的禁令显然阻碍了巴西计算机产业的发展。在没有外来竞争对手的环境下，巴西的计算机产品虽得以生存，但缺乏竞争力，而且与世界市场脱轨，最终只会面临被淘汰的尴尬境地。

　　对手存在的意义是让自己跑得更快。

支撑爱因斯坦的数学巨人黎曼

□佚 名

难得一见的数学天才

爱因斯坦是公认的科学天才，但没有数学家黎曼，他的一系列成就，或许就无法完成。黎曼，可以说是一位站在爱因斯坦背后的数学巨人。

黎曼1826年生于德国的一个并不富裕的家庭。他从小酷爱数学，显出了极高的天赋。小学阶段，他对很多数学问题，已能给出比老师更优的解答方法。

上中学时，他几乎全靠阅读，便走到了数学研究的前沿。进入大学，生活清贫的黎曼异常勤奋，他的谦虚、真诚和天赋给多位数学巨匠留下了深刻印象。1851年，黎曼将其博士论文呈交给数学家高斯审阅。高斯看后兴奋不已，说黎曼有着真正有创造性的数学头脑。这样的评价，对高斯来说十分罕见。

1852年年初，黎曼取得博士学位，打算留在著名的哥廷根大学担任讲师。这是一个收入微薄的职位，但黎曼觉得只要可以维生，能让他专心研究数学，就心满意足了。接下来，他需要做一件事——按照传统，准备一篇就职论文。

为了确定研究方向，黎曼向高斯提交了三个题目，让高斯选一个。其中第三个题目与欧几里得几何有关，探讨的是几何的基础问题。对这个挑战几千年几何传统的题目，黎曼当时并没做太多准备，他当然希望高斯不要选它。但高斯对这个题目已思考了数十年，他迫切想知道黎曼对此有何思考，于是果断选择了这个题目。事后，黎曼向父亲谈起这件事时说，"我又处在绝境中了""不得不做出这个题目"。

尽管困难重重，黎曼还是忘我地投入了，以致病弱的他常常体力不支。功夫不负有心人，1854年6月，黎曼完成并宣读了这篇就职论文。高斯听后大为惊异。如今，这篇论文被认为是19世纪数学史上的杰作之一。它的发表，开创了一门新的几何学，那就是同样颠覆了欧几里得几何的"黎曼几何"。

重塑空间的"黎曼几何"

在黎曼之前，人们对空间的认知，基本上源于两千多年前的欧几里得几何。

根据其中点线面的知识，人们规划宏伟的建筑、浩大的广场、人声鼎沸的城市，不会产生任何差错。但欧氏几何并非无懈可击，罗巴切夫斯基的研究充分说明了这一点。

罗氏几何根据欧几里得的第五公设，设定过直线外一点，有多条直线与原直线平行，而"黎曼几何"则设定同一平面内任意两条直线都有交点，不承认平行线的存在（就像地球仪上的经线）。另外，他还设定：直线可以无限延长，但总长度是有限的（就像地球仪上的纬线）。"黎曼几何"研究的模型，实际上是一个经过适当"改造"的球面。

在黎曼眼中，连绵的山脉、无边的云海、打着旋儿的浪花，没有一处是平的，或是完美的圆形、三角形和矩形。世界本就是曲面的，而描述物体形状的几何，如果无法描绘这一切，这是何等的无奈。

更重要的是，黎曼还据此构建了一套高维空间理论，刷新了人们的空间观念。

可以想象一下，如果一张纸上生活着二维的书虫，我们把它们生活的纸张揉皱之后（二维空间变三维空间），它们依然会觉得世界是平的，但当它们在有褶皱的纸上运动时，就会感到一股看不见的"力"阻止它们沿直线运动。

把这个思路扩展到我们生活的三维世界，可以得到这样一个结论：我们看不见空间的弯曲，但在弯曲的空间中运动，我们就会感到一股神秘的力在拉拽我们。这种弯曲，黎曼认为就是四维空间的褶皱，只是我们看不见它。这种思想无疑是对牛顿万有引力定律的极大突破。

有趣的是，黎曼还设想了一种连接两个曲面的方式。我们可以拿两张纸，在上面各剪一个切口，然后沿切口把两张纸粘起来，二维的书虫可以经过这个切口，从一张纸爬到另一张纸。这个切口就像连接两个空间的"虫洞"，后人称其为"黎曼切口"。

有了如此重要的高维空间设想，黎曼本可能在物理学上做出巨大贡献，遗憾的是，贫穷与疾病始终折磨着他。1866年，黎曼过早地离开了人世，年仅40岁。但他的工作成了后世物理学界的巨大宝藏，成就了爱因斯坦等科学巨人。

不停奔跑，才能停在原地

□ 王立铭

生存伴随着进化、停止进化就无法生存的生活方式，被生物学家们赋予了一个有点童话色彩的名字：红皇后效应。它来自《爱丽丝梦游仙境》中红皇后的一句名言："你只有不停奔跑，才能停在原地。"

我们用一个假想的例子，来演示红皇后效应是如何发生的。

在非洲草原上，猎豹追逐羚羊的生存游戏已经进行了几百万年。但在猎豹的威胁下，羚羊并没有灭绝，两者的数量也维持在一个大体稳定的水平。这种平衡就是红皇后效应的产物。羚羊在猎豹的威胁下会持续发生微小的进化：可能是跑得更快、更耐久，可以甩脱猎豹；可能是在奔跑中学会了急停转身，足以迷惑猎豹；甚至可能是变得皮糙肉厚，难以下咽，让猎豹放弃把自己当成目标……羚羊身上发生的这些变化，反过来又作为生存压力，驱动猎豹的持续变化，让它们跑得更快、转向更敏捷、牙齿更锋利……这两种进化的力量相互牵制，看起来似乎两种生物谁也奈何不了谁，但如果我们沿着时间轴做比较，就会看到两种生物在以彼此为参照，持续变化。

我们甚至可以想象：如果我们真能复活生活在百万年前的猎豹，它们可能根本抓不到今天这批已持续进化了百万年的羚羊，只好饿肚子；如果复活生活在百万年前的羚羊，它们在今天的猎豹爪下可能也坚持不了几秒钟。正是在红皇后效应的永恒驱动下，地球生物才一刻不敢放松进化的脚步。当然，地球生物奔跑的速度和方向可能各不相同（这和它们所处的环境有关），但"奔跑"本身才是不变的法则。

田埂上的里尔克

□ 周华诚

花香满径——我是说，田埂上美好的事物太多了。金银花呈攀爬状，在灌木丛中开出袅袅娜娜的双色花朵。水芹的白色小花细密而整齐，从水沟里举起花束。盛大的柚子花香已然落幕，在与这个季节擦肩而过时居然还留下了一丝余香，如同用了香水的女人，离开后很久，房间里依然有令人恍惚的暗香。天地之间，田野之上，此刻是草木的大房间，我要赞颂它们的丰富与精彩。

两位朋友来乡野看我，我把他们带到了田埂上。我用这样的方式会客——端出大自然的果盘。蓬藁（土话叫作"妙妙"）红通通的，却不多了，只有少数几颗藏在叶片底下。无疑，这是村庄里的孩子们巡查好几遍之后遗漏的。我们如获至宝，摘下丢进口中，尝到了童年的滋味。酸模（土话叫作"酸咪咪"）正在结它的果实，其果实呈薄片状，一串一串，好看极了，仿佛挂满枝头的风铃。揪来一根酸模，把茎放进口中细嚼，能嚼出酸溜溜的味道，可惜它已经很老了。野燕麦，高出别的杂草一二尺，弯着腰垂挂它的果实。这种燕麦仿佛是一种粮食，居然迫不及待，这时已率先奔赴成熟之途。我揪下野燕麦的果实，放进嘴里嚼，能嚼出甜丝丝的混合青草汁水的味道。它的汁液像奶一样白，尚没有凝固。朋友揪了几把野燕麦扎成一束，说这是可以用来插花的好素材。

桑葚也快要成熟了——我们在田头发现一棵桑树，上面结满了果实，可惜想象中黑紫色的果实一颗都没有出现，大部分都只是有点点猩红，果子口感偏酸。一只蚂蚁在桑葚枝上勤勉地来来回回，探头探脑的，它大约已经把每一颗果实的成熟日期都编排好了。没有谁能比它更了解这些桑葚。尽管如此，我还是霸道地摘了几颗桑葚来吃——对待任何美好的事物都一样，除了尽可能多地打开感官去感受，你别无办法。

这是五月二日傍晚的稻田。大地、田野，此刻俨然成了我的居所。我邀请朋友驻足，细细聆听鸟语。鸟儿们的鸣叫声极为丰富，长的短的，低声部和高声部，转调，奏鸣曲，小夜曲……毫无疑问，这是一场盛大的演出。这么多种类、如此繁复而长时间、这般阵容庞大的演出，显然已经让我亲爱的朋友们感到震撼。我问他们，对于鸟语乐团的演出有什么看法。他们认真思考，字斟句酌地说："天哪！没想到，稻田里真的有这么多鸟鸣，而且，声音这么清晰。"是的，他们曾在我发出的微信消息里听到过鸟鸣，那是我用手机录的"十二秒鸟鸣"；但是，一旦置身于原生态的艺术现场，那纯洁无瑕的音色，还是令他们感动。

我可以负责任地说，用任何摄录设备记录、存储、传输这些鸟鸣，都会使鸟鸣的美妙有所损耗。每一只鸟儿对于自己声音细微之处的处理，都有它独到之处，每一次发声都融入了它的半生经验。此时的寂静之声，唯有闭上眼睛，用耳朵来细细聆听，用心灵来触摸感动。

我叫不出那些鸟儿的名字。如果我能像我的朋友阿乐那样，成为一位鸟类摄影高手，或者像钱江源国家公园古田山保护区的陈声文那样，成为一位植物学或鸟类学的专家，那么我只要远远地打量一下那些鸟儿，就能很轻易地报出它们的名号，事情就会变得有趣得多。两三只白鹭，从我们的眼皮底下展翅起飞，过一会儿又有两只鸟儿从田间起飞，一会儿又有一只起飞，随后又降落。灰头麦鸡、须浮鸥、四声杜鹃、雨燕、树鹨、山鹨、灰山椒鸟、白头鹎……这些鸟儿，一定都是稻田里的常客，它们就在这个黄昏，就在我眼前这片尚未翻耕的稻田里起起落落，而我无能为力。我无法言说，无法让鸟儿感受或相信我的热切。并且，（令人感到失望的是）它们似乎对我的态度毫不在意。在这一点上，我发现自己确实有些一厢情愿。这便是五月二日傍晚在田埂上发生的一切。我还可以告诉你，后来我的两位朋友，就在田埂上蹲下身来，他们在鸟鸣声中，在花香与果实的诱惑下，把草茎子或别的什么塞进口中咀嚼，或者把头探到草丛中间去，或者有一刻，甚至直接趴到野燕麦丛里了。

田埂上的傍晚，让我想起了里尔克的诗句。里尔克说："创造者必须自己是一个完整的世界，在自身和自身所联结的自然界里得到一切。"这个絮絮叨叨的诗人，我相信他此刻就站在我们的田埂上自言自语："然后你接近自然。你要像一个原人似的练习去说你所见、所体验、所爱，以及所遗失的事物。"这是一个很好的建议，当我们来到这片稻田，就会回归天真如孩童的状态——"无论如何，你的生活将从此寻得自己的道路，并且那该是良好、丰富、广阔的道路，我所愿望于你的比我所能说出的多得多。"

风雨中筑巢

□李起周

又是一个阴雨天。灰蒙蒙的天气，让人有一种想把沉甸甸的思念写进信中寄给爱人的冲动。

开车遇到红灯，我停了下来。在等信号灯的间隙，我抬眼看到一只小鸟飞到白杨树的枝头筑巢。小家伙衔着比自己的身体还长的树枝绕来绕去，耐心地打造自己的安乐窝，十分惹人喜爱。我把车停在路边，饶有兴味地望着。

就在这时，一阵急促的凉风扑面而来，吹得白杨树枝猛烈地晃动，小家伙辛苦衔来的三四根树枝掉在马路上，随风翻转了几圈。

我突然好奇：为什么这个小家伙要在这种阴雨天筑巢？今天的天气着实不怎么好。

回到家，我翻阅了几本关于鸟类的书。书上介绍说，部分鸟类喜欢在刮风下雨天筑巢，因为它们想建造一个即便遭遇恶劣天气仍能纹丝不动的坚固小窝。想必我刚刚遇到的小家伙也是因此才会在阴雨天辛勤劳作吧？

原来，筑巢不仅需要树枝和石子，还需要风和雨。

遗失的灵魂

□ [波兰] 奥尔加·托卡尔丘克 译 / 龚泠兮

曾经有这样一个人，他总是忙碌而辛劳地工作着。

从很久以前开始，他的灵魂就被远远地丢在了身后。

没了灵魂，他还是过得很好——他睡觉、吃饭、工作、开车，甚至还打网球。

然而有时候，他会觉得四周空空如也，自己就像行走在数学笔记本里的一张光滑的纸上，四周满是纵横交错、无处不在的网格线。

在某一次出差中，这个人半夜突然在酒店的房间里惊醒，觉得自己无法呼吸。

他看着窗外，却不太记得自己在哪座城市。毕竟从酒店的窗户向外望去，城市与城市并无不同。他也不太记得自己是怎么来到这里的，又为什么来到这里。

而更不幸的是，他忘记了自己姓甚名谁。这种感觉很奇怪，因为他不知道该如何称呼自己，只能沉默。

有那么一刻，他想他是叫安杰伊，但下一秒他又确信，他叫玛丽安。

最后，他惊慌失措地从行李箱中翻出护照，看到了他的名字——杨。

第二天，他去见了一位年迈而睿智的女医生。医生说："如果有人能从高处俯瞰我们，他会看到，这个世界上到处都是行色匆匆、汗流浃背、疲惫不堪的人，以及这些人姗姗来迟、不翼而飞的灵魂。它们追不上自己的主人，巨大的混乱由此而生——灵魂失去了头脑，而人没有了心。灵魂知道它们跟丢了主人，人们却时常意识不到，他们遗失了自己的灵魂。"

这样的诊断令杨大惊失色。他问："这怎么可能呢？我也弄丢了自己的灵魂吗？"

睿智的医生回答："之所以会这样，是因为灵魂的移动速度远落后于身体的移动速度。在宇宙大爆炸后的那些遥远的时光里，灵魂出世。当这宇宙还未如此步履匆匆时，它总是能够在镜中清晰地看见自己。你必须找一个地方，心平气和地坐在那里，等待你的灵魂。它一定还停留在两三年前你所在的地方，所以这份等待或许会历久经年，但这是唯一的办法。"

这个名叫杨的男子照做了。他在城市的边缘为自己寻了一间小屋，每天坐在椅子上等待着，其他什么事也不做。就这样持续了很多天、很多个星期、很多个月。他的头发长长了，胡子甚至长到了腰间。直到很久之后的某个下午，门被敲开了。他丢失的灵魂站在那里，疲惫不堪，风尘仆仆，伤痕累累。

"终于——"它气喘吁吁地说。

从那以后，杨真正过上了快乐的生活，为了让灵魂跟上他的身体，他有意识地放慢了生活的节奏。

他还做了一件事——把手表和行李箱都埋在后院。手表里长出了美丽的花朵，仿若五彩缤纷的铃铛。行李箱里则有个巨大的南瓜在生长，那是在此之后的每一个宁静冬日里，他赖以饱腹的食物。

难免有风起的时候，
但前方的路始终都有

没有电的夜晚，星星特别耀眼

□杜佳冰

第N轮沙尘过境后的夜晚，我终于看到了一颗星星。它在天幕中清晰地闪烁着，小而亮。我不是天文爱好者，也不懂星体的方位、名称或寓意，只是因为看到了一个真正的夜空而开心——仅此而已。对现代人而言，连续一个月看不到星星，并不是一件会阻碍生产生活的事。

放在几千年前，阿拉伯半岛的农作物或许会因为看不到星星而枯死。为了减少蒸发，阿曼人习惯在凉爽的夜晚灌溉，他们用星星计时。有人按星星从地平线升起的时间计算，有人则对比人造标记的方位，以此判断何时供水和停水。失去星星，就失去了一部分时间。

只有在电力照明系统出现之前，一颗星的光才显得十分明亮。为了还原那片古老的夜空，人类学家南希·贡琳、阿普里尔·诺埃尔在新书《古人之夜——古代世界的夜间生活考》中编集了18篇论文，探索一个问题："在电力出现之前，我们的祖先是如何度过夜晚的？夜晚是如何同时做到解放人和束缚人的？"

当古代世界的最后一丝暮光消失，温度会随之下降，味道和湿度也发生变化。有些花朵是响应月光生长的，随月亮的出现散发出香味。

视觉受限开始让人感到不安。玛雅人会将最白的土壤铺在道路表面，或是嵌上闪闪发光的白色石头，使其最大限度地反射月光，照亮脚下的路。即便如此，黑暗笼罩下，一切都是模糊和危险的。因此，在世界各地的文化中，夜晚常被用来比喻死亡、邪恶、孤独和苦难。

之后，火光亮了起来。古人围坐在火堆前，开始享受夜间最受欢迎的一种娱乐方式——讲故事。"在黑暗中和火光下，社会关系、叙事风格和互动形式都会不同。"西非的朱霍安西人白天的谈话围绕着批评、抱怨和冲突，而夜间对话中八成以上都在讲故事。

这是夜晚的情绪。在夜色的天然掩护下，巴哈马种植园的非裔奴隶会自由地舞蹈。他们戴上面具，穿上戏服，跟随羊皮鼓和牛铃的节奏舞动游行，直到太阳升起。这是属于他们的狂欢节，是本土文化认同和自我掌控的时刻。

火光第一次改变了人类的昼夜节律，增加了社会互动，也延长了生产时间。纳诺梅阿岛的原住民会点燃用椰子树枝做成的火炬，跟随月亮与潮汐的指引出海。船上的火光使哈维鱼跳起来，渔民便将它们网住。这种鱼是他们日常的主要食物之一。

夏威夷群岛的渔民认为，黑暗中的太平洋并不是"一望无际的危险地带"，因为星星是"夜海中的岛屿"，能为他们指引方位。星空的富足还与大海的富足浪漫地联系在一起，他们会说："今晚有鱼，因为星星在闪烁。"

《古人之夜——古代世界的夜间生活考》提到："无论是战争、耕种，还是其他象征性的活动，人们当时都必须密切注意月相……以至于它们被神化了。"夜空提供了一块画布，古人以此记录和延伸他们的宇宙观、神话、宗教和占星术。公元前1800年前后，安第斯山脉的一些地方为了观察夜空，还专门设计了下沉式庭院。迟子建笔下的鄂温克族女酋长习惯伴着星星度过黑夜，她说："如果午夜梦醒时分我望见的是漆黑的屋顶，我的眼睛会瞎的。"

古人失去星星的无助感，或许我们只有在停电时才能体会到。街边小店的老板到了停业时间才会关灯，拉下卷闸门。之后他回到家，洗漱后关上卧室的灯，但这并不是最后一步：黑暗中仍荧荧亮着一小块手机屏幕的光，是现代都市人睡前最后看到的星星。

《古人之夜——古代世界的夜间生活考》形象地记录了变化到来的那一天："现代城市文化与夜空的联系于1880年12月21日下午5点25分正式断开，托马斯·爱迪生按下了一个开关，将曼哈顿百老汇大街上的一长串白炽灯连接到了他附近的直流发电机上，一瞬间，电灯泡就把黑夜变成了白天。从那以后，城市中的人几乎从未真正把自己置身于黑暗当中。"

人类仅用100年时间就点亮了地球。在那之后，"夜晚不再被看作是神秘和不可思议的，而被认为是光线暂时消失或被中止，并且应尽快悄无声息度过的一段时间"。

人们失去了与夜空的亲密关系，赢得了白天。但美国作家简·布罗克斯提醒人们："回想过去，问问自己，光明对我们的阻碍是否比黑暗对我们祖先的阻碍更严重？"

结尾在"明天"

□ 蓬 山

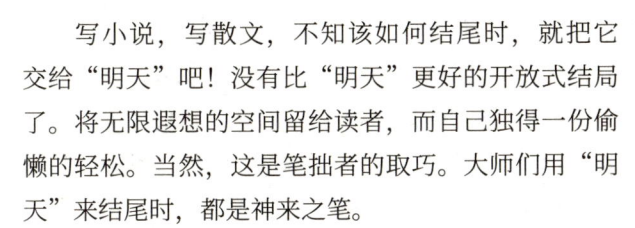

写小说，写散文，不知该如何结尾时，就把它交给"明天"吧！没有比"明天"更好的开放式结局了。将无限遐想的空间留给读者，而自己独得一份偷懒的轻松。当然，这是笔拙者的取巧。大师们用"明天"来结尾时，都是神来之笔。

《飘》的结尾，一唱三叹地用了三个"明天"："我明天再想这事好了，到塔拉去想。那时我就经受得住了。明天，我要想个办法重新得到他。毕竟，明天又是新的一天。"这笔法，把郝思嘉夹杂懊悔、慰藉、坚韧的三重情绪，渐次渲染开来。

沈从文常为《边城》的结尾"沾沾自喜"："这个人也许永远不回来了，也许'明天'回来！"翠翠与二老的爱情，仿佛没有开始也没有结束，哀婉又温暖。

后来，因电影而索文本，在《了不起的盖茨比》的结尾又读到"明天"："盖茨比信奉的那盏绿灯，是年复一年在我们面前渐行渐远的极乐未来。它逃脱我们的追求，但没有关系——明天我们会跑得更快，手臂伸得更远……等到某个美好的早晨——就这样，我们奋力向前，逆水行舟，不断地被推回过去。"

与前两者相比，这个"明天"却未免让人"意难平"。网络俗语说"人艰不拆"，盖茨比既寄望明天，却又有些残忍地拆掉了对明天的幻想。

王国维的三重境界，第一境："昨夜西风凋碧树，独上高楼，望尽天涯路。"那是怅惘迷茫中对远方的追索。第二境："衣带渐宽终不悔，为伊消得人憔悴。"那是甘心执着的守候期待。第三境："众里寻他千百度，蓦然回首，那人却在，灯火阑珊处。"那是豁然开朗时的片刻欢愉。然而，灯火阑珊、蓦然回首，仍无法摆脱凄苦之感。

这三个"明天"，不也好像三重境界吗？

台风过境

□ 虞 燕

来台风时，父亲往往不在。

父亲是来自海上的客人，船才是他漂浮的陆地。即便早早收到气象预报，货船急急返回，安全停泊于港口，父亲也不能回家。台风天，船员得守船。

平常的台风，母亲是不放在眼里的，自顾自备好蜡烛和火柴，水缸储满水，地里的菜能摘的摘、能割的割，把小鸡一只只捉进鸡笼拎到屋里，检查门窗、加固——就当外头来了一个不好对付的人吧，任其咆哮，闭门不出即可。有一年的台风有点儿怪，像龙卷风，树叶纷纷呈螺旋状被卷到半空，好多房屋的屋脊头瞬间掉落，那是被一股强力直接扭断的。我家的屋脊头也在那场台风中一个跟头栽下，顺势扑倒在瓦片上，一路撒泼打滚儿，最后凌空一跳，摔得粉身碎骨。母亲后来回忆，那只屋脊头断掉后仿佛先被抛起，再砸到瓦片上，若是直接掉落，那一记砸落声不会那么重，跟惊雷似的。屋脊头滚动时，瓦片的碎裂声与刮落声响得恣睢无忌，听得母亲胆战心惊，生怕失去了瓦片的压制，防雨毡被掀飞，屋子就开了大天窗。

随着屋脊头"砰"地落地，所有声息都被大风吞噬。母亲刚舒了一口气，却发现西边的墙渗进了水，白色墙皮被泡得鼓起，碰一下，脱落了一大块。母亲心神不宁，觉得这些跟以往很不一样的现象都预示着不祥，越想越心慌，待台风稍小了些，她便"全副武装"出了门。

母亲要去码头找父亲。父亲在守船。海运公司的铁门大咧咧地开着，不见一个人，几截树枝不知道是从哪儿刮来的，伏于泥水中瑟瑟发抖。看起来，海上的风比陆地上的要大多了。海面完全不是平日的模样，似有一双无形的巨手要把大海搅翻，浪头以吞噬一切的气势狂号，雨七扭八歪地砸下来，海与天几乎要贴在一起了。惊惶之下，母亲感到一阵眩晕，不由得蹲了下来。这时来了一个人，是海运公司的守门人，他看清用男款大雨衣把自己包得严严实实的母亲后，很诧异，说："我还以为是个男人，谁家的媳妇，胆子也太大了，就不怕被吹到海里去呀，赶紧回家！"接着，他就把母亲送出了海运公司。

母亲至此知道，就算父亲正在某条停靠于港口的船上，她也找不着他——要去船上找人，必须坐小艇，在天气如此恶劣的时候，过海是极危险的，即使是在内港。母亲死了心，往后有多大的困难，都自己应付吧。

而更多的台风天，我们都不知道父亲身在何处，也许在浩瀚的大海上，也许在某个遥远的港口。在通信技术不发达的年代，我们的惶遽与牵挂无法传送，娘儿仨只好巴巴地守着一台半导体收音机，反复听气象预报，播音员的声音缓慢、凝重："台风紧急警报，台风紧急警报……"听着听着，母亲织毛衣的动作慢了下来，直至停顿，继续织，又停顿，再继续……后来才发觉，居然漏了好几针，拆掉，重织。

有好几次，我做梦都在听台风预报，什么中心气压几百帕，附近洋面风力可达多少级，以及大目洋、猫头洋、渔山、大陈渔场等句子和词语突然从收音机里蹿了出来，化成一连串的铁坠子——渔网上的铁坠子，它们狰狞地逼近我，要把我拖下海。我大叫着醒来，冷汗淋漓。

终于，母亲坐不住了，岛上的很多女人都坐不住了，她们像海浪般涌向海运公司。那里有一部单边带收发信机，这部收发信机是岛上能接收到船只信号的唯一通信工具，是陆地上人们全部的慰藉和希望所在。男人们所在的船有没有在台风来临前靠岸？若没有，在苍茫大海上他们是否安好？

女人们耷拉着一张张失了色的脸，强打精神互相安慰。单边带"嗞嗞嗞"响起，一个个代表着船号的数字被急急呼出去，不明所向的船只会回应吗？

时间似被什么东西拖住，几乎挪不动，等待反馈的过程犹如在承受凌迟。

盛放与落花

□ 高自发

万历甲寅春，张卿子到新都拜访黄玄龙。二人去石岭看梨花，花已半谢，玄龙曰："春老矣，奚不早来？"卿子曰："余意正在凄凉。"

这是明朝某一年暮春时节，两个看花人之间一场简洁的对话。黄玄龙领着远道而来的张卿子去石岭看梨花，梨花已经谢了大半，黄玄龙用惋惜的口吻嗔怪张卿子来晚了。然而张卿子的一句"余意正在凄凉"，却让迟到的遗憾变成一场别样的赏花体验。

是的，你喜欢梨花茂盛，蜂蝶翩跹，我却钟爱梨花的半落，以及飘零的诗意，这时的花更让人怜惜，更符合看花人的心境。世人观花，多喜千朵万朵压枝低的喧嚣，未开时叹花开得太晚，花落时又恨花谢得早，可是世间哪有那么多恰好？花自顾绽放它们的美好，绝不会为谁而等待。人们或许以为花是供人观赏的，花却只遵循生命的规律，盛开或凋零与他人无关。

如果赶不上花的盛放，那么就像张卿子那样道一句"余意正在凄凉"。繁华也好，凄凉也罢，都是大自然赐予我们的景致，根本不存在好坏之分，所谓的繁华和凄凉，不过是人们强行给景致着色罢了。

仔细思考，我们以为的落花凄凉，真就是一厢情愿。花落了，结出果实，从树的角度看，衰落意味着新生和希望。如此看来，落英缤纷岂不是一场为果实而做的盛大洗礼？

树墩里的小云杉

□[俄]维克托·阿斯塔菲耶夫 译/陈淑贤 张大本

在纤细的山杨树密林里，我看到了一个两抱粗的灰色树墩，它的近旁有许多蜜环菌生长，菌伞光滑，伞面有麻点，它们像在守卫树墩。树墩断裂的地方又长出了深颜色的苔藓，好似一顶顶柔软的帽子。树墩上面还点缀着三四串越橘。还有几株柔弱幼小的云杉在这里栖身。每株云杉幼树只有二三个枝丫和一些尖利细小的针叶。枝梢已经隐隐约约地显露出点点滴滴晶莹透明的树脂，还可以看见鼓溜溜的小包，那是即将破绽的子房。子房非常小，云杉又如此孱弱，它们要想生存下去并且不断成长，该是何等困难啊！

不是生存，就是死亡！这是生命的规律。这些小小的云杉刚刚出生，就濒临死亡，它们可以在这里发芽，却注定不能成活。

我在树墩旁边坐下来吸烟。突然发现有一株小云杉明显与众不同，它神气活现地在树墩的正中间挺立着。它的针叶呈深绿色，细嫩的树干中贮存着树脂，小小的树冠坚挺有力——这一切都显示出某种信心，甚至像一种挑战。

我把手指伸到潮乎乎的苔藓的帽子下面，拨弄开来看了看，不禁笑了起来："噢！原来是这样！"

这株小云杉巧妙地把根扎在了树墩里。附着力很强的根须呈扇形伸展，白色尖削的主根须则钻入树墩的木芯里。一些小小的根须从苔藓那里吮吸水分——也难怪苔藓色泽如此暗淡。小云杉的主根已经钻进树墩中间，从内部摄取营养。

这株小云杉在大树墩的木芯里还得长时间地向下钻孔，工程还很艰难，要扎到土壤里才算完成使命。树墩犹如木质的衣衫，小云杉还需要在其中生活很多年，然后从木芯的心脏里成长起来。木芯也许就是它的生身父母。这木芯甚至在自己死后也还会保护和喂养孩子。

终有一天，这个树墩会腐烂，变成枯干的碎末，最后连碎末也会从大地上消失。到了那时，在地下深处，像父母一样养育小云杉的树墩还将在土里霉烂许久，它还将不停地为这棵幼树挤出最后的汁液，为幼树蓄存青草上和草莓叶茎上落下来的滴滴水珠，用它那一息尚存的余热在寒冷的季节温暖幼树。

当我回首往事时，难以忍受的痛苦就会占据我的心头。而往事又是忘不掉的，恐怕永远也不可能忘却。那些经历过战争的人，那些血染沙场没有生还的战友一一浮现在我的眼前。他们当中的一些年轻人还没有来得及见识真正的生活、真正的爱情，还没有领略过人世间的欢愉，甚至没有来得及吃饱肚子——他们过早地牺牲了。每当我追忆往昔痛不欲生的时候，我就会想起树墩里生长的那棵小云杉。

夜行火车

□ 姚文冬

夜行火车令人心安。在睡梦中，火车就把你送到了目的地，不比白天乘车，眼睛瞧着，心里盼着，尽是行路的煎熬，越盼到达，越觉得路远。

父亲就像一列夜行火车，载着我们全家的睡眠和梦。

记得小时候，我们都钻进被窝了，父亲还在西屋赶制家具，那锯子、刨子、木钻与木头摩擦的声音，多像夜行火车碾过铁轨的声音、拉响汽笛的声音，刺穿沉寂的夜空。父亲用他的木匠手艺，让我们干涸的家境总有甘霖滋润。那时候，真觉得父亲无所不能，我只管去睡，醒来，难题已被父亲无声地解决，恰似夜行火车与熟睡旅客的默契。

睡在夜行火车上，偶尔从睡眠的缝隙里，挤进火车报站的广播。小时候，我的睡梦，偶尔也中断于父亲的响动，间或听到母亲披衣过去，催他早点儿休息。睡得迷迷糊糊的我，翻了个身，又睡着了。那时我就觉得，所谓幸福，就是拥有一个被父亲呵护的长夜。这是一种绝对的信任。而又有哪位旅客，不对夜行火车托付了百分之百的信任呢？

夜行火车长途跋涉，见惯了天南海北的站台和形形色色的旅客，它总是处变不惊，沿着既定轨道，步履比浓厚的夜色还要沉稳。一如父亲，虽然沉默寡言，但总是胸有成竹。

乘坐夜行火车时，我还有一种习惯，遇到临时靠站，爱走到站台上吹风，看看火车停留的城市，或是寂寥的郊野小站。就像小时候，晚饭后，我总爱看一会儿父亲干活。看到他的小铁锅里正熬着胶，我就煞有介事地蹲下，往炉膛里添些碎柴；当他往榫卯里揳木楔时，我就帮他把稳还是半成品的家具。深夜醒来，听到父亲还在忙碌，我就悄悄来到西屋，默默看他用砂纸打磨木面，或是刷底漆。多数时候，父亲无视我的到来，偶尔会看我一眼，说："你怎么醒啦？快去睡吧。"就像值守在车厢门口的列车员，当火车即将启动时，会礼貌地催旅客快点儿上车。多数时候，他一言不发，他知道，不等火车拉响启动的笛声，下车透风的旅客就会主动上车。我想，那深夜里的列车员，也愿意有我这样爱走动的旅客吧，不然，他该有多寂寞！

父亲寂寞吗？每次陪他片刻，我就犯困了，打着哈欠回东屋继续睡觉。那时候，我可真是不懂事，连"您早点儿休息，别太劳累"这样的话都没跟父亲说过一句。

几何学中的哥白尼

佚 名

难住数学家的证明题

学习数学，不可不知欧几里得的《几何原本》，因为它是用公理化方法建立科学理论体系的典范。在这本书里，欧几里得为推出几何学的所有命题，一开头就给出了五条公理（适用于所有科学）和五条公设（只适用于几何学），作为推理证明的前提。《几何原本》的注释者和评论者对五条公理和前四条公设都十分满意，唯独对第五条公设提出了疑问。

第五公设是关于平行线的，《几何原本》中的原话是：如果一条线段与两条直线相交，在某一侧的内角和小于两直角和，那么这两条直线在不断延伸后，会在内角和小于两直角和的一侧相交。这句话比较长，与它意思一样的表达（等价命题）是：过直线外一点，有且只有一条直线与已知直线平行。

长久以来，数学家们并不怀疑这句话的正确性，而是觉得它无论在语句的长度，还是在内容上，都不大像一个公设，倒像是一个需要证明的定理，只是由于欧几里得没能找到它的证明方法，才不得不把它放在公设之列。所谓公设，就是不言自明的结论，这与需要通过证明得到的定理有很大不同。

为了给出第五公设的证明，完成欧几里得没能完成的工作，不少数学家投入了无穷无尽的精力。他们从前四条没有异议的公设出发，尝试了各种可能的方法，最后都遭到了失败。

多少年中，第五公设让人如芒在背。

19世纪，俄罗斯数学家罗巴切夫斯基的异军突起，更让整个数学界心惊胆战。

想象中的几何

罗巴切夫斯基生于1792年，他在1815年前后开始研究第五公设。一开始，他也循着前人的思路，试图给出第五公设的证明，但很快走到了绝境。前人和自己的失败从反面启发了他——可能根本就不存在第五公设的证明。他开始转换思路，着手寻求第五公设不可证明的解答。

为此，他运用了处理复杂数学问题常用的逻辑方法——反证法。按照这个思路，罗巴切夫斯基对第五公设的等价命题加以否定，得到一个新的命题："过直线外一点，至少可引两条直线与已知直线平行"，并用这个命题和其他公设组成新的公理系统展开推理。

结果，他得到了一连串不合常理的命题，比如三角形的内角和小于180度。

但经过仔细审查，并没发现它们之间存在矛盾之处。于是，罗巴切夫斯基断言，这个新的公理系统，可以构成一种新的几何，它的逻辑完整性和严密性，足以媲美欧几里得几何。而这种新几何的存在，就是对第五公设不可证明的严格证明。

由于尚未找到这种几何在现实世界的原型和类比物，罗巴切夫斯基慎重地把它称为"想象的几何"。

孤独的人生

然而，当罗巴切夫斯基将他的这一重大发现公之于世，立刻遭到了正统数学家的漠视和反对。

总之，在创立和发展"非欧几何"的历程上，罗巴切夫斯基始终没能遇到公开支持者，包括"数学王子"高斯。高斯是当时数学界首屈一指的大师。

实际上，他很早就产生了"非欧几何"的思想。当他看到罗巴切夫斯基的论文时，他的内心非常矛盾，一方面他称赞罗巴切夫斯基是卓越的数学家，另一方面又不肯对罗巴切夫斯基的研究发表公开评论。

晚年的罗巴切夫斯基心情十分沉重——他的学说在很多人看来就是无稽之谈，这显然与他作为著名数学家、大学教授的身份并不匹配。

1856年，罗巴切夫斯基在苦闷中走完了生命的最后一程。人们肯定了他在教育事业上的贡献，却不敢提及他的"非欧几何"研究工作。但历史是公允的，十几年后，人们终于意识到，罗巴切夫斯基开创的"非欧几何"具有重要意义。这时的罗巴切夫斯基开始被人们赞为"几何学中的哥白尼"。

卸下防备，才能听见彼此

□ KY

生活中你可能遇到过这样的情况：有些人，无论你向他表达什么，他总会保持一种将信将疑的状态。你很多无心的话，都仿佛会伤害到他。

这就是"防御式倾听"的一种典型表现。"防御式倾听"指的是信息接收方主动在内心设立屏障，在聆听的同时时刻警惕，试图保护自己不受伤害，实际上带来了信息接收的扭曲。

一些陷入"防御式倾听"的信号有：听别人说话时，内心仿佛有声音不停在说，"我没有""不是这样的"，等等；努力找出对方的话里有哪些是指责你的，哪些是伤害你的；总觉得对方"话里有话"；对方还在说的时候，就忍不住想着下一句应该如何反驳……

不难看出，当进入这种状态时，人们的专注点不再是沟通的内容，而变成了对对方的警惕。它不仅不能起到防御和保护的作用，还可能会产生误解和矛盾。

因此，当确定自己陷入了"防御式倾听"时，首先，你可以把你感受到的攻击告知对方，"你刚才这样贬低我，让我感到很难过，这让我没法专心地听你其他的想法和建议"，这样的话，就能给对方一个解释或者道歉的机会，这样的澄清有助于避免双方陷入"防御—攻击"的恶性循环。

其次，你需要明白，每个人都可以有不同的看法，很多时候双方的看法并没有绝对的对错。最后，你还可以尝试有意识地把注意力集中在对方言语中客观事实的部分，而不是判断评价的部分。

与他人沟通的时候，我们也需要注意自己是否在攻击对方。可以将"是的，但是"变为"是的，另外"，同样是想补充或提出不同的建议，后者听起来更没有攻击性。尽量避免说"你从来都不能""你为什么总是""你太敏感了，我没有这个意思""你想多了"，这样的话并不能让处于"防御式倾听"的人感到好受。

父亲的"壮举"

□ 马 俊

有一年,我家过得特别艰难。田里收成有限,又赶上祖父和祖母先后得了一场大病,多年的积蓄花得精光,日子难以为继。父亲决定去找大城市的亲戚帮帮忙,那位亲戚是父亲的表姑,父亲说他的表姑父是做生意的,特别有钱。

我坚决反对父亲去,觉得那种行为像《红楼梦》里的刘姥姥。况且,性格有些木讷的父亲可不如刘姥姥精通世故。母亲也不愿意让他去,说毕竟是远亲,平时没走动过,去了人家也不会给好脸色。父亲皱着眉头想了半天,最终吐出一个字:"去!"

父亲带着两兜花生,坐上了去城市的火车。他揣着母亲做的大饼,计划在路上吃,在外面买吃的太贵。父亲很少出远门,这趟旅程对他来说很艰难,也注定是一趟孤独之旅。火车上很热闹,天南海北的人们聊着闲天,父亲却一言不发。他一路上都在盘算,到了亲戚家哪句话该说,哪句话不该说。有些"台词",他在脑海中过了一遍又一遍。有时候,他想着想着,手心里的汗就出来了。当然,这都是后来父亲告诉我们的。

下了火车,还要倒两趟公共汽车才能到亲戚家。父亲怕走错了路,就使劲默背路线和站牌。他仰着头,一言不发。在火车上热闹的旅人中间,父亲像个孤独的怪人。有人跟他搭讪,他冲人家笑笑,继续不吭声,有人可能把他当成了失语者。

父亲下了火车后,却赶上了天降暴雨,他背着两兜花生在大雨中奔跑,即刻就成了落汤鸡。本来就人生地不熟,大雨迷蒙中,父亲彻底迷失了方向。他不知道该往哪里去,背了多少遍的路线也忘得一干二净。他想去街边的店铺里避一下雨,又怕人家嫌弃他浑身湿淋淋的,弄脏了地面。

父亲只好在暴雨中狂奔,跑到哪里算哪里,直到找到合适的落脚之地。

那时候,父亲已经没有目的地的概念了,他预感自己的方向彻底错了,但他只想跑赢那场大雨,不至于让自己淹没在陌生城市的雨水中。这个世界上,除了靠自己的双脚,谁也不能拯救你。只要双脚还有力量,就没有走不出的暴雨。

父亲跑着跑着,也不知道跑了多久。忽然,他看到一个小亭子,像看到救星一样,立即奔了过去。亭子很小,里面依旧有雨随着风进来,不过到底是比外面强一些。父亲抹一把脸,稍稍整理了一下自己的衣服,开始四下观望。大雨中,他发现不远处好像有汽车站。原本计划找到路边的站牌,坐车去亲戚家,如今有车站在眼前,不怕迷失方向了。稍事休息后,父亲朝车站奔去。

浑身湿透的父亲,又冷又饿。他顾不得吃东西,毅然决定买汽车票回家。并不是觉得一身狼狈无法去亲戚家,父亲说他的表姑是个大善人,这样去还能博得同情。只因为这趟孤独之旅让父亲顿悟:人这辈子,靠谁都不如靠自己。靠自己才能走出大雨的暴击,靠自己才能摆脱厄运的纠缠。

第二天一早,父亲到家了,肩膀上还背着那两兜花生。母亲看到他狼狈的样子,心疼得流下眼泪。父亲咧开嘴冲母亲笑笑,一脸轻松的样子。后来的很多年里,父亲对这段孤独之旅津津乐道,仿佛当年他做的不是一件令人沮丧的事,而是他此生的壮举。

东门逐兔亦不得

□ 王军营

清人姚鼐著《李斯论》一文，开篇即否定苏轼"李斯以荀卿之学乱天下"的观点，说："秦之乱天下之法，无待于李斯，斯亦未尝以其学事秦。"认为秦自商鞅以来，即形成深厚的法治传统，以至数代富强，兼并诸侯，直到始皇时期。李斯在秦的作为与其所学并无关系，"斯非行其学也，趋时而已"，顺应潮流，追逐个人利益，满足私欲，"趋时"以动，才是李斯为人行事的根本原则。此论颇与司马迁的观点相合。

从《史记·李斯列传》看，李斯许多政治举动的初衷，确与其汲汲谋求个人私利有关。他年少担任郡小吏时，看见府厕粪坑老鼠出没，人犬一近，即惊慌逃窜。进入粮仓，则发现其内的老鼠惬意地躺食于粮堆，却不为人犬惊恐。于是他深有感触：一个人有没有出息，真如老鼠一样，全由自己所选的环境来决定。他跟随荀子学有所成后，推断"楚王不足事，而六国皆弱"，即欲西行入秦施展抱负。辞别之际他对荀子说，秦国有充分成就个人功名的环境，为人处世"诟莫大于卑贱，而悲莫甚于穷困"。他将个人贫贱视作人生最大的悲哀耻辱。因此，李斯在秦国的许多建言献策，包括谋害韩非在内，无论对秦国是否有利，基本都以此为初衷，大体与忠君爱国无关。当始皇猝崩后，在事关秦朝未来国运的关键时刻，野心家赵高抓住李斯此项弱点，以其能否长享荣华富贵为突破口，钓诱、威逼李斯，比较轻松地说服他一起登上"贼船"，最终实现三人操盘秦朝的运转方向。孰料后来，曾为政治盟友的赵高翻脸无情，与李斯产生嫌隙。轻松摆弄二世的赵高，轻易设局，陷害李斯，使其沦为罪徒，最终李斯走向末路，家族被灭。不久秦朝覆亡。所以，姚鼐感慨："人臣善探其君之隐，一以委曲变化从世好者，其为人尤可畏哉！尤可畏哉！"于国而言，如有许多像李斯一般的臣僚，一味揣摩迎合君主心意，行溜须拍马之举，特别可怕！为什么呢？历史上没有皇帝不喜欢迎合、遵循其意愿去做事的臣僚。此类臣僚一般被视为佞臣，佞臣也并非全无才学。若君主英明，励精图治，这些人就得忍着，或者需积极贡献才华、踏实做事，才有适宜其生存的土壤；反之，历史上许多经验告诉我们，此类人经常坏事，而且破坏力极强。如李斯，在始皇前期，为秦统一及巩固政权，积极有为，奋发努力，贡献良多；在始皇末期与二世时代，他却助力暴政，襄赞皇帝做过太多无益之事，加速了秦朝的灭亡。

李斯为人精明，学问博深，又通达事务，明晰道理，是一位难得的治国干才。可惜私欲太重，所作所为，甚至国家的前途命运，都屈从于一己之私利。宋末陈普诗曰："抛却韩卢把虎骑，诸生莫讶正忙时。鱼龙不隔蓬莱路，方有东门逐兔期。"正可谓，贪心私欲结恶果，东门逐兔亦不得。

每个人，都曾是年轻时的他

□瑾山月

世界文坛上，流传着这样一句话："很少有人读了《约翰·克利斯朵夫》，不被鼓舞与震撼！"在作者笔下，一个莱茵河畔的音乐天才，在人生的汹涌险峻中，像满弓射出的利箭，刺破黑暗的苍穹，点燃生命的烈火。

这个名为约翰·克利斯朵夫的音乐家，无数次惨遭背叛与羞辱，几番卷入阴谋与暗算，一度坠入绝望的深渊。但命运之锤越是重击，他越是顽强，用坚忍的意志战胜偏见与苦难，最终迎来了暮年的平稳顺遂。

他是罗曼·罗兰引以为傲的英雄，亦是读者心中屹立不倒的丰碑。当我们迷失于人生的渡口，克利斯朵夫或许可以成为一个领航者，指引我们勇敢地对抗世俗，迎战生活，最后达成与自己的和解。

克利斯朵夫出身于德国莱茵河畔的一个音乐世家，从小便展现出惊人的天赋与不同流俗的傲骨。他3岁学会弹钢琴，11岁成为宫廷小提琴手，被不少人视作"在世莫扎特"。只可惜，他家道中落，父亲是个酒鬼，母亲成了女佣，一家人活在众人的鄙夷中。

有一次，正在路边玩耍的小克利斯朵夫碰上了一对贵族姐弟。对方先是嘲笑他满是补丁的衣服，又用难听的话骂他，还夸张地模仿他母亲的窘态。他们本以为克利斯朵夫会像其他穷人那样，哭着跪地求饶，却没料到他噌地冲过来，挥舞着拳头，骂了回去。这天晚上，父母得知此事，生怕得罪了权贵，逼克利斯朵夫去道歉。但无论被怎么打骂，哪怕被关在阁楼里饿了一整天，克利斯朵夫仍然不认错。这份骨子里的"倔强"，在克利斯朵夫长大后越发明显。

外界越要他做个循规蹈矩的小市民，他越是叛逆；众人越是希望他收敛锋芒，他越是张扬。见众人附庸风雅，他勇敢地扯下人们虚伪的面纱；见艺术家沽名钓誉，他更是极尽批判之能事。在公爵府做乐师时，他不止一次揭露上流社会的矫揉造作，拒绝权贵们的无理要求。

一次宴席上，公爵命他演奏一曲，克利斯朵夫见曲目粗俗不堪，断然罢演。只听他幽幽地说："我不是任何人的奴仆。"此话一出，公爵怒不可遏，拿起花瓶砸了过去，而克利斯朵夫在众人的错愕中优雅地转身离开。结果可想而知，克利斯朵夫被公爵辞退，成了无业游民。但他毫不灰心，反而干劲十足地四处谋职：为杂志社写乐评，去学校当老师，去剧院弹钢琴……

每个人，都曾是年轻时的克利斯朵夫，在尚未被生活的藤蔓拴牢时，都似一条灵动的火蛇，焚烧着世俗的荆棘。

与公爵的交恶，为克利斯朵夫带来了灾难性的"连锁效应"。杂志社和学校先后辞退了他，亲友们不敢前来接济，更多的人则落井下石。很快，他的曲子无人欣赏，演出全部被取消，收入少得可怜。克利斯朵夫本想卖乐谱赚点钱，不料被出版社坑骗，乐谱一本没卖出去，还欠下了不少债……屈辱与愤懑伴随着无助，像冷雨一般，从克利斯朵夫的头上浇下，让他措手不及。

某个寒冷的清晨，他看见一匹老马跌倒在泥泞中。马被主人抽打，伤口汨汨地冒着鲜血，它却极力挣扎着起来，驮起沉重的麻袋，继续前行。这一刻，克利斯朵夫仿佛看见了自己，他也是一匹被生活蹂躏的马，必须爬起来继续战斗。他必须在自己与生活之间搭起一座独木桥，临万丈深渊而面不改色地走过去。莱茵河畔已无立足之地，克利斯朵夫决定去法国谋生。

为了节省开支，他搬去贫民窟，每天只吃一个黑面包；为了赚钱，他去破烂的小剧场当指挥，在酒馆为粗俗的客人演出。他咽下委屈埋头工作，丢掉尊严拼命赚钱，终于还清债务，养活了一大家子人。克利斯朵夫晃晃悠悠行至人生的半坡，如蚕蛹蜕去了坚硬的壳，却也有了对生活四两拨千斤的力道。这一场"中年之战"，惨烈又激荡人心。

克利斯朵夫于苦厄中冲锋的背影，让我们看到了现实中自己的狼狈与坚韧。人生最大的劲敌，其实是顽固的自己。

当克利斯朵夫的生命年轮行至晚年，他的生活不再颠沛流离，有爱慕他的情人与忠诚的朋友，还能不慌不忙地进行创作。每当忆起往事，克利斯朵夫还是时常陷入自我纠缠的旋涡。直到一桩意外降临，克利斯朵夫才正式开启他与命运的和解之门。

偶然的机会下，一家知名媒体刊发了克利斯朵夫的一篇乐评。谁承想，文章中的观点被肆意曲解。克利斯朵夫怒不可遏，立马发文澄清，几番论战下来，却于事无补，还令自己的生活陷入混乱。无奈之下，克利斯朵夫索性不管了。当他放弃争辩后，事态竟很快平息。他这才发现：原来世间的许多事不必硬碰硬，改变不了别人就改变自己。

岁月不慌不忙地向前走，克利斯朵夫在日渐衰老中，亲历了友人的病逝、爱人的离去。他也终于在生离死别的无常中，彻底学会了接纳自己。

当不再固执地与命运对抗，克利斯朵夫反而可以赞美任何一种生活。

晚年时的克利斯朵夫释怀了一切，安下心来过自己的小日子，读书、写作、听音乐。

小说最后，他隐居山林，在曼妙的自然景色中，活出了自己的悠游自在。

善 怕

□ 司马牛

唐太宗虽为君主，也有所怕，贞观二年（628年）二月，他对侍臣说："人言天子至尊，无所畏惮。朕则不然，上畏皇天之监临，下惮群臣之瞻仰，兢兢业业，犹恐不合天意，未副人望。"这是"君子以恐惧修省"的怕。可以说，没有唐太宗的"怕"，就没有励精图治的"贞观之治"。

依我看，人有点儿怕，或者说人的一生总要怕点儿什么，这是符合辩证法的。明代方孝孺在《逊志斋集》中就创造了一个"善怕"概念，他说："凡善怕者，必身有所正，言有所规，行有所止，偶有逾矩，亦不出大格。"这"善怕"绝不是一般意义上的畏惧，更不是一种懦弱，而是一种理性自觉，表现为对自然法则或客观规律、法纪、规矩、道德或公义等的敬畏。"善怕"才能识大体、知进退，做到心不放逸、行不放纵。

岁月深处的歌声

□ 董改正

我在高铁上落座，一个精致优雅的母亲抱着一个哭得撕心裂肺的孩子走过来，对四邻微笑并致歉。放好行李后，母亲坐定，将身子绷成弯弓的孩子勉强放坐在腿上，掏出一部手机，迅速点亮屏幕，动作如行云流水。动画片的声音传出，孩子立刻切换到静音状态，双手握着手机，出奇地安静。母亲拿出蓝牙耳机，孩子侧过脑袋，任由妈妈给他戴上。母亲又拿出另一部手机，她也戴上耳机，开始他们的旅程。

我不觉莞尔，想起那些年哄孩子的场景。窗外风景掠过，心头一幅幅图画翻动，一首首歌像一只只鸟雀，从故乡的暮色里飞来。

首先入耳的是父亲苍老的歌声。那是13年前，女儿5岁，寄养在父母那里。家中已有30多年没有幼儿了，石头一般的父亲柔软下来，看孙女的眼神里尽是宠溺。那个秋日的黄昏，我从小城赶回，夕阳绮丽，晚霞满天，一大群鸟叽叽喳喳地叫着飞舞。71岁的老父亲，背着我5岁的女儿，迎着夕照慢慢走着。女儿应该是睡熟了，小小的脑袋搭在父亲的肩头，双手一左一右，垂在父亲的胸前。父亲尽力让自己的腰弯得更舒缓，让女儿躺得更舒服。乡村的暮色是丰富的，有小狗从他们身边跑开，有端碗的老人笑眯眯地从他们身边走过，有大朵大朵的红花陪着他们一路开放。我听见父亲在唱歌，歌声弥漫在围拢过来的夜色中：

"好大月亮好卖狗，捡个铜钱打烧酒，走一步，喝一口，问你老爹爹可要小花狗？"

如果这时候女儿醒着，她应该会学小狗"汪汪"地叫起来。但此刻她睡着了，雪一样地安静。一定是她哭闹，父亲才背着她吧？祖孙俩相依相偎着，在童谣声中，一个沉入睡眠，一个沉入往事。

我想起母亲的哼唱。那是夏夜的庭院里，3顶蚊帐各垂自帐顶的桑树枝、椿树枝、楝树枝，在金贵的小南风中轻轻摇晃。蚊帐外，一群群萤火虫在小风中飘荡，轻若浮光，飘如水中的光点。"该睡了。"母亲在最里面的蚊帐中轻轻说道。我和弟弟睡意全无，还在说着白天的事情。母亲的歌谣就在此时响起：

"火萤虫，点点红，哥哥骑马我骑龙……骑我的马，上扬州，扬州里面一枝花，摆摆尾子到姐家……"

母亲轻轻地哼唱着，由清晰到模糊，终于杳杳如渐行渐远的旧梦。星月在天，我们睡着了。

我想起往生的外婆，她有多少哄睡的歌谣啊！40多年前，我是个多么烦人的小孩。在那个名叫"路东王家"的小村里，在那个晚饭后必用清水洗尘的小院里，在那张已经被汗渍和岁月包浆的竹床上，外婆为我唱沉了多少星月，为我唱来了多少个绵软的夜。那些歌谣，如今依然荡漾在我的心里，如云如月，如月光捏成的行板。

高铁上，那个孩子睡着了，雪一样地安静。母亲收了手机，将他搂在怀里，望着车窗外疾驰而去的风景，如面对流水，如面对时光。

鸟住在哪里

□ 华 姿

有一次，在深冬的一个傍晚，我从乡下回武汉。当汽车驶过汉水边的麦地时，我看到公路两边的杨树上，零零落落地挂着一些鸦巢。杨树的叶子都落尽了，只剩下光溜溜的树枝，所以这些鸦巢看上去孤零零的。天正下着雨，雨中还夹着雪。我举目四望，没看到一只乌鸦，也没看到别的鸟。于是我问："这么冷的天，鸟都在哪里呢？"

身边的人答："当然是在它们自己的巢里。"

我问："鸟巢没盖子，雨雪不都落在巢里了？那巢里是不是湿透了？"

身边的人又答："鸟的羽毛不仅可以保暖，还能防水。雨滴落到鸟身上，就滑落了，像水珠落在荷叶上一样。"

还有一次，在仲夏的一个午后，我从武汉回乡下。当我沿着田垄往村落走的时候，突然下起暴雨，大风裹挟着雨点吹得棉花哗啦啦地摇摆，幸好我随身带着一把小伞，才没有被淋成落汤鸡。

就在我急急忙忙地往家赶时，突然看到，在一根摇晃不已的棉枝上，一只小禾雀正平静地站在那里——站在一片棉叶底下，仿佛天上不是在下暴雨，而是在落甘霖。

这个场景使我不由自主地停下脚步。我站在雨中，盯着它看了良久。

很久以前，我读过一个小故事：年迈的国王，渴望看到一幅描绘平静的画。为此，他专门提供了一笔资金，供画家们创作。一批优秀的作品很快就诞生了。国王在看完所有画后，从中挑选了两幅。

一幅画的是山和水：阳光明媚，和风轻拂，清澈的湖水倒映出周围的群山和蓝天白云。在碧蓝的晴空下，湖面风平浪静，一丝涟漪都没有。

与国王一起看画的人，都不约而同地认为，这的确是一幅描绘平静的最佳图画。

但国王真正喜欢的是另一幅。另一幅画的也是山和水，却是全然不同的山和水：天空乌云密布、电闪雷鸣，倾盆大雨哗哗地落在光秃秃的山上，雨水咆哮着冲向峭壁，在崖下形成一条喧腾的瀑布。而在瀑布的后面有一片小树丛，树丛中有一个鸟巢，鸟巢里有一只雌鸟。在狂风骤雨和湍急的瀑布后面，这只雌鸟正平静地待在它的巢里，好像什么也没发生一样。

国王说："平静并不等于完全没有动荡、困难和艰辛。在那些纷乱中，心中仍然平静，这才是平静的真义。"

若能在喧嚣和纷扰中，在遭遇困境、挫折和诱惑的时候，仍能保持内心的平静，才是真的平静。就像乌鸦在寒冬的雨雪里，小禾雀在如注的暴雨中，简单地说，就像鸟在它们自己的巢里一样。

在世界的喧哗与纷乱中，仍能保持内心的宁静，这是生命的最高境界。

人虽向往，且孜孜以求，总是难以达到，鸟却轻而易举地做到了。无论是乌鸦，还是小禾雀，以及巢中的雌鸟，面对狂风和雨雪，都能处变不惊，从容应对。这种智慧和勇气，是人类应该学习的。

闲时看花去

潘玉毅

唐代赵州有位从谂禅师，主持柏林禅寺四十年，主导过一桩有名的公案——吃茶去。

据说，当时有两个和尚不远千里跑来见他，请教何为禅道。从谂禅师问其中一个和尚："你以前可有来过这里？"和尚回答："未曾。"从谂禅师说："吃茶去。"回头他又问另一个和尚："那你呢？"和尚回答："我曾有幸到过这里。"从谂禅师道："如此甚好，吃茶去。"这一顿操作，别说这两个和尚，连寺院的监寺都听得一头雾水："来过、没来过，你都让他们吃茶去，这是何道理？"从谂禅师唤了声监寺的法号，监寺答应了一声，禅师说："吃茶去。"

这桩公案后来换了个名字，叫"禅茶一味"。然则，不管叫什么，看过风景方知景美，吃过茶水方知茶味，个中的滋味讲是讲不来的，禅亦如斯。

不只问禅、吃茶，看花也是这样。现代人看花，颇有几分"赶场子"的味道：国花园的牡丹开了，就跑去洛阳看牡丹；鸡鸣寺的樱花开了，就跑去南京看樱花……其实，花哪儿没有呢？所缺的不过是一个有心的看花人罢了。

人有时就是这样奇怪，宁可乘飞机、坐高铁跑到很远很偏的地方去看一株花开，也不愿意把目光停留在眼前，看一看身边的花海，还堂而皇之地说"熟悉的地方没有风景"。其实，并不是熟悉的地方没有风景，只是日日看，觉得厌了而已。

许多人每日里朝九晚五，做着重复的工作，过着相似的日子，早已消磨了对生活的热情。他们有意无意地封闭了自己的"六识"，无论看到什么，听到什么，都视而不见、听而不闻。看到花不知是花，看到风不知是风，甚至连人间的四时也都模糊了印记。然而，这并不意味着生活不值得付诸热情。

这个世界，春夏秋冬，各有各的美好，草木虫鱼，各有各的可爱，你不去看，不去感受，永远也体会不到，但当你靠近它们、融入它们，学会用它们的视角打量这个世界，便能感知到它们的美好。"路遥知马力，日久见人心。"物与人本质上没有任何分别。

《传习录》里王阳明先生说过这样一段话："你未看此花时，此花与汝同归于寂。你来看此花时，此花颜色一时明白起来，便知此花不在你的心外。"花也好，树也好，山也好，云也好，它们与人无关，又与人有关。说它们与人无关，是因为欣赏也好，不欣赏也好，花该开时开、该落时落，不会因为人的态度而改变，其余事物也是一样。说它们与人有关，是因为同一件事、同一个人、同一道风景落在不同的人眼里会呈现不同的状态，引发不同的联想。所以，无论什么时候去看花，无论什么时候去赏雨，以什么样的姿态去，与谁同行，感受绝不相同，而这正是生活的本来面目。

一声蝉噪，两句鸟语，三五成群的蛙鸣，桌上菜肴，纸上红尘，白头发的读书人，以及你所去过的每一个地方，邂逅过的每一个对象，从某种意义上来说，都是你所欣赏的"花"。"看花去"，换一种表达，就是提醒人们要多留意身边的美好。

远离"决策疲劳"

□王梦媛

人每时每刻都在做着微小的决策,包括吃什么、穿什么、怎么说等微不足道的小事,而过多的决策会带来精神疲惫,并让人的思考决策能力大幅下降。

美国的一项研究估计,一个人每天要做出35000次决策。每天一睁眼就有无数选择涌来:要不要再眯五分钟,早餐吃面包还是灌饼,上班穿工装裤还是短裙……就算是休息时间,脑内剧场依然演个不停:网购,要筛选品牌,分析评价,货比三家,挑好了还得看看其他平台是不是更优惠。再赶上购物节领券凑满减,又是一番心力交瘁,花钱受累。

大脑处理任何一项任务,都是需要占用认知资源、消耗能量的。这一个个微小决策,看起来不起眼,但架不住数量庞大,各种思前想后就相当于大脑后台开了无数程序,怎么可能不累。

而这种疲惫会影响更重要的决策,让你在关键时刻冲动行事,或者拖延决策,甚至啥也不做。心理学家发现,早上出庭的犯罪嫌疑人,有70%的概率能获得假释,而到了下午,概率就掉到不足10%。因为法官重复做了一天的决策,精神疲惫懒得动脑子了,所以更倾向于做出维持现状的裁决。超市收银台上总摆着含糖零食,购物节规则设计得特别复杂,也是利用了这种心理——人在做出大量购物决策后,更容易冲动消费。

一些实验还证实,经历决策疲劳的人,更容易出现回避行为(拖延)和被动行为(不决策)。

另外一项针对大学生的研究发现,对比不执行选择任务的小组,被安排做大量选择的参与者,表现出自我控制能力下降。对应到我们的具体生活,比如总是为早餐午餐吃什么而发愁,有时候干脆就不吃了,等到饿得不行,自控力大滑坡,就直接奔向垃圾食品。

如何避免这个问题呢?核心是简化决策,放弃那些低优先级的微小决策,尽量让它们不过脑子。可以试试下面几招:

1.设计一套规则直接套用。乔布斯、扎克伯格选择每天穿一模一样的衣服,其实就是通过构建规则减少不必要的决策。不想在穿着上花费太多精力,只需要前一天搭配好,或者在周末准备好百搭的几件单品;需要频繁复购的生活必需品,可以用到剩20%,不管有没有活动直接买;对中午吃什么,可以筛选出几家喜欢的餐厅依次轮换。

2.给决策设置时间限制。如果你特别容易在购物这种小事上纠结,就给自己定个时间。比如要买一件羽绒服、给朋友选礼物,必须在15分钟内敲定。这样当你需要集中注意力时,就不太会因为其他事情而分心。

3.尝试将决策权委托给他人。事必躬亲,诸葛亮也得累死。试着让朋友、家人、爱人帮你决策吧,既能给自己减负,也能让对方感受到信任。

就像肌肉用多了会疲惫,我们的心智和精力同样有限,也需要合理、爱惜着使用。纵使人生不会完美,我们也不能像AI一样精确无误地保存和分配精力。但了解身心规律,知道是什么在消耗我们,在此基础上做一些力所能及的改变,让自己拥有更好的状态,总要好过在茫然无措中被吞噬。

把自己多元化

□［美］奥赞·瓦罗尔 译/苏 西

想想那个老套的问题："你长大之后想干什么？"或者是："你是做什么的？"这些问题的潜台词很清楚：你做的事定义了你——你是医生、律师或工程师——而且你做的事是单一的、一成不变的。

如果你的身份与职业牢牢地绑定在一起，那么万一你失去这份工作，该怎么办？万一你不想再做这份工作了呢？如果你花了一辈子打磨的那项专业技能过时了，又该怎么办？

想要拥有真正的韧性，唯一的办法就是多元化。

多元化不是像章鱼那样改变自己的颜色来融入环境。它指的是，你要明白你是一个尚未定型的人，而且无须定型。

当你冒险追求价值时，多元化还能帮你降低风险。

阿梅莉亚·布恩是为苹果公司工作的律师，同时是一名耐力项目运动员。刚开始训练时，她连一个引体向上都做不下来，但此后她三次摘得"最强泥人"国际障碍挑战赛的桂冠。

大腿骨折后，布恩不能再参加比赛了。但受伤并未给她造成重创，因为她利用康复的时间重新拾起了对律师事业的热爱。

做多元化拓展的时候，组合越是非比寻常，潜在价值就越大。歌手去学跳舞，这当然有帮助，但这种组合太常见了，没有任何特异之处。而罕见的组合会带来出乎意料的好处：一个会编程的医生，一个有出色演讲能力的承包商，一个懂法律的工程师。当人们用"矛盾体"这种词来形容你的时候，即是说，你这人复杂到难以归类，此时你就知道，你走在正道上了。

当你拥有了复杂多元的身份，拿自己跟别人相比也就变得徒劳了。世上哪有为"从火箭科学家转行成律师，再转行成教授，又转行成作家的土耳其裔美国人"准备的标准剧本呢？我没有遵循固定的套路，而是写出了自己的故事。在外部看来，这些改变或许让人眼花缭乱，但多亏了这些多元化的身份，对我来说，人生成为一场奖励丰厚的"选择你自己的冒险故事"的游戏。

未来属于那些能够超越单一故事、单一身份的人。

这些人不会用"我是做什么的"或"我相信什么"来定义自己。他们从事法律行业，但不是律师；他们演戏，却不是演员。他们不会被单一的故事界定。他们播下各式各样的作物种子。他们辽阔广大。他们包罗万象。

父亲的故事

□ 刘 颖

我的父亲喜欢讲故事。他讲起故事来眉飞色舞、手舞足蹈,比听故事的人还开心。电闪雷鸣的雨夜,父亲讲鬼故事,翻起两个大眼珠子追得我满屋子跑;我生病的时候,他用满是胡楂的下巴贴着我的额头,轻声讲《小狒狒历险记》。这些故事里,我最喜欢听"一飞冲天"。

故事发生在一个夏日午后,父亲爬进一台出了故障的水泥搅拌机检修,几分钟后,一位没看到检修警示牌的工友启动了机器。搅拌机开始缓缓转动,父亲惊觉后腾空而起,从近3米高的物料注入口蹿出,轰然"降落"在旁边的渣土堆上。每讲至此,父亲已是满面通红、口沫横飞,最后还总免不了做出经典的"一飞冲天"式:一只手臂高举向天,另一侧大腿高高抬起,感慨万千地对我说人的潜能是无限的。

美中不足的是,注入口窄小、锋利的金属边缘削刮去父亲自背至臀的皮肉,他从医院回家后,身上多了一大片疤痕。小时候,我经常用手指沿着父亲背上的疤痕蜿蜒前行,体味其中的凹凸起伏,回忆那个快乐的故事,惊叹于潜能创造的奇迹,从未感受到一丝一毫的恐惧。

父亲最喜欢讲的还是他的家乡——京西一座小乡村,他常这样开头,"村里有一座白石桥,清清的河水穿街而过,房前屋后栽满了核桃树、梨树、海棠树、杏树、石榴树、桃树、花椒树、黑枣树……"日久天长,这座炊烟袅袅、民风质朴的乡村似乎也成了我的家乡。

后来,我埋头高考,再没时间也没心情听父亲讲故事。父亲40多岁时,不顾我的阻拦,参加了一次讲故事大赛,夸张的肢体动作引得比他小得多的评委们哄堂大笑。等到我上班了,父亲的故事愈显不合时宜。我要听更复杂的故事,学习藏匿其中的新法则,它们可以帮我得到这个时代里大多数人渴望的东西。可是,当我真的得到这些东西,却一点儿也不快乐。在漆黑、茫然的夜晚,我还是会想起父亲的故事,它们总能带我脱离坚硬的地表,飞往轻逸的时空,重获奋力一跃般的快乐与自由。

很多年后,父亲病重,同处一间病房的我们竟无话可说。父亲早已知道我不想再听他的故事,他似乎也察觉到,在我眼中,他不再是一飞冲天的大英雄,而是个失败者。其实有很多次,我很想对他说:"爸爸,再讲个故事吧!"长久的生疏与隔阂却让我张不开口。望着父亲日渐黯淡的神情,我记起大象的故事。父亲讲过,当大象意识到自己的生命即将结束,它会离开象群,找一个僻静的地方,为自己挖掘墓穴,平静地等待死亡降临。

有一次,治疗持续整整一天,临近午夜,护士才拔去父亲身上的针头,他一言不发地翻了个身,背对着我。我想我明白他的意思,可我不会任由他这么做。我拉过一张椅子,在床边坐下,对着黑沉沉的脊背,开始讲故事:"村里有一座白石桥,清清的河水穿街而过,房前屋后栽满了核桃树、梨树、海棠树、杏树、石榴树、桃树、花椒树、黑枣树……"

无须从大脑中调取久远的记忆,父亲的故事一个接一个脱口而出。有几次,我听到床头传来轻微的抽泣声,就停下来,等到面前庞大的身躯不再颤抖,再接着讲。我希望,这些故事能带父亲回到我身边,我也希望,它们能带我去往我真正想去的地方。

再稍微坚持一下，
就会发现自己很强大

在晦暗的日子里追光

□廖玉群

还是从我父亲的工作说起吧。

父亲那时不过二十岁出头，噼里啪啦打得一手好算盘，这手艺帮了他大忙，让他无限风光地被招进都安镇供销社，谋到一份轻松又体面的工作——坐柜台当售货员。

那年年底，父亲却卷着铺盖打道回府了。

任凭爷爷奶奶怎么追问，父亲始终不开口。后来才得知，供销社遭了贼，一百二十八块钱在我父亲的手里弄丢了。父亲面临两个选择：一是赔偿；二是辞工，以工资抵丢失的钱款。这一百二十八块钱直接把父亲的胆子吓破了，他没头没脑地选择了辞工回家这条路。

用我奶奶的话来说，这就是我父亲的命。父亲命中注定要在米糠湾的土里刨食。

父亲从供销社带回来的，除了原先带去的铺盖、脸盆、水壶这些家什，还有一身的"毛病"。

米糠湾夏天的午后是忙碌的，太阳当头晒，得赶紧收谷子、晒谷子。午饭都送到地头，干活儿的人匆忙填饱肚子，丢下饭碗，又得接着忙田里的活儿。

我的父亲可不是，他必须回家吃饭。饭后，他按部就班地先来一支烟。一支烟过后，他还要给自己安排午睡。

午睡一事彻底把我母亲惹恼了："你以为你还是干部啊，还午睡！"

在母亲看来，农民就不该午睡。母亲的声音如惊雷，雷声之后，一瓢水直接泼向父亲的被窝。但父亲的沉默中有一种坚不可摧的力量，他在这种力量的保护之下，风雨不动安如山。

我不知道母亲是不是为嫁给父亲而后悔。她其实是被父亲的另一个"毛病"给蒙骗了。

父亲写得一手好字，他悬腕、提笔，不用摆什么架势，下笔成字。父亲写得又快又好，我曾想，那些文字如果能发出声音，一定是奔马一般"嘚儿嘚儿"的有力的声音。那些字看起来如腾飞的骏马，像在跑，又像在飞。

我的母亲年轻时曾被那些奔马一样的字深深吸引，后来渐渐领悟到，在盐巴都要淡着吃的日子里，这个爱好是个吃钱的爱好。笔墨纸哪个不要钱？再说，一个侍弄土地的人，弄什么笔墨！母亲越来越觉得这爱好就是父亲的一个大毛病。好在父亲及时调整策略，以河水代替墨水，而且把一张旧报纸的功能发挥到极致，反复使用，才使得这个爱好幸存下来。

这个爱好终究没有辜负父亲，让他在晦暗的日子发了一次光。

临近春节的一个圩日，县文化馆在集市的圩亭举行现场写春联比赛。我父亲刚卖完菜，赶上了比赛。父亲一挥毫，博得人们的喝彩，还获得了十块钱的"巨额"奖金。

我父亲拥有了这十块钱的独立支配权，他决定用这笔钱来做一件他觉得最有意义的事情。父亲的决定出乎我们的意料，他不买肉，不买糖果，不买鞭炮，也不买年画，他要用这十块钱请我们去镇上的电影院看一场电影。

看电影？看那种一闪就过去的东西？那还不是和打水漂一样？母亲明确反对，可反对有什么用呢？

荞麦花开的时候，父亲总算兑现了他的诺言。那是我平生第一次在电影院里看电影，我才发现那个有声有影有光的世界，和露天电影完全不一样。我们的位置在电影院的正中间，放映师在调试时，把我们的影子都投到银幕上了。电影是咿咿呀呀唱戏的那种，父亲看得津津有味。我们看不懂，但声光影制造的效果也足够让我们兴奋了。等到结束，我们意犹未尽，齐刷刷地站起来，借着光把影子又投射到银幕上一回。

回去的路上，我们仍津津有味地谈论着电影相关的细节。走进米糠湾时，小妹忽然出声叫起来："电影！我们走进电影里了！"这还是我们天天劳作的田地吗？天上的月光如同白色的荞麦花，地上的荞麦花如同天上的白月光，它们相互映衬，铺天盖地，形成一大片朦胧的银光，照进我们的眼里。那么美，比银幕上的还要美呢！一时间，我们都选择了沉默，一齐静默地站在那一大片银光里。

我的父亲，后来也像米糠湾每个老去的人一样，躺到山脚下那片荞麦地的后面去了。荞麦花年年开，白天黑夜，我无数次从荞麦地经过，却再也看不到像那晚一样散发着银光的月色和荞麦花了。

土地翻一翻，又可以种菜了

□ 崔　立

爷爷过世的时候，因为要办葬礼，屋子前的那一大块菜地被翻整后铺上了油布，上面摆了桌椅。之后，油布掀开，菜地已被踩得像一大块石板。父亲翻地，手艺差点火候，钉耙要么只翻起表层一点点土，要么直接被弹了起来。好大一会儿，累得父亲满面通红又汗如雨下，才翻松一小部分。

这块菜地原先一直由爷爷打理，一年四季，种满了各种蔬菜，不打农药。炒菜之前，只需直接采摘便是，新鲜、健康。工作后每次回老家，车上总塞满爷爷种的菜。我说："够了够了。"爷爷说："够什么够，你多带点，我才放心。"

这块菜地现在真的还能再种菜吗？我持怀疑态度。那一天，父亲给我打电话说："这个周末回家一趟吧。"回到家，我把车子停在屋前，只见菜地里种上了青椒、黄瓜、茄子、西红柿等，怕鸟儿啄食，西红柿还被罩在了网内。恍惚间，我觉得爷爷还在。

父亲说："我和你妈每周都回来几次，这次刚好可以摘菜了，你带点回去。"又说，他们马上要退休了，也要为将来的田园生活做准备了，这块地是真肥沃，菜的长势竟这么好。他一脚踩进菜地，娴熟地拔除青椒根部附近的几株野草，以前我从未见过他有这样的动作。

父母的鬓角冒出斑白，从他们身上，我仿佛看到了若干年后的自己。我也完全可以侍弄这片土地吧，翻一翻，又可以种菜了。

住过的房屋就像小火车

□ 小河丁丁

在我有记忆之前，我们家没有房屋，父母先是带着姐姐，而后又添了哥哥，到处租人家的房屋。

父母租不起整幢的房屋，只能租一个偏僻暗窄的小房间，全家人合睡一张床。我出生之后，一家五口挤一张床，夏夜父亲热得睡不着，就坐在屋门口看星星。

后来父母买下了一座旧瓦房，对我而言那是记忆开始的地方。

旧瓦房大门朝东，临街的铺面用木板隔出一小半，作为姐姐的闺房。这间铺面曾经租给一位女裁缝，五十来岁，镶着金牙，身上永远干干净净，一尘不染。女裁缝要做生意，来不及做饭，就跟我们家一起吃。一天我从外面回来，也不洗手，掀开饭锅盖子就抓冷饭吃。女裁缝吓了一跳，从此就置了一套锅碗，跟我们家分开吃。

闺房西边是父母的卧室，靠着板壁有一排很老很结实的柜子，父亲把杉树枝藏在柜子后面，到了我和哥哥犯错误的时候就拿出来打屁股。兄弟俩知道杉树枝藏在何处，却并没有把它扔掉，因为父亲很少打人。那天因为什么事，母亲冤枉了我，我找出杉树枝塞到母亲手里，气恼地说："你打吧！"母亲说："你错了，我还不敢打你吗？"我更加愤怒，就脱了衣服，这下母亲反倒迟疑了。

父母的卧室西边是煮饭的地方，小灶在这里，熬潲的大灶也在这里。这里还是吃饭的地方，有水缸、饭桌和橱柜，挨北墙还有一方小小的天井。

下大雨的时候，天井里流下成排的檐水，父亲说"成了水帘洞"。下大雨，旧瓦房到处漏，我们就到处摆着盆子、桶子，叮叮咚咚好不热闹。

灶台西边是草楼，楼上堆着晒干的稻草，楼下是我和哥哥合睡的床。我喜欢爬到草楼上去玩，在稻草中钻来钻去。有一次，我从草堆里找到母亲埋藏的花生，是用蛇皮袋装起来的。我天天去吃，把花生壳留在袋子里，在袋底掏个洞口，伪装成老鼠偷食的样子。那天母亲要炒花生，到草楼上打开蛇皮袋子一看，立即骂我偷吃婆。我嫁祸于老鼠。母亲说："你哄谁呢？老鼠不会把壳掰开两半，只会把壳咬碎。"

我们那里有个"风俗"，夏天到家门口吃晚饭。因为天气热，屋里蚊子多，那时候又没有电扇，也没有电视可看，屋里实在待不安稳。到家门口吃饭，街上有凉风，邻里可以聊天，简直是一种享受。每到吃晚饭的时候，一只大老鼠就从我们家屋檐底下沿着两根平行的电线爬过街道上空，去造访对门周木匠家。开始的时候，我们只是跺跺脚，拍拍巴掌，叫喊几声，吓唬吓唬它。次数多了，见它每天准时过"索桥"，我们就预备一根竹竿，等它一上桥就用竹竿打。我们怕打断电线，缩手缩脚，老是打不中。"索桥"像秋千一样在空中摇晃，老鼠吓得吱吱叫，就是掉不下来，最终还是有惊无险地爬过去了。

住在旧瓦房还有许多趣事，比如麻雀会在瓦缝里做窝，孩子们乳牙掉了要扔到屋顶上，有时候也把田螺壳往屋顶上扔，大家爱听那清脆的滚动声。

姐姐出嫁之后，我们家把旧瓦房卖掉，买下生产队的牛棚以及牛棚前面的坪地、牛棚后面的菜地，在坪地上建起新瓦房。新瓦房是"搭垛"的，就是出一点钱，借用邻居家的一堵山墙，这样我们家只砌一堵新山墙就够了。上梁那天，照风俗要撒粑粑，放炮仗，吸引好多人来观看。两个女人指着新山墙，交头接耳地说："山墙是歪的……"我仔细一看，真是歪的！我爬到施工架最高处，让一块碎砖贴着新山墙坠落，落地点离墙脚有两三寸远。我担心新山墙不安全，天天观察，幸好新山墙并没有继续倾斜的迹象。

新瓦房竣工了，这是一间有木楼的铺面房，楼下放一张床，属于父母；楼上放两张床，属于我和哥哥。父亲用边角木料做了一张简陋的方桌，放在楼上靠窗的地方，带着羡慕说："你们有书房，还有书桌，我小时候这些想都不敢想。"为了鼓励我和哥哥，父亲写了一副对联贴在"书房"窗子两边：书山有路勤为径，学海无涯苦作舟。

在新瓦房住了没几年，哥哥结了婚，要分家了，父母又买了一块地，造第三座房屋。

第三座房屋是平房，比起瓦房要气派多了。铺面十分宽敞，正好安下我们家小小的米线作坊，屋顶就是晾晒米线的好地方。铺面进去是楼梯间兼厨房，再进去是两间卧室。屋后还有一个小院，水井、猪栏和菜地都在这里。然而，自从住进了平房，父亲就迅速变老了。我上大学那年，父亲右手抖动不止，右腿微跛，走路迈着小碎步，像是慌张赶路的样子。这是帕金森病，很难治愈。我用力握住父亲的右手，想让它安定下来，却感觉到它热得发烫——肌肉深处，看不见的血管里头，涌动着勃勃的力量，那是病魔在作祟。

父亲去世后，我成了一个背井离乡的游子。每当想念父亲，三座长长的房屋就像三列小火车从记忆深处呼啸而至，车上有父亲、母亲、姐姐、哥哥，还有我。父亲是车长，母亲是乘务员，三姐弟是有时淘气有时乖的乘客。我们五个人，虽然有过各种吵闹，心底却有同样的愿望，旅途要平安，幸福是终点站。

大地的欢快与你有关

□ 徐　敏

大地上的事情数不胜数，但与你真正有关的也就那么一两件。

你不用关注天气，花草树木自然生长，向前奔跑的人，不会停下脚步。

别人说的话，声调再高，你也不必灌进自己的耳朵。

你关心的，只有在大地上许下的诺言。

诺言是播撒在大地上的种子。

一盏从深夜里亮起的灯火曾照亮它。你用汗水为它浇灌，用文字为它取暖，用漫长的孤独陪伴它无声地生长。

茅盾说："天亮之前有一个时间是非常暗的，星也没有，月亮也没有。"

但它不会辜负你的心血。

终有一日，它会勇敢钻出地面，大地也将为之振奋。

大地的欢快，此刻与你有关。

但尽凡心

□林 曦

《东坡志林》中,有一段苏东坡写给他弟弟子由的文字,谈论的是如何修养,核心是四个字——但尽凡心。尽凡心的目的,是祛除烦恼。这就好像患眼疾的人去除眼中的白翳,蒙尘的镜子被擦净一样,当烦恼被祛除,不用外求,我们便是圆满快乐的。

但如何尽凡心、除烦恼,苏东坡说,不能将自己置于一种无知无觉,或完全清净、与世隔绝的状态中,人的这种状态与土木、熟睡的猫儿狗儿没有差别。这样的修为和进步,应在红尘俗事里,甚至就在飞沙走石的烦恼中。

他说在写这段文字的时候,墙外有一对夫妇正在互相殴骂,"如猪嘶狗嗥"。状态一片混乱,他却觉得有"一点圆明,正在猪嘶狗嗥里面",因为"寻常静中推求,常患不见,今日闹里忽捉得些子"。平日里,无事时,去思索和探求,未见得有领悟,往往在一片混乱中,在切身的体会里,会明白一些道理。

世界和人生,原本就是清浊一体、飞沙走石的。不在其中却存有的那一份清净,可能是自己创造出来的某种假象。只有与那些混乱、不如意贴身相处,忍受过、共存过,甚至付出了很多代价去经历和试错,我们的所得才是真实的,才有得到觉悟和祛除烦恼的可能。

张岱的对子

□陈宝良

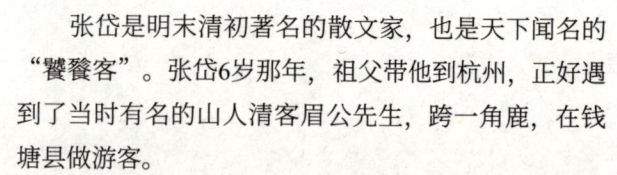

张岱是明末清初著名的散文家,也是天下闻名的"饕餮客"。张岱6岁那年,祖父带他到杭州,正好遇到了当时有名的山人清客眉公先生,跨一角鹿,在钱塘县做游客。

眉公对张岱的祖父说:"闻文孙善属对(对对子),吾面试之。"然后,他便指着屏上的《李白骑鲸图》说:"太白骑鲸,采石江边捞夜月。"张岱不假思索,应声对道:"眉公跨鹿,钱塘县里打秋风。"眉公听后大笑,起而跃道:"那得灵隽若此!吾小友也。"

张岱的对子灵巧睿智,以谐对庄,一语点破这位眉公先生钱塘之行的目的,使对子大有谐趣。而眉公先生面对这种阵势,处惊不慌,笑而不窘,这是一种容忍别人消遣的雅量,表现了一位幽默家的风度。

有时重要的不是终点，
而是带着遗憾走下去

古老的树

□ [英] 约翰·巴特莱特　译/陈薇薇

"绿色的瀑布"

在智利南部一条幽静的山谷中，有一棵孤独的智利柏树高耸于古老的森林树冠之上。深色粗大的树干如同巨大的教堂管风琴音管，密集地排列在一起。嫩绿的新枝从树干的裂缝中萌发出来，球形树瘤中渗出的汁液顺着布满苔藓的树皮流到林地上。

"我面前立着一个庞然大物，就像一道绿色的瀑布。人们都管它叫'曾祖父'。"41岁的气候学家乔纳森·巴里奇维奇回忆起儿时第一次见到这棵树的情景。巴里奇维奇在位于智利首都圣地亚哥以南800公里的阿尔塞科斯特罗国家公园长大。这里长着数百棵智利柏树，这是一种生长缓慢的针叶树，原产于安第斯山脉南部湿冷的山谷中。

"我从未想过'曾祖父'的树龄。"巴里奇维奇说，"我对世界纪录不感兴趣。"但他的研究表明，这棵高达30米的巨树可能是世界上现存最古老的树。

2020年1月，巴里奇维奇和他的导师、树木年代学家安东尼奥·拉拉一同去看望"曾祖父"，想取一段树芯样本。由于树芯已经腐烂，他们无法获取完整的树芯样本。巴里奇维奇并没有因此气馁，他着手建立了一个可以估计"曾祖父"树龄的模型，得出的结论令人震惊——这棵树的树龄约为5484岁。不过，巴里奇维奇的一些同事坚称，唯有完整可数的树木年轮才能计算出准确的树龄。

若巴里奇维奇是对的，那"曾祖父"就比位于美国加利福尼亚州东部的狐尾松"玛士撒拉"年长600多岁，后者是世界上最古老的非克隆树，即不与其他树共享根系的树。一些克隆树存活的时间更长，例如9558岁的欧洲云杉"老齐克"。

古树碳储量

巴里奇维奇认为，古树有望帮助专家了解森林与气候是如何相互作用的。"'曾祖父'不仅古老，它还是一个时间胶囊，里面包含着关于未来的信息。"他说，"这棵树浓缩了5000年的生命记录，我们可以从中看出一个古老的生物是如何应对地球变化的。"

巴里奇维奇在法国气候与环境科学实验室任职。2021年1月，他获得了欧洲研究理事会颁发的150万欧元启动资金。他已经启动了一个为期五年的研究项目，旨在评估森林未来的碳捕获能力，希望能将来自全球数千个地方的树木年轮数据加入气候模拟中。

巴里奇维奇的导师拉拉现年66岁，是智利南方大学森林科学与自然资源学院的教授。他的研究表明，智利柏树如果死后直立不倒，它封存碳的时间能维持1500至2000年，而死后被埋起来的柏树，封存碳的时间则超过了4000年。此外，拉拉还能将树木年轮转化为数字，并准确读出古树经历过的气候事件。他说："'曾祖父'堪称奇迹有三个原因——它得以长大，存活下来，并且被巴里奇维奇的祖父发现。"

树的守护者

20世纪40年代中期，巴里奇维奇的祖父阿尼巴·恩里奎兹从南方城市劳塔罗来到这里，为砍伐"拉乌安"的林业公司工作。在恩里奎兹的母语，即当地土著语马普切语中，智利柏树被称为"拉乌安"。

整个18世纪和19世纪，用智利柏树制成的木瓦被当地人当作货币。这种树木在建筑中很常见，位于奇洛埃岛的教堂就是用智利柏树的树干建造而成的。

20世纪70年代初，恩里奎兹在巡逻的时候撞见了"曾祖父"。消息传开后，人们纷纷前来一睹这棵树的真容。现在，每年夏天会有上万名游客徒步来到树旁的木质观景台。柏树底部周围遭到过多踩踏，使得树根上较薄的树皮受损，影响了根部的养分吸收。

尽管巴里奇维奇的研究范围很广，但他坚称，阿尔塞科斯特罗国家公园才是他的归属地。他八岁时，祖父在一次冒雪外出巡逻时失踪了。两天后，人们发现了他的遗体。巴里奇维奇的一位叔叔也是公园巡逻员，后来也死在了公园里。"等待我的可能是同样的命运——穿着靴子死在森林里。"巴里奇维奇说，"但是，在死之前，我要解开古树的秘密。"

大家不用为我感到惋惜

□任万杰

意大利化学家索布雷洛在一次实验中，把甘油和浓硝酸按1∶3的比例放入装置中，搅拌时发生了剧烈的爆炸。实验室瞬间一片狼藉，索布雷洛也被炸飞了，还好他没受重伤，只受了些皮外伤。

面对这突如其来的爆炸，索布雷洛敏锐地感觉到一定有新的物质生成了，此物质就是烈性炸药硝化甘油。索布雷洛又按照原先的比例得到了硝化甘油，但可惜的是，硝化甘油非常不稳定，又爆炸了。这一次，索布雷洛就没有那么幸运了，他的脸上留下了一道深深的疤痕。

索布雷洛虽然很想继续研究硝化甘油，但是硝化甘油的不稳定性造成的破坏力，让他退缩了，他转而研究起别的东西。此时，诺贝尔知道了索布雷洛发明的硝化甘油。为了得到稳定的、人类能控制的硝化甘油，诺贝尔投入硝化甘油的研究中。在无数次实验中，诺贝尔的5名助手被炸死，弟弟也被炸死，父亲受了重伤，他本人的耳朵也被炸聋了。

终于，在一次实验中，流出的硝化甘油进入惰性粉末硅土中，奇迹发生了——硝化甘油被吸收了。硝化甘油与硅土混合后，不但炸药威力不减，而且生产、使用和搬运都更加安全。至此，硝化甘油才终于能够投入生产。

硝化甘油为诺贝尔带来了巨额财富，也让他声名远播，他被大家称为"现代炸药之父"。大家都为索布雷洛感到惋惜，因为这一切原本应该是属于他的。但索布雷洛只是平静地说："我要祝贺诺贝尔，大家不用为我感到惋惜；我知道自己成不了他，因为我没有他的那份勇气和智慧。"

当我们面对别人的成功，在羡慕的同时，也要问一下自己，是不是具有别人的那份勇气和智慧。

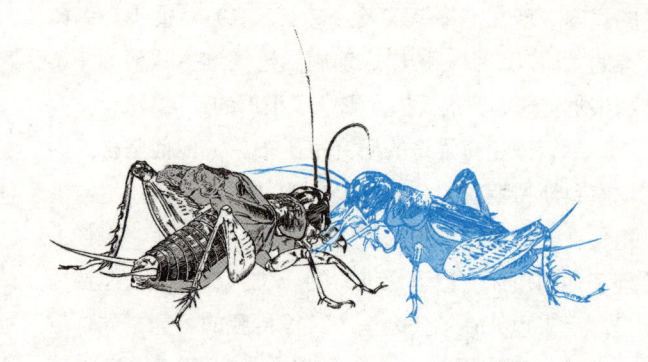

我的蟋蟀，请你晚一些来

□ 空 河

我总能碰见蟋蟀。

我家在二十五楼，离绿化带很远，离种花人家的阳台也远。门窗时常紧闭，但就是会从客厅的某个角落里突然蹦出一只蟋蟀，小小的、黑褐色的，沉默地歇在木地板上。

我害怕虫子，尤其是会飞的、会蹦的、行动迅速的虫子，所以家里常备杀虫剂。我每次都心怀恐惧与愧疚，一边喷杀虫剂一边向虫子道歉。

我对蟋蟀的处理方式，更人道一些。在胆子大的时候，我会努力用扫把将它赶出家门，希望它学会从安全通道下楼梯，重新回到土地上。碰上不合作的蟋蟀，我便敞开阳台门，期待它怎么来就怎么回。

在我的家乡，传说逝去的人如果想回家看一看，就会变成蟋蟀或蚂蚱，因为它小而常见，行动又迅速，回家偷偷看上一眼，过夜就会离去。

这个奇怪的说法是妈妈讲给我听的。夏日夜里，我们常常大开着窗户看电视。一天晚上，电视机后面突然传来蟋蟀的叫声。妈妈在电视机后面找来找去，直到那只蟋蟀自己蹦出来，落在窗户边上，半透明的翅膀不断抖动。我吓得跳上沙发，催促妈妈快打死它。

妈妈摇摇头，找来塑料袋，轻轻地把蟋蟀一兜，望着窗户犹豫了一会儿，还是换了鞋下楼，把它放到小区的绿化带里。如此大费周章，并不是城市居民对待恼人生物的惯常行为。这时，妈妈便给我讲了那个奇怪的说法："到家里来的蟋蟀和蚂蚱，都是记挂着你的逝者变的。"可是这个说法太单薄了，只有一句设定，没有人物与情节，缺乏故事和冲突。我笑着摇摇头，并没有把它放在心上。

又有一次，已经入冬，客厅的窗户也不常开，一只蚂蚱忽然出现在客厅正中央。那是一只特别的蚂蚱，个头儿很大，而且是灰色的，灰得像老人的头发。

妈妈盯着那只蚂蚱看了很久。蚂蚱伏在地上，一动不动，像是走到那儿就已经耗光了力气。

妈妈开口时声音很轻，她对着蚂蚱说："爸爸，是你来看我了吗？我过得很好，你不用担心。你往前走吧，别再想着我们了。"

那是个有些荒诞，甚至好笑的场景，但我缩在沙发上，安静地看着。因为妈妈的声音太柔和、太真挚，好像外公真的坐在客厅里，正面对面地听着。

外公去世得早，很突然，送进手术室前就已经昏迷，没能留下一句告别的话。留下来的，只有藏在妈妈钱包里的一张小小的黑白照片。

有一年夏天，我回老家看望外婆。外婆一个人住在山里，田里遍地都是活儿。她干活儿的时候，我便一个人在家，看电视或者坐在院子里看书。那只蟋蟀出现的时候，我像有种特别的感觉，抬了抬头。

蟋蟀离我大概三米远，停在院子里的一小块苔藓上，触须轻轻地摇动着。我屏住呼吸，悄悄站起来，而它跟着我微微动了动。我突然想起妈妈的话，慢慢走到另外一边。那只蟋蟀竟然也转了过来，头一动不动地冲着我。

我站在那儿，犹豫、怀疑、感伤，有两个字悬在我的嘴边，却迟迟没有说出来。外婆回来的时候，就看见我呆呆地戳在屋檐下。我赶忙指给她看那只奇怪的蟋蟀，又说起妈妈告诉我的传说。

外婆听完大笑，一巴掌拍在我肩上，说道："别听你妈胡说，我怎么没听过。外面晒着呢，快进屋去吃糖。"外婆没有看那只蟋蟀，径直回了屋，她还有很多事要做。

后来，我们搬到了二十八楼，新家对着江，江那边是山，偶尔从客厅望出去，像自己也住在山里。照旧会有蟋蟀进到屋里，不像日常问候的飞蛾和夏天专供的蝉，蟋蟀的出场总是很低调，要等到它叫起来，我们才知道它来了。

妈妈还是习惯性地放走蟋蟀，但不会再专程送去花坛里，要么用扫把送去门外，要么把它们关在阳台。她没有再对蟋蟀说过话，至少在我面前没有。

小时候，妈妈会带我去附近僻静的空地祭拜外公。后来，城市里的空地被高楼取代，我也没办法在每个清明节回老家。唯一不变的，只有那张藏在钱包里的小小的黑白照片。

后来有一次，我去日本出差，住在京都的酒店，日式酒店小而整洁。我趴在小桌前处理文件，正对着窗。累了的时候，我一抬头，看见一轮明亮的圆月，如此美而静谧，悬在他乡的夜里，不由得想起人人都会背的那首诗。惆怅片刻，我正要低头，眼角余光瞥见一点儿黑色。窗台上竟然停着一只小小的蟋蟀。

我已经格外熟练，用便利店的口袋把它套进去，打一个结，拎着下楼。我走到河边，把口袋轻轻地抖开，蟋蟀趴在袋子底，一动不动。"走吧，"我小声对它说，"你是不是听不懂中文，认错人了呀？"

草丛中各种虫鸣此起彼伏，夏夜晚风送来身后游人的笑声和食物的香气。我蹲在月亮底下，无声地和蟋蟀抗衡。终于，它猛地一跳，消失在黑暗中。

我没有起身，而是拿出手机给妈妈打电话，叫她去阳台上，和我一起看月亮。

我的蟋蟀，请你晚一些来。

凹点心理

□汪燕洁

所谓"凹点心理"，是德国心理学家霍尔曼提出的一个心理学术语，指阅历丰富的人的心灵，有着更持久的战斗力，也更容易实现自己的目标。这里的"凹点"，指失败的经历及其在心理上留下的烙印，好比高尔夫球面的凹点。

高尔夫球运动兴起之初，球表面的图案并不固定，参赛者可根据自己的喜好加以设计。奇怪的是，有经验的球手都喜欢用旧球，特别是表面有划痕的球，有人甚至故意在新球上制造划痕。原来有划痕的球要比光滑的球有更优越的飞行性能。于是，科学家根据空气动力学原理，设计出如今表面有凹点的高尔夫球。

人们在生活中会遭遇各种挫折和不幸，它们一次次给心灵带来冲击，留下疤痕，但同时又能提高心理的承受能力，就像高尔夫球表面的凹点。

没有一颗果实会被浪费

□王国华

果实掉到身后，啪的一声，刚一回头，前面又啪的一声，吓得行人一哆嗦。

福田河极窄，一湾清水托着两岸的树木。蒲桃居多，开白色的带着绒毛的花，以手抚之，柔柔的；偶有几棵洋蒲桃，开粉红的带着绒毛的花，以手抚之，也柔柔的。差了一个"洋"字，二者内核相去甚远。春天的时候，它们以花色区分。夏初，它们以果实区分。蒲桃的果实像一个乒乓球，黄绿色，裹着硬硬的核。洋蒲桃的果实是洋红色，呈梨形或圆锥形，顶部凹陷。洋蒲桃在夏日南方市场很常见，人称"莲雾"，口感清甜，味淡，像雾像云又像风，名称中的"雾"字，堪为点睛之笔。

还有芒果树。该物过于普通，若无果实点缀，不论给它冠以何名，它都无法理直气壮地反驳。如今，怀揣一堆长到半大的芒果，它似乎有点儿底气了。

荔枝树的枝干黑而粗粝，长得歪七扭八，与其他树木比起来，它对人类的善意最明显，因为这种姿势有利于人类攀上高处采摘果实。可是果实呢？抬头望，树上的荔枝真小，三五成群，堪比手指肚，绿色，无积极进取之势，阳光揉搓着它们身上那一个个小疙瘩，似在鼓励。它们却无动于衷，一副恹恹的样子。

波罗蜜挂在树干上，本该又长又圆的它们，长成了歪把子状，形状怪异，像是被谁打了一拳，凹进去一块，然后凝固了。

它们知道自己是绿化树，只管在河岸上敲边鼓，不承担为人类提供食物之责。

地上尽是果实，在路边，在草丛里，几乎没有一个完整的，要么浑身上下都是裂开的缝，要么烂掉了半边，要么被谁踩了一脚，果核滚落，稀稀的黄色汤汁四处流淌。芒果黑灰，上面布满一个个斑点；莲雾扎在一根细小的枯枝上，粉嫩的外皮伤痕累累；木瓜瘪瘪的，有皮无肉……清洁工每隔一会儿就要往复一次，把刚刚掉下的果实扫到一起，倒进垃圾箱里。即便如此，他们也收拾不干净。果实什么时候掉下来，没规律。丰收的季节已到，就让它们跟着天时运行吧。

我看到蚂蚁们在蒲桃裂开的缝隙里紧张而有条不紊地进进出出。据说有一种"拟蚁蜘蛛"，长得跟蚂蚁极为相似，专门混在蚂蚁群里，模仿它们的样子，甚至和它们一起行动。其目的有二：一是扰乱天敌的视听，躲避杀身之祸；二是它们以蚂蚁为食物，此举可降低蚂蚁的警惕性，攻其不备。此为复杂世界的结构之一。我作为又蠢又笨的庞然大物，分不清谁是谁，只能看到它们跑来跑去。只有变成和它们一样的大小，具有不被其排斥的味道，方可进入它们的世界。

一只毛毛虫在草丛间的芒果旁边蠕动，身上还沾着芒果的汁液。一只苍蝇站在芒果顶端，灵巧地搓着"手指"。一种漂亮的虫子，身材呈不规则的四边形，深棕色，边缘各有四个黄色的斑点，两个有节的须子晃来晃去，爬行之态好像小孩扭屁股。此物名为荔枝椿象，俗称臭屁虫，依荔枝树而生。

还有一些我叫不上名字的小动物，只能总称其为"虫子"，它们都向着被人类抛弃的果实奔来。每一只蚂蚁和小虫，都率领着一个族群。每一只背后都有成千上万的拥趸，有自己的旗帜和目标，有自己的日常生活与宏大叙事。它们的数量比人类多。

即使是腐烂的果实，也会有无数肉眼不可见的细菌在上面忙活。

这真是一个丰收的季节。大大小小的生物紧紧拥抱着异彩纷呈的果实。人类世界中的残次品、废弃物，是它们甜美的粮食。没有一颗果实会被浪费。树木上长出芒果、蒲桃、洋蒲桃、荔枝、波罗蜜和木瓜，从来就不是为了人类。宇宙这么大，人类算什么。人类强调的是为我所用、为我所赏，并简单地以此为标准，将植物和它们的果实分为有益与无益，甚至有害。而就在他们抵触的那一部分中，众多生灵找到了自己的切入点。

四五只池鹭踮着高高的脚，站在水边。不知为何，它们要站那么整齐，一起抬头，一起低头，一起转头，像被一根绳子牵着似的。我知道，它们的目标是水中摇尾巴的罗非鱼。滚落到水中的果实渣滓和吃了果实长大的虫子，均为罗非鱼的食物。推算下来，大家都是整条食物链上的一环。一只红嘴蓝鹊在树枝中间露出半个身子，头部转来转去，警惕地看着周围，通红的脚趾紧紧抓住树干。它差不多是站在这个食物链顶端的大佬之一，吃果实，也吃各种昆虫，甚至其他鸟类。它和水中高楼大厦的倒影一样美丽而坚硬，带领着一个群体与人类融合又作对。

那些人畜无害的果实，一颗都不会浪费的果实，从树上跳到地上，从地上跳到水中，从水中冲上来挂在空中。福田河两岸的浓绿衬托着它们，先是无声，再是小声，再是哗啦啦作响……此时此刻，我似乎也加入它们，成了一颗果实。

停驻与审视

□睿 雪

在北半球广阔的大草原上，长腿大野兔是金雕最喜欢的食物之一。金雕是一种广为人知的猛禽，有一对约两米长的翅膀，是最大、最为残忍的肉食鸟之一。这种空中捕猎者经常在方圆20多千米内来回飞翔，伺机而动。一旦有机可乘，它们便以每小时约320千米的速度直冲到长腿野兔面前。金雕张开的爪子就像子弹一样飞速地从天而降，被困住的长腿野兔几乎逃不过它的攻击。

不过，聪明的长腿野兔有时会出其不意地使出绝妙的一招——突然急转弯。这样的突发情况往往让金雕始料未及。别看金雕在空中盘旋，用那对宽大的翅膀扑打着气流，实际上它的翼部是中空的，因为这样可以减轻身体重量。所以，与同样可以高速飞翔的猎鹰相比，金雕宽大的翅膀在急转弯的时候就不大灵敏了。另外，金雕在锁定目标之后一般都显得十分专注和自信，大有志在必得的架势。

客观和主观的因素很快就导致金雕捕猎失手。尽管它在很远的地方就看到了长腿野兔，但遭遇急转弯之后完全"刹"不住扇动的翅膀，所以只能眼睁睁地看着猎物从另一个方向逃走。

金雕失手的事例启示我们，一个人的天赋再高，技巧再好，在遭遇突发状况时，如果不懂得停驻和审视，就很容易丢失之前付出的所有努力。

再稍微坚持一下,
你就会发现自己很强大

阿梁的植物王国

□孙 频

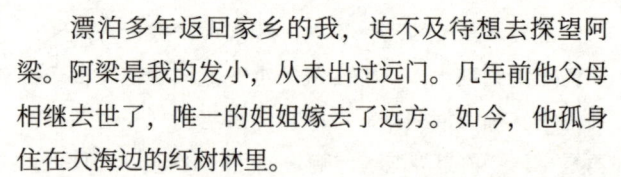

漂泊多年返回家乡的我,迫不及待想去探望阿梁。阿梁是我的发小,从未出过远门。几年前他父母相继去世了,唯一的姐姐嫁去了远方。如今,他孤身住在大海边的红树林里。

第一次去看他的时候,我很是吃惊。他的那两间棚屋都是用从山林间砍下的树木和竹子搭起来的。这里的红土地过于肥沃,阳光又很强烈,就是把一根扁担插进土里都能立刻发芽,所以,他用来搭建棚屋的那些树木,被插进土里之后又复活了,纷纷抽出枝条长出新叶。这些郁郁葱葱的枝叶全都交缠拥抱在了一起,使得两间棚屋都变成了绿色的。猛地一看,两间棚屋不像搭建起来的,倒像直接从地里长出来的两棵房屋形状的巨大植物——活的,而且在继续生长。

我走进那棚屋一看,好嘛,地上连层砖头都没铺,直接就是沙土。屋子中央盘着一张茶几,野趣横生,是用老荔枝树的树墩做成的,周围几只凳子则是用荔枝树的树干做的。

我发现墙上长着很多花,却看不见花盆,凑过去仔细一看,原来是在树身上挖出了一个个小洞,再把泥土和种子塞进去,于是那些树洞里便慢慢开出花来,最后织成一张花毯。更有趣的是,这毯子也是活的,而且随时在变换颜色。我觉得自己好像走进了一个生物的身体里,还能清晰地听到它的心跳,这种感觉既奇妙又震撼。阿梁走到我旁边说:"这些花是夜香木兰和胭脂掌,花期很短,但它们开花的时候,就像绽放的烟花,绚丽极了。这是金盏花,在白天经历了炎热之后,它会在夜间发光,满墙的金盏花能把整间屋子都照亮,连电灯都省了。其实大自然是什么都肯送人的,只要是它有的。走,出去看看我的其他伙伴。"

出了树屋,走到水塘边我才发现,水塘边种的全是花和树。阿梁边走边介绍说:"这是龙舌兰,还没有开花,它在生命的头五年、十年,甚至五十年内都不会开花,最后开花的时候总是在夜里,花朵高悬如照明灯。它把自己所有的食物和水分都供养给了花,一旦开花,它就会死去,所以它一生只开一次花。这是红杉,最老的红杉能达数千岁,比人类长寿多了。仙人柱也算长寿,但只能活到七十多岁。我这棵仙人柱已经开过一次花了,它开花的时候特别像个淑女,优雅而专注,而且只开一夜,所以被称为'黑夜王后'。它会把自己的美发挥到极致,它开花的时候,夜空中飘荡着的全是它的花香,简直美得像一个传奇。这是三齿拉雷亚,它的绰号是'女总督',因为它会把周围的水资源全都据为己有,不愿与别的植物分享。"

我过去摸了摸女总督的叶子,阿梁立刻制止道:"不要摸,它是能感觉到疼痛的,而且植物对创伤和疼痛有长期记忆,会把这记忆遗传给下一代。"

我用嘲笑的口气问了一句:"那植物会睡觉吗?"

阿梁点点头,认真地说:"当然。植物看到天黑就知道要睡觉了,到第二天天亮,它们又会醒过来。如果你把它们的叶子摘光,它们就会失明。你猜植物失明了会怎样?人一旦失明,听觉就会变得灵敏,而植物失明了就会拼命生长,个头会比周围的兄弟姐妹高出一截。我猜测,这可能是出于植物的一种天真的想象，它们根据自己当种子时的童年记忆，认为只要拼命生长，就能钻出土壤看到阳光。"

阿梁的说话方式让我有些惊讶。他兴致勃勃地说："你过来看，这一片的植物都是'杀手'。这是食鸟树，会把小鸟捉住并'囚禁'起来；这是狸藻，它会从水里捕水蚤；这是圆叶茅膏菜，它的胃口比较大，也不挑食，它甚至可以把一个人'吃'下去。"

我不禁打了个寒战，同时暗暗惊叹阿梁拥有的这个植物世界。阿梁又走到我前面，他说："这个你见过吗？"我连忙跑过去，只见那是一棵不起眼的植物。阿梁笑着说："看着不起眼吧，这是著名的茄参，也就是曼德拉草，传说一听到它的叫声人就会死掉，所以古代欧洲人采摘茄参的时候还会举行一些专门的仪式，然后大家围绕着茄参跳舞，并尽可能地和茄参讲一些关于快乐和爱情的话题。不过你放心，它其实并不会叫，它的魅力全在传说中，它算是植物界的巫师吧。"

他继续往前走，折下一段树枝递给我，说："你尝尝，这是牛奶树，它还有一个更可爱的名字，叫木牛。它的枝干和树叶里藏着的汁液和牛奶的味道几乎一模一样，真像一头木牛。"

我把折断的树枝放进嘴里吮吸了一下，还真是有牛奶的味道。他又说："你看这里，这是阿福花，割开它的根块就能喝到美味的阿福花酒，它的根就是一只藏在地里的酒坛子。这是槭树，割开它的树皮会流出甜美的糖浆，我割一点儿给你尝尝。"

我又尝了一口，真有一种独特的甜味。我羡慕地说："植物什么都肯送给你啊，你看看，它们送给你屋子、桌椅，还送给你牛奶、糖浆和酒，就差给你送面包了。"他不动声色地指了指旁边的一棵大树，说："谁说没有，喏，这不是面包树吗？待会儿你跟我看看夜晚的花园，比白天的还要美丽。"

随后，我们在夜色中开始游园。原来，在夜晚发光的植物不只有仙人柱花，还有灯笼树、蜡烛树，还有一棵夜光树，它通体闪亮，是真正的火树银花。我惊叹道："好神奇的树啊！"阿梁说："它的根部有大量的磷，磷从树的身体里跑出来，一碰到氧气，就能释放出一种没有热度，也不能燃烧的冷光，而且树越大，发出的光就越明亮。"

站在那棵亮晶晶的树下，我忽然有一种错觉，好像我和阿梁又回到了童年，我们正在元宵节的夜晚看花灯。

夜晚的花香竟然比白天的还要浓烈幽深，走着走着，我感觉我们已经被花香托了起来，像羽毛一般飘浮在夜空中。这时，阿梁回过头来，庄重地对我说："其实我从小就想好了，我哪里都不去，就在这里种花种树，我还要种更多的花和树，然后，花又生花，树又生树，当这些花和树壮丽到一定程度的时候，那就是我该去的地方。"

夜色中，这些花草树木，这些树屋、花屋，就像一座活着的不停生长的巴别塔。他将它们一层一层地往上垒，他自己也随之一层一层地往上爬。到最后，在塔到达了它所能到达的极限时，就会变成一个城邦，或者一个王国。而就在那塔的顶端，阿梁会像个尊贵的国王一样，消隐于自己的王国当中。

岁月的回声

□李翠萍

把春光请上琴弦，人间
便获得了一味疗伤的烟火
俯首处，指尖开出花儿千朵
声入荷塘，从一柱莲花上
品读淤泥长出的芳香
音韵里，就多了一份干净
拨动炎夏的蛙鸣之后
再为秋风备座，静静听取
落叶源自枝头的絮叨
月色流过回忆，黄昏
披着雪花，万物的头顶
正落下，岁月的回声

耳机线纠缠与无人的宇宙

□ Nord

我一边走进电梯，一边试图理顺手里的耳机线。直到我走出电梯，耳机线还纠缠在一起。随口嘟囔了一声，我这才突然意识到不妙。

解开纠缠在一起的耳机线曾经是我们日常生活中不可避免的一件事。我曾经为解决耳机线纠缠在一起这件事花过各种心思。比如，顺着一个方向绕成齐整的线圈，或是平摊在桌面上，又或是购买各种设计精巧的理线盒。直到后来出现了无线蓝牙耳机，才把耳机线彻底踢出历史舞台。

我又想到，在耳机线纠缠曾经是日常生活的一部分的时候，我们会花尽心思利用碎片的时间来解开这种纠缠，比如等公交车的间隙，或是刚进家门坐下休息的片刻，或是独自散步的闲暇，再或是乘坐电梯的时候。如今，不仅耳机线纠缠的历史结束了，用乘坐电梯这几十秒的时间来解开纠缠的耳机线这件事的合理性也结束了，我们用在这件事上的耐心也随之不复存在。

这种耐心的丢失并不偶然。我们躺在沙发上点点手机屏幕，半小时后就有吃的喝的送上门来；如果40分钟还没送来，我们就可以再动动手指，"催单"。我们隔着手机屏幕，与城市另一端为我们提供餐食服务的人交流，若有不满，还可以再点点屏幕，"投诉"。技术的进步就是不断突破极限，而突破极限的一种副产品就是突破底线。

手机屏幕上的几下点击，很容易让我们忘记吃饭这件事曾经是由与人面对面的互动所连接的。这种人与人面对面的互动是充满不确定性的：你无法确定面馆老板今天脾气好不好，无法确定后厨烧菜需要多久，无法确定服务员会不会把你点的菜错误地端给邻桌。这些不确定性事件曾经是我们最普遍的一种日常经验。如今技术正乐此不疲地给这些不确定性披上由数据支撑的确定性外衣，从点击手机屏幕到获得服务的时间精确到用分钟来计算，我们耐心的阈值同时被精确到用分钟来计算。

和最初用来获取猎物的石块相比，今天的技术有一点儿特殊，那就是技术开发者用新鲜的概念和产品为你创造的生活方式能够让你相信，这样的生活是你自己创造的。你早上出门前使用手机上的咖啡店的应用程序下单点好咖啡，戴上耳机听着某音乐应用程序根据你的喜好为你推荐的今日歌单，又打开另一个打车应用程序打到离你最近的网约车；中午，你在外卖应用程序上点好你当下最想吃的午饭，并根据平台上提示的送餐时间掐好表；下班后，你提前用购物应用程序买好做晚餐需要的食材，计算好时间，在你刚进家门时就可以送到。你觉得这是你所做的选择，你感觉自己的生活精致而自由。

设计师们总是用层出不穷的新奇创意让你持续陷在"应该选哪个"的问题里，以至于让你无暇考虑"是否应该"这个问题。关于大数据，我们问的从来都是如何更大、如何有更多数据。关于人脸识别，我们问的从来都是如何更精准、如何更便捷。关于自动驾驶，我们从来问的都是如何做到更快、更安全、更

"无人"。

我们正不约而同地朝这个方向为我们的后代规划未来。于是，朝着这个方向，终于有人提出了一个概念：从无人驾驶、无人售货等，进而延展到日常生活的每个交互行动都将变成无人的方式，那么，整个世界运作的秩序都会被重新定义，重新定义意味着产生新的机会、新的话语权，至此，"元宇宙"应运而生。

关于"元宇宙"，当下最主要的辩论双方，一方支持建造服务器，另一方则支持探索星辰大海。但也许在最有话语权的算法工程师、计算机科学家、物理学家和天文学家之外，还有一个沉默的第三方，他们一想到那个无人的宇宙，不管是服务器里的"元宇宙"，还是飞船外的浩瀚星辰，抑或是街角的无人售货超市，都会感到一些伤感和悲观。这种悲观不一定来自"进步"和"未来"的对立面，更多的可能只是一种对人与人面对面交互的不确定性的留恋。

我打开打车应用程序顺利地打到车并且根据导航应用程序最快到达目的地后，看到打车应用程序上"提示评价"的下方附加一个问题："司机是否主动聊天打扰？"当设计师设计这一问题时，我觉得他们一定意识到了，在过去，司机是否可同乘客找话题聊天从来不是一个乘客可以选择的选项。如果再想到即将到来的连司机都不再有，每个人都用更多、更精细的方法和规则避免一切人与人面对面的交流互动的未来，我就更加悲伤了。

猎人与大象

□［美］詹姆斯·瑟伯　译／杨筱艳

从前，有一个猎人，将一生的大好年华都用来寻找粉红色的大象。他在中国寻找，在非洲寻找，在桑给巴尔寻找，在印度寻找，可一直一无所获。找的时间越久，他就越想得到一头粉红色的大象。他轻视黑色的兰花，无视紫色的牛群，心心念念的只有粉红色的大象。一天，在这个世界上某一偏远的角落，他偶遇了一头粉红色的大象。他花了十天的时间，挖了个陷阱来捕捉它，又雇用了四十个当地人，协助他把大象赶到陷阱边。最终，粉红色的大象被抓住捆好，并被带回了美国。

猎人回到家后，发现自家农场根本没有多余的空间放置大象。大象踩坏了夫人的大丽花和芍药，踩坏了孩子们的玩具，还把四邻的小动物都踩得粉身碎骨。它踩碎了钢琴和厨房的柜子，就像弄碎了几个浆果盒子。两年之后的一天，猎人一觉醒来，发现妻子和孩子都离开了他，他土地上所有的动物都死了，只剩下了这头大象。象还是那头象，只可惜它褪色了，不再是粉红色，而变成白色的了。

其实，未到手的东西，未必比我们已拥有的东西珍贵。

学习上的"费曼技巧"

□佚 名

了不起的费曼

作为享誉世界的人物,美国物理学家和数学家理查德·费曼的传奇经历有很多。

1942年,24岁的费曼刚博士毕业,便被招募参加了著名的"曼哈顿计划"。这一计划的主要任务,是赶在希特勒之前造出原子弹。能参加这一计划的人,全是各个领域的天才式人物,包括爱因斯坦、奥本海默、费米、吴健雄等。

1965年,费曼因物理学方面的研究获得了诺贝尔物理学奖。他本想拒绝领奖,但记者劝他,拒绝领奖会比乖乖领奖带来的麻烦更多,他这才决定接受这一荣誉。他在领奖致辞中谈到,科学发现带给他的乐趣,以及他的发现给别人带去的便利,对他已是最好的奖赏。

1986年,美国"挑战者号"航天飞机在升空73秒后发生爆炸,7名宇航员全部遇难。费曼受委托调查事故原因,他只用一杯冰水和一只橡皮环,就向公众揭示了这次事故发生的原因——发射前的极端寒冷天气,使火箭助推器上的橡胶部件失去了弹性。

引领费曼学习思考的人,是他的父亲。

比如,有一次,父亲带费曼去观鸟,看到一种鸟后,父亲向他介绍了这种鸟在不同国家的名称——意大利的叫法、葡萄牙的叫法、中国的叫法等,然后说道:"即便你知道它在世界各地的叫法,可对这种鸟本身还是一无所知。你只是知道世界上有很多不同的地方,这些不同的地方的人是这么叫它的。所以,还是观察一下这只鸟吧。"这使费曼从小就懂得,知道某个事物的名字与真正了解这一事物,有着本质区别。

善于观察、勤于思考、敢于创新,这让费曼受益匪浅。沿着这样的成长路径,费曼后来提出了一种有趣的学习方法,被称为"费曼技巧",这对我们学习数学,还是很有参考意义的。

以教促学的学习技巧

费曼在自传里提到,有一次,他需要攻克一篇内容艰深的论文。他的策略是先仔细审阅这篇论文的辅助材料,直到掌握相关知识,足以理解论文中的艰深想法为止。

之后,他对自己的学习方法做了总结,核心理念是"以教促学",即把自己正在学的东西,化为自己的语言后讲给别人。如果别人能通过你的讲解理解这些知识,就说明你确实掌握了它们。这其实是一种强调角色互换，以"输出"代"输入"的学习技巧。

具体而言，学习上的"费曼技巧"，可以分成这样几个步骤：

1.选择要学习的知识或概念。

2.设想你是老师或别的什么人，正试图教会一个什么也不懂的人，理解这个知识点或概念。

3.讲解时，如果你感到疑惑，那么，返回去继续学习。在向别人讲述的过程中，你会发现自己的知识盲区。打通相关的知识阻塞，是你接下来要努力的方向。这样，教别人的过程就成了一个对自己的学习情况进行反馈，并且强化认知和记忆的过程。

4.简单化比喻。在讲给别人的过程中，不要用专业术语，要用自己的语言，甚至要通过联想，打比方、举例子。能使用自己的语言解释问题，才说明你真的理解了相关知识点或概念。比如，关于"原子"究竟有多大，费曼曾这样表述：如果把苹果放大成地球那么大，那么，原子就是苹果这么大。

教育很多时候就是把复杂的观点，用简单的语言表述出来。如果我们的讲解不能让别人听懂，那可能意味着我们没有真懂。

人生非金石

□米 哈

历代诗词中，有很多感叹生命苦短的作品。《古诗十九首·回车驾言迈》写道："回车驾言迈，悠悠涉长道。四顾何茫茫，东风摇百草。所遇无故物，焉得不速老？盛衰各有时，立身苦不早。人生非金石，岂能长寿考？奄忽随物化，荣名以为宝。"

诗人驾车远行，有感于日夜奔波，功业名声尚未建立，而人的盛年转眼即逝，很快就到生命的尽头。于是，诗人写诗勉励自己，要趁早立身扬名，不要等到行将就木，再来悔恨名声不足以显荣于后世。

如此主题的诗词数不胜数，历代文人如陶渊明、李白、杜甫、白居易、杜牧、雍陶、杜荀鹤等，都写过类似的诗词。何解呢？我想，这不外乎是一种情绪的投射，投射一种恐惧，怕功业未成，更怕生命太短。

说到生命的价值，不得不提17世纪法国天才哲学家帕斯卡。有一种说法是这样的：法国哲学数百年来的发展大概是两路，一路是以笛卡儿—伏尔泰—孔德为主的结构主义；另一路是以帕斯卡—卢梭—帕格森—萨特为主的存在主义。

帕斯卡在世时，未必知道自己的人生只有30多年，也不一定预见到他的智慧启发了以后无数的人，但他确实知道自己生命的尊严与价值，他写道："人只不过是一根芦苇，是自然界最脆弱的东西，但他是一根有思想的芦苇。"

"我们人类的全部尊严就在于思想。"帕斯卡如是说。每当我读到古人写下感叹生命苦短的诗词，不免想，或许他们在世时，始终没有建立想要的功业，但我正在朗读他们的文字，这证明他们的名声流传至今，还会继续流传下去，连同他们的生命尊严。

钱锺书幽默俏皮的信函

□ 劳 剑

学者陶洁曾发布一则"遗失启事",希望找回一封钱锺书、杨绛和他们的儿女钱瑗合写的信函。她说:"我失去了这封自以为绝无仅有的信,心中的沮丧难以言表。但我也只能怪自己记性不好而又过于鲁莽。我本来希望能够回国把那格子里的东西再好好翻找一遍,然而始终无法成行。左思右想,我决定写这篇文章,如果有人发现了,希望他能还给我。我更想借此说明,我并没有赠送他人或出售过钱瑗一家三口写给我的这封充满温情而又幽默风趣的信。"

字里行间,为失去这封珍贵信函,确实显出极度沮丧和懊悔。

陶洁是一代名编陶亢德的长女,与文化名人多有往来,不过,与钱、杨夫妇倒是因与钱瑗是好朋友的关系才有一面之缘。

这封信是陶洁从温哥华回国前夕朋友刘慧琴托她带一盒西洋参给钱锺书、杨绛,钱瑗一家三口给她的回信。

钱锺书的幽默诙谐、风趣俏皮,在文坛、学界独树一帜,尽人皆知。小说《围城》精妙绝伦、幽默诙谐、妙趣横生的语言俯拾皆是。他的书信除了同样显示渊博知识,也呈现其一贯的行文风采。

他给慕名去信问安并附寄著述呈正的学者刘世南的回函就妙趣横生:"忽奉惠函,心爽眼明。弟衰病杜门,而知与不知以书札颁潜夫者,旬必数四。望七之年,景光吝惜,每学嵇康之懒。尝戏改梅村句云:'不好诣人憎客过,太忙作答畏书来。'而于君则不得不破例矣。大文如破竹摧枯,有匡谬正俗之大功。然文武之道,张后稍弛,方市骏及骨,而戒拔茅连茹。报刊未必以为合时,故已挂号迳寄上海出版社,嘱其认真对待,直接向君请益。倘有异议,即将原件寄还弟处。区区用意,亦如红娘所谓'管教那人来探你一遭儿',欲野无遗贤耳。"爱贤惜才、古道热肠,溢于字里行间,且格外幽默风趣。

他与时任香港《广角镜》杂志总编的李国强熟稔,信函落笔也就更加率性随意,许多话都令人解颐一笑。他谈及与李国强的合影,称"愚夫妇头颅如许,面目可憎,与兄嫂一双璧人并列,借光增势,而愈自惭形秽矣","与兄并坐一像,借光不少,甚惬意,接电话状,愁眉苦脸,赖学求饶之态,望而可揣,足供笑料"。谈及自己重订《谈艺录》《人·兽·鬼》等旧作,说:"村婆子鹤发鸡皮被强作新嫁娘充命妇,不待人笑齿欲冷,己亦笑脸如靴皮也!!!"谈到夫人是否应允《干校六记》由李国强出版,说:"山妇是否肯献丑,则看兄之威力是否远及,弟无'夫权'可行使,奈何!"某次讲起稿件投寄遗漏,则让人捧腹不已:"几如唐伯虎题咏之'半截美人',今幸得保腰领,金躯无损,免入'伤残人协会'……兄与弟皆见惯,付之一笑而已。"

书信中,常见其谦逊自谨。他给文史学者何新的一通信札中,即有"今夜归来得你专寄大译和大文,并读尊书,十分感愧。俟会毕事稍闲,当细看所赠译著,先此道谢,并退还'师'的头衔"云云。给作家邹士方的信中,钱锺书对他"借题发挥,作夸大的奖饰"感到"受不了",并说:"古语云:'学究可以捧死。'弟虽衰朽,尚想多活几年,受不了这种吹捧。兄素知弟癖性,倘蒙开恩,免其出头露面,感戴无既。"谦虚中也不乏俏皮,确是雅人高致。

俏皮到像顽童一样，从他写给在中国社科院语言所工作的林书武的一封信函中可以领略："看了来信，又惊又喜。你的英语之好，出人意外。这不是兜圈子的奉承话，而是真诚的意见（我手按在胸前发誓！）。"看似顽童赌咒发誓，可爱的形态跃然纸上。

当然，能够幽默诙谐、风趣俏皮，是要以丰厚腹笥打底的。许多学人多以著述呈现，钱锺书在不吝美誉时，往往以自己的博学多才，给来信者指出不洽、陈说或误引、错谬之处，常直陈胸臆，一语中的。

给陶洁那封信，是家常的人情往来，所以，非但语言，形式也别出机杼。

陶洁将西洋参和自己"附了一瓶加拿大特产的枫糖浆"托人带给钱家不久，"我就接到了一封非常有趣的回信。信的抬头是我，但落款不止一个。信的格局很有意思，是以钱瑗的回信开始，直行行书，占了右边大约不到三分之一的地方，落款是钱瑗。她谢谢我替刘慧琴带东西，但告诉我，她父母不吃西洋参一类的补药，不过枫糖浆很好，她会用来做面饼的。信纸中间大部分地方是用毛笔写的，跟钱瑗的内容差不多，但强调钱瑗会做面饼，而且一定会做给他们吃的，也一定会用到我送的枫糖浆。这一部分落款是'杨绛'。然而在左下方不多的空白处有用圆珠笔写的感谢词，落款是'真杨绛'。换言之，这一行点明了毛笔写的那部分是钱先生的文字。"可以想见，信中的"感谢词"一定十分幽默俏皮，而"杨绛""真杨绛"云云，用陶洁丈夫的话说："他们俩实在太风趣，太好玩了！"

确实，钱锺书的幽默诙谐、风趣俏皮，他们的"好玩"，在其他信函中随处可见，且不独信函，贺卡也性情毕现、别出心裁，成为获赠者的爱物。

他的学生任明耀收到钱、杨夫妇的贺卡，就如此说："1988年收到的贺卡是钱先生、杨先生特制的贺卡，金字绿底，十分雅致。上写'新禧 钱锺书杨绛恭贺'。我猜想，钱先生……索兴自己设计制作了。估计数量不多，因此更是令我爱不释手。反面题词是：明耀贤友：大著奉到，因病未即复歉，顺此为谢。钱锺书（签名）。钱先生的签名很特别……将名字连在一起写，别有韵味，也体现了他的个性习惯和风格，别人要想冒充他的签名，难矣。"

"难矣"，是的，现在，如此幽默诙谐、风趣俏皮，以及如此率真率性的人物和做派，可以说是凤毛麟角了。这样的人物的信函，也就愈显弥足珍贵。

记忆不会出自偶然

□ [奥地利] 阿尔弗雷德·阿德勒　译 / 马晓佳

在所有的心灵现象中，最能显露其秘密的，是个人的记忆。记忆绝不是偶然的，人们只会记得那些他们认为对他们的处境极其重要的事件。

一个人的记忆代表了他的"生活故事"，他会反复用这些故事来警告自己或者安慰自己。

可能我们每个人都有过这样的经历。这很容易理解，比如某个家人或朋友做的事使你不顺心了，你便很容易联想到他做过的某些让你难过的事情，而他对你的好，在情绪爆发的这一刻就全然不见了。

记忆是有温度的，取决于我们希望记住的心境；记忆是被节选的，甚至是被断章取义、删减加工的，取决于我们希望解读的方式。生活信念改变了，记忆也会随之改变，这恰是其最有趣之处。

好消息总是晚到12秒

□欧阳晨煜

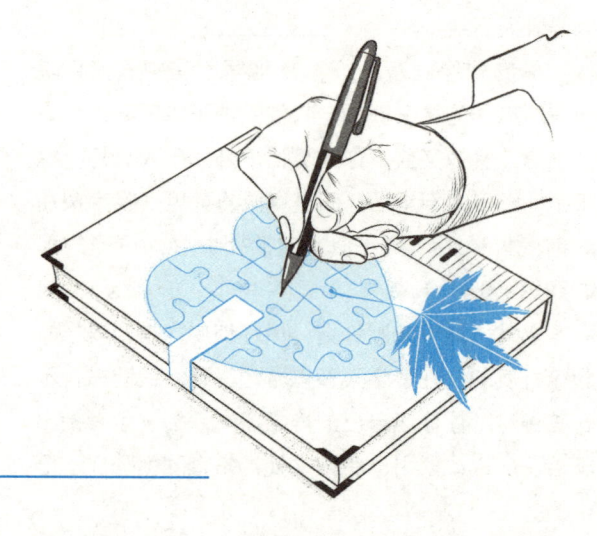

你知道吗？在我们大脑的长时段记忆中，好消息总比坏消息晚到12秒！

试想一下，生活中，我们很容易因为夹杂在一堆正面评论之中的某个负面评论而感到痛苦，会因为在汤中发现自己不喜欢吃的某种配菜而感到不适，会因为别人迟回信息而产生一系列的负面联想。一点点坏的因素都会像洪水一样轻而易举地冲垮快乐的小屋，这些都说明，我们天生就对坏消息非常敏锐，而对好消息却相对迟钝。

科学表明，不只是我们，就连6个月大的婴儿，也能迅速而轻易地辨认出人群中的一张愤怒脸孔，而辨别高兴的脸孔则会稍慢一些。并且即使周围有再多甜甜的笑脸，婴儿也能第一时间发现藏在其中的那张可怕又怒火中烧的脸。

这并不是我们主观的错，一切都源于大脑的消极性偏见。协助我们辨识面部表情的器官位于大脑中的杏仁核，它是产生情绪、识别情绪和调节情绪的脑部组织。研究表明，杏仁核中三分之二的神经元都是专为负面消息而配备的，以便我们及时对坏消息作出反应，并将它存放于长时段记忆中。相比之下，好消息则要整整12秒钟才能从临时记忆转换为长时段记忆。

同时，我们也会发现，自己对于好消息的喜悦持续得不会很久，而坏消息有时不只会在白天让人提不起精神，甚至会悄悄潜入我们的梦境，纠缠不休。这是因为，相较正面信息，我们处理负面信息的能力要快速而彻底得多，由此坏消息对我们的影响也就更加持久。相反，人们很快就会适应好消息，同时又会产生更高的期待，从而降低喜悦感。因此，好消息如烟雾一样很快散去，坏消息却总如噩梦一般如影随形。

美国作家雅各布斯也发现了自己身上的这种现象。他意识到自己喜欢抱怨，擅长挑出别人的失误并为之愤怒，而总是忽略做得好的部分。他决心改变这样的消极状态。于是雅各布斯选择在吃每一餐前做感恩祈祷，感谢每一个把美味送上餐桌的人，提醒自己关注生活中原以为理所当然的不起眼的事物。

某一天，他10岁的儿子对他说："爸爸，这些人不在我们家，他们听不到你的感谢，你应该当面去感谢这些人！"

作家恍然大悟，他决定开启一个感恩挑战。为了缩小目标，他选中了每天早晨自己桌上都必不可少的那杯香醇咖啡，打算感恩每一个为这杯咖啡做出贡献的人。

雅各布斯原以为这是一件非常简单的事，他只需要花上几个小时打电话，发邮件，然后开车很快地去拜访这些人。谁知道，这个挑战竟然花费了他几个月的时间去环游世界！

他的咖啡感恩之路是按顺序进行的，首先，他找到了当地的咖啡师，感谢她做出如此美味的咖啡，没想到咖啡师说"如果没有人挑选好的咖啡豆，我也做不成"，于是雅各布斯又去感谢咖啡豆供应商，供应商又告诉他，"如果没有种植咖啡果的农民，我也做不成"。作家发现，每当他去感谢一个人，这个人都会说"如果没有某某人，我也做不成这件事"，以此类推，从本地的咖啡师开始，他拜访了1000多人，包括为咖啡店供电的人、卡车司机、铺路的人、咖啡商标的设计师、咖啡杯盖和隔热套的设计者，甚至是为咖啡仓库里做害虫防控的女士，在路上画黄线以保证装载咖啡豆的车辆平安通过的人。雅各布斯的感恩之路从家门口的咖啡店开始，一直到走出了他所在的城市，甚至走出美国，到了世界各地。

雅各布斯渐渐发现，一杯再熟悉不过的普通咖啡，竟然借助全世界的力量而诞生。我们所习以为常又理所当然的事物背后，藏匿着太多需要感恩的细碎环节。而大部分人，在收到他的感谢后，在开心感动之余都感到惊讶，因为在此之前他们从未因为自己的工作而被专门感谢过，也从来没有人会为了一杯小小的咖啡而特意捎来谢意。

在进行感谢的路上，雅各布斯收获了非常多意想不到的惊喜。比如，咖啡杯盖的发明者道格·弗莱明教给了他关于咖啡杯盖的新知识，倒置六边形的盖子设计是为了最大限度地让人们闻到咖啡溢出的香气，作家惊讶于这些藏在他生活中却从未被留意过的杰作和发明，由此他知道了应该更加仔细地观察日常之物。咖啡师在收到他的感谢后向他袒露了自己平常的工作感受，很多客人在买单的时候甚至从不抬头看她，而是忙着刷手机，雅各布斯意识到自己之前常常这么做，他感到后悔，明白了眼神的接触和交流是人与人尊重和幸福的联结。

在为一杯咖啡进行的"千人感恩计划"结束后，雅各布斯有了很多变化，他不再乱发脾气抱怨他人，不再自然而然地顺从大脑的消极性偏见，而是用感谢顺利进行的日常事务的方式努力延长那些迟来12秒的积极感受。

他同时把用感恩来对抗负面情绪的办法运用到日常中的其他事儿上。以前开车遇到红灯，他会立刻抱怨运气之差，而现在，雅各布斯会立刻将自己的注意力放在晴朗天气无须打伞的幸运，没有忘带东西的忧虑，口袋里的钱足够办事用等好的方面，去尽可能地延伸自己的积极感受。

12秒钟，或许非常短暂，很难做什么，但转变自己看待消极问题的角度，留意并向一个习以为常拥有的事物说声感谢，时间恰好足够。正像雅各布斯所说："如果我们用感恩之线连接这个世界，谢意就会像毯子般覆盖整个地球。"披着这块温暖的毯子，你将永远不会被消极负面的雨滴淋到！

树一直在长

□赵宽宏

在树林中，树会奋力向上探出头，它要跟同伴争夺阳光；树也会将根尽量往深处扎、往广处伸，它要与同伴以及其他植物争夺水分和养分。

树长成了一棵大树，可以用来造屋盖房了，人们夸赞它是栋梁，但树不知道。因为空间的影响，因为时间的造化，因为机遇的青睐，树也可能长成风景，让人悦目，引人赞叹，但树也不知道。

树一直在长，至于是否能长成栋梁，它从没考虑过；是否能成为风景，那是望风景之人的事情。它不知道自己会长成什么模样，哪怕最后只能用来生火，它也乐意。

它的心思只有一个：只要活着，就一直生长。

范仲淹的底气

□ 温伯陵

1046年,滕子京给他的好友范仲淹寄了一幅画,名叫《洞庭晚秋图》。画中的洞庭湖烟波浩渺,远处的堤岸芳草遍地,一座写着"岳阳楼"三个字的建筑耸立在那里。

这是滕子京的政绩工程,他想让范仲淹为新建的岳阳楼写一篇文章。范仲淹铺开宣纸,拿起狼毫笔,正准备一挥而就时,突然醒悟:"两年前,我们这批人被贬到各地,虽然都在地方上干得不错,但大家还以为我们是瞎折腾。为什么我不借这次机会,向世界发出我们的声音呢?"

是的,范仲淹要借写文章的机会做一件大事:"我要为改革代言,为天下苍生代言。""为苍生代言",范仲淹究竟有什么底气,敢做这样的事情?两岁时,范仲淹就失去了父亲,母亲带着他,改嫁到一户朱姓人家,范仲淹也改名为朱说。在宋朝,想要出人头地,只有读书做官这一条路。范仲淹深知,自己只有努力读书,考取功名,成为官员,才能不再寄人篱下,抬起头来做人。

1015年,27岁的范仲淹考中进士,被授予正九品的官职。职位不高,俸禄不多,但他依然把母亲接到身边奉养。

1026年,母亲谢氏病故,范仲淹回老家守孝。时任应天府留守的晏殊早已听说范仲淹学问出众、人品端正,是个人才,便请他主持应天府学校的教务。

范仲淹欣然上任。到任后,他制订了一套教学计划,不仅督促学生照章执行,自己更是以身作则。经过整顿,学校很快就扭转了学风,并且吸引了很多外来学生旁听。

通过主持教务,范仲淹理解了杜甫为什么会发出"安得广厦千万间,大庇天下寒士俱欢颜"的呼喊。他以"办学校,兴教育"为根本,因为他希望天下的学子都能像他一样,靠知识改变命运。常怀悲悯之心,才有大慈悲之爱。

在宋朝,有一个与众不同的地方:官员被贬,是很光荣的事。被贬,证明官员不畏权贵、敢于抗争,换句话说就是"积极作为"。范仲淹就在升迁—被贬—再升迁—再被贬的过程中,慢慢地实现心中的梦想。

1029年,范仲淹首次成为朝廷官员。大好前途摆在他眼前,可他偏偏要抬杠,因为他认为宋仁宗已经长大了,太后继续垂帘听政不符合政治规矩,于是他便写了一封"举报信",控诉刘太后。

晏殊问他为什么要跟太后对着干,他说了一句很感人的话:"只要对朝廷有好处,即便有杀身之祸,我也在所不惜。"

从此以后,范仲淹的仕途就没顺利过。被贬出京后,他不停地给朝廷提建议:修建宫殿太费钱,停了吧;各部门的闲杂官员太多了,裁一点吧;官员的工资少,容易腐败,还是涨点吧。但得到的结果都一样——不予理会。

刘太后去世，范仲淹被调回京城担任谏官。那年旱灾、蝗灾一起暴发，他请宋仁宗派人去视察民情，宋仁宗也不搭理他。范仲淹的脾气上来了，一再力劝。宋仁宗拗不过范仲淹，只好派人去地方安抚民情。

宰相吕夷简把持朝政、培植党羽，范仲淹看不过去，也要去说一嘴："人事工作、百官升迁，应该由皇帝说了算，哪有宰相包揽的？"他不仅批评宰相的工作，还给宋仁宗送去一幅《百官图》说明情况。

批评完太后批评皇帝，批评完皇帝批评宰相，这谁受得了？很快，范仲淹就被贬到饶州。县令梅尧臣给他写了一篇《灵乌赋》："你说点好听的就行了，像乌鸦报丧一样说话，谁受得了你？"范仲淹看了后，回家也写了一篇《灵乌赋》。其中有一句话足以作为中国读书人的行为准则："宁鸣而死，不默而生。"

1040年，宋、西夏边境战事吃紧，宋仁宗又想起了在"江湖之远"的范仲淹。范仲淹与韩琦成为安抚使夏竦的副手，开始了卫戍西北的军事生涯。多年的斗争和打击让范仲淹心累，但是只要国家需要，刀山火海他也得闯。

1043年，西北战事平息，范仲淹被召回京，担任参知政事。刚一升官，他就把工作重点指向了改革。

下过地方，上过朝堂，喝过清粥，也吃过鲈鱼，范仲淹清楚地知道，很多人还吃不饱饭，要卖儿鬻女才能活命；但很多人占有大片土地，贪污无数钱财。

这个世界很不公平，但朝廷的职责就是尽量让它公平一点儿。抱有这种想法的人很多，他们都是希望用一腔热血消除黑暗、迎接光明的理想主义者。范仲淹与富弼、韩琦、滕子京、欧阳修等人共同推动改革，史称"庆历新政"。

"庆历新政"只持续了一年，就因利益集团反攻而难以为继。改革派的大将也纷纷离开京城，到地方上继续为官。范仲淹去了邓州，滕子京去了岳州。

1046年，范仲淹收到滕子京的画，滕子京请他为新建的岳阳楼写一篇文章。他喝了一杯酒，看着滕子京送来的《洞庭晚秋图》：烟波浩渺的洞庭湖上，打鱼的船只、天上的飞鸟、堤岸的芳草以及岳阳楼诗意地浮现在画面中，有一种难以言说的韵味。

一篇《岳阳楼记》，惊艳了时光。其中的名句"先天下之忧而忧，后天下之乐而乐"，千百年来，早已成为仁人志士的座右铭，激励历代英雄豪杰策马扬鞭，鼓舞无数君子以此为圭臬，在范仲淹的理想道路上前仆后继。"在庙堂上，我就尽宰相的责任，济世安民；在地方上，我就尽臣子的责任，为君王分忧。虽然我的努力没能得到回报，但只要正气长存，就会有人继续我们的事业。"范仲淹用他的人格和思想魅力成就了千年不朽的大功业。

范仲淹在被贬睦州时，曾写下一篇《严先生祠堂记》，盛赞东汉严光的气节和操守：

云山苍苍，江水泱泱。

先生之风，山高水长！

其实，这更像他为自己写下的墓志铭。

暮色里

□王若冰

暮色开始收割鸟儿的翅膀
愈来愈低矮的天空也将
高山与河流勾勒的旷远——收走
夕阳铺陈的片刻宁静与光亮
被风，和落满我双肩的暮霭
一掠而光，带向别处
城镇与乡村、炊烟和丛林，这些在白昼
彼此观望、互不打扰的事物
转瞬间被一张暮色苍茫的大网包裹
在沉默中练习隐身，在昏暗中诵读昏暗
唯有临近河边的旷野，一棵榕树
还在昏暗中催生繁盛的枝藤、硕大的叶片
更远处的采石场，一位白发苍苍的石匠
也在巨石般苍茫的暮色里劳作
他神情专注挥舞铁锤的姿势
仿佛在向石头讨要他内心走失的火苗

鲁滨逊的结局

□ [法]米歇尔·图尼埃 译/黄 荭

"它原来就在这里！这里，你看啊，在茫茫的加勒比海上，北纬9°22′。我不可能搞错的！"

醉汉用黑乎乎的手指敲着一张残缺不全、油渍斑斑的地图，情绪激动，信誓旦旦。但他每说一次，围在我们桌边的渔民和码头工人就会哄笑一次。

大家都认识他。他身份特殊，已经成了当地的传奇人物。我们请他喝酒，就是想听他用沙哑的嗓音讲几件他的陈年往事。说起他的冒险经历，那可真是既精彩又悲惨——这类故事通常都是这样的。

40年前，他在海上失踪，在他之前也有很多人出海后就没再回来。大家把他和船上其他船员的名字都刻在教堂里，之后就把他们忘了。

没承想，这么多年过去，他竟蓬头垢面、胡子拉碴、活蹦乱跳地出现了，还带回来一个仆人。他逮着机会就滔滔不绝地讲述他的冒险经历，让人听得瞠目结舌。他是那条船遇险后唯一的幸存者。要是没有那个非洲裔的仆人，在那个遍地山羊和鹦鹉的岛上真的就只有他一个大活人了，他说仆人是他从一群食人族手里救下来的。最终，一艘英国双桅船经过他们居住的海岛，于是他回来了，还不失时机地做了几桩好买卖，发了一笔小财。那年头，加勒比海一带的生意好做。

大家热烈欢迎他回来。他娶了一个年轻的老婆。从表面上看，如今平淡无奇的生活把那段因为命运捉弄而经历的不可思议的插曲、那些充满绿树浓荫和鸟儿啁啾的日子遮住了。

那也只是从表面上看，因为一年年过去，确实有什么东西无声无息地从内部腐蚀着鲁滨逊的家庭生活。最初是星期五——他的仆人受不了了。开始的几个月他还行为检点、无可挑剔，之后就开始喝酒——先是偷偷地喝，之后越来越明目张胆，还借酒撒泼。

但奇怪的是，鲁滨逊拼命为星期五辩护。他为什么不打发星期五走人呢？有什么秘密——或是有什么说不出口的隐情——把他和那个仆人紧紧地连在一起？

最后，他们的邻居丢失了一大笔钱财。在大家还没来得及怀疑这件事是谁干的时，星期五就消失得无影无踪了。

"笨蛋！"鲁滨逊说，"如果他想拿钱走人，跟我要不就完了吗？"

他还冒冒失失地补充了一句："况且，我很清楚他去哪儿了！"

被偷的苦主抓住了话柄，硬要鲁滨逊赔钱。鲁滨逊只好赔钱了事。

但从那以后，人们看到他越来越阴郁。他在码头和港口晃荡来晃荡去，还喋喋不休地说："他回去了，是的，我敢肯定，那个浑蛋现在一定就在那里！"

的确有一个说不清道不明的秘密把他和星期五联系在一起，这个秘密就是他回来后让港口绘图员在地图上蓝色的加勒比海海域画的一个绿色小点。不管怎么说，这座小岛上有他的青春，他奇妙的历险，他华美而孤独的花园！在这座阴雨绵绵、湿漉漉的城市里，在这些商人和退休老人中间，他能有什么盼头？

他年轻的妻子很善解人意，第一个猜到他的心思，看出他奇怪又不可救药的忧伤。"你厌倦了，我看得出来。你想它了！"

"我？你疯了！我想谁，想什么？"

"当然是想你的荒岛了！而且我知道是什么绊住了你，让你无法离开，我知道，就是我！"

他嚷嚷着反驳，但他叫得越凶，她越肯定自己想的是对的。

她对他一往情深，百依百顺。她死了。他立刻卖掉了房子和田地，租了一条帆船，前往加勒比海。

又过了好多年。人们又渐渐把他淡忘了。但他又一次回来了，比第一次回来时变化更大。他在一艘旧货船上做帮厨，成了一个老态龙钟、半截身子泡在酒里的糟老头。

他说的话引起哄堂大笑。"找——不——到！"尽管发疯似的找了几个月，他还是没有找到他的小岛。这一徒劳无功的探寻让他筋疲力尽、绝望透顶，他耗尽精力和钱财去寻找那片幸福自由的乐土，而它却仿佛被大海吞没，永远消失了。

"但是，它原来就在这里呀！"那天晚上他又用手指敲着地图，重复着这句话。

这时，一个老舵手推开众人，走过来拍拍他的肩膀，说："鲁滨逊，你的荒岛一直都在那里，甚至我可以向你保证，你已经找到它了！"

"找到了？"鲁滨逊差点儿喘不过气来，"可……"

"你找到它了！你可能在它面前路过了十几次，可是你没认出它来。"

"没认出来？"

"没认出来，因为你的岛，它和你一样，也老了！就是这样，你瞧，花变成了果实，果实变成了树，绿树又成了朽木。在热带，一切都变化得很快。你呢？看看镜子中的你自己！告诉我，你的岛，当你从它面前经过时，它还能认出你吗？"

鲁滨逊并没有看镜子中的自己，这个建议是如此多此一举。他那张无比忧伤、无比惝恍的脸在所有人面前晃过，人群又爆发出一阵更猛烈的哄笑，但不知为何笑声戛然而止，这闹哄哄的地方刹那间变得阒寂。

懒 惰

□ [匈牙利] 马洛伊·山多尔 译 / 舒荪乐

懒惰分为两种：横向的和纵向的。有的人，只是懒于做生活的长期打算和计划。他会拖延做决定的时间，懒得对生活做规划，把一切都往后推，推得远远的。还有的人，是纵向懒惰。在能想、能说、能行动的时候，他却犯懒了。明明能不费吹灰之力得到的东西，他连手都懒得伸出，导致后来也许还要花大代价才能获得。

后一种懒惰是最危险的，生活往往就在这种懒散的不理不睬中悄然流逝了。

丝绸之路上的《三国志》写本

□ 成 长

《三国志》的作者陈寿,字承祚,巴西安汉(今四川南充)人,他生活于蜀汉晚期至西晋初年,师从蜀中大儒谯周。陈寿在蜀汉官至观阁令史。蜀亡后,陈寿入西晋,受晋武帝诏命编纂《诸葛亮集》二十四篇,任著作郎,领本郡中正。其后,陈寿在官场屡遭谮毁,仕途不济。

随着晋灭吴一统,陈寿成为三国时期落幕的亲历者,也萌生了为三国作史的使命感。当时已有王沈的《魏书》、鱼豢的《魏略》、韦曜的《吴书》等史书,但均为一国视角,不能囊括三国之事。唯蜀汉"国不置史,注记无官",好在陈寿是蜀人,得地利之便。陈寿在既有史料的基础上,撰写成《三国志》65卷。"时人称其善叙事,有良史之才。"当时的才子夏侯湛已著《魏书》,知道陈寿写成《三国志》,便将自己的书稿毁掉。司空张华对陈寿赞誉有加,甚至想以《晋书》相托付。

陈寿在世时,《三国志》未得刊行。元康七年(297年)陈寿病逝后,梁州大中正、尚书郎范頵上表朝廷,称赞陈寿所作《三国志》"辞多劝诫,明乎得失,有益风化,虽文艳不若相如,而质直过之",晋惠帝司马衷诏令河南尹、洛阳令于陈寿家中抄录,《三国志》方得以传行于世。

陈寿《三国志》一经推行,其余诸史即归沉寂。《华阳国志》评价"庶子考古,迁、固齐名",《晋书》评价"可以继明先典者,陈寿得之乎",均将陈寿拟之于司马迁、班固一样的一流史家。尽管《三国志》为私撰史书,但在后世为历朝所认可,奉为正史。《三国志》还成为后世平话、杂剧、小说等编讲三国故事的主要素材来源。《三国演义》即罗贯中在《三国志》的史实基础上艺术再创作而成。

近世所见之《三国志》文本基本来自宋代刻本,其中最早的为北宋真宗咸平国子监刻本,今已不存。现存南宋刻本主要有杭州本、衢州本、建阳本(绍熙本)等。宋本书籍的传世自然得益于宋代印刷术的盛行。而在此之前,大量的古籍都是以抄本的形式流传,但由于时间久远、数量稀少、纸本不易保存等,这些抄本基本都散佚于历史的长河中。

20世纪以来,敦煌和吐鲁番两地共计出土了6种《三国志》古写本残卷,分别是:1909年在新疆鄯善县发现的北魏高昌麴氏所抄《吴书·韦曜华核传》残卷,今藏日本;1924年在新疆鄯善县发现的晋写本《吴书·虞翻传》《吴书·虞翻陆绩张温传》残卷,今流落日本;1965年在新疆吐鲁番英沙古城(安乐古城)南佛塔遗址出土的晋写本《魏书·臧洪传》残卷和《吴书·孙权传》残卷,今藏新疆维吾尔自治区博物馆;以及敦煌研究院所藏晋写本《吴书·步骘传》残卷。

这些残存的《三国志》古写本残卷年代为晋至北

魏，而陈寿完成书稿约在西晋元康年间，两者相距如此之近，说明《三国志》在成书不久，即受到士人的热捧，不仅在中原广为传抄，还通过河西走廊流传至敦煌、西域一带。西晋统一之后，社会经济得到较快的恢复和发展，出现了一个繁荣的时期，史称"太康之治"。晋承汉制，继续在西域设置西域长史和戊己校尉管理军政事务，西域与中原的商贸交往也重新活跃起来。追至晋室南渡，在北方立国的前秦、后秦、北魏等少数民族政权也与西域保持着持续的联络。丝绸之路不仅承载着商品的流转与交易，也伴随着文化的交流和传播。从《三国志》写本的流传可见，魏晋时期中原文化在今甘肃西部和新疆一带传播速度之快、影响之深。

古写本由于具有"近古存真"的特点，对《三国志》传世本的研究和校注具有重要的参考价值。新疆维吾尔自治区博物馆所藏《吴书·孙权传》残卷，高22厘米，宽72厘米，残存41行，570余字。其内容为《吴书·孙权传》中叙述建安二十五年至黄武元年部分，文字与今通行本略有不同。其中，陆逊、于禁、鲁肃、吕蒙、张辽、徐晃、张郃等三国人物姓名清晰可见。

东吴名臣陆逊在通行本《三国志》中时而作"陆逊"，时而作"陆议"，其名未统一，令后世研究者颇为困惑。清人周寿昌认为，陆逊可能本名"议"，因宋时避宋太宗赵光义之讳，刻本遂更其名为"逊"。如今，早于宋代的《三国志》晋写本明确书写了"陆逊"之名，足见周说为误。考《三国志》诸书，"陆逊"当是陆议晚年所改之名，因未能广泛流传于魏、蜀两国，故此名多见于《吴书》，而《魏书》《蜀书》仍作"陆议"。出土于陕西西安的魏《曹真碑》（现藏故宫博物院）上有"冬霜于陆议"之字，可为旁证。

经鉴定，新疆出土的晋唐时期的纸本和敦煌出土古纸一样，均使用中国传统造纸原料。此件《三国志》写本残卷使用本色加工麻纤维帘纹纸，质地精良，很可能就是古代著名的"左伯纸"。

作为"二十四史"评价最高的"前四史"之一，《三国志》不仅是汉末三国历史权威的史料来源，其写本的流传也见证了魏晋南北朝时期丝绸之路上的文化交流。

想当然的参照系

□王可越

如果不跳出自我视角，我们总会以想当然的参照系评判他人，或者在他人的视角下审视自己。一旦跳脱自我视角，我们就更容易对我们所处的环境、面临的问题、拥有的文化与习惯有更全面的理解。

1968年12月，宇宙飞船"阿波罗8号"飞往月球，执行绕月航行任务。

宇航员威廉·安德斯从空中拍摄了一张著名的照片——蓝色的地球从灰色的月球地平线上升起。这张照片让人们首次看到了地球的全貌。后来，这位宇航员在一部纪录片中说："我们努力探索月球，而我们最重要的成就是发现了地球。"人类第一次从外层空间看到了整个地球。在这个距离上，我们才建立了对这个蓝色星球的总体觉知，真正理解了"四海一家"的意思，也更明白了人类的卑微与伟大。

理解人或事都需要一定的时空距离，那就给自己一个机会，从自我视角中跳脱出来。我们需要离开，才有机会回头，见识人或事完整的面貌。

达·芬奇画错的马

□ Ziv

你好奇过四足动物走路时脚的着地顺序吗?

四足动物走路时,四只脚的着地顺序是:左后—左前—右后—右前,这样循环。不管是狮子、马、猫,还是狗,都是这样。不同动物的区别,可能只在于它们完成这套动作的速度有所不同。

这种步态被称为"横向顺序行走"。虽然一些四足动物也会使用对角顺序行走(主要是灵长类动物),但横向更常见。研究人员认为这种步态会让动物们走得更稳,不容易摔倒。

100多年前,摄影师埃德沃德·迈布里奇捕捉到了马、野牛、水豚之类的动物在运动中的步态。

在这之后,人们对于四足动物的步态描绘是不是真的更准确了呢?研究人员考证了1000幅艺术作品,其中既有史前人类绘制的壁画,也有不同时期艺术家的作品。他们发现,在前迈布里奇时期,插图中四足动物步态的错误率为83.5%,在后迈布里奇时期,错误率下降到57.9%。在前迈布里奇时期,甚至连达·芬奇都绘制过错误的马的步态。

在达·芬奇的一幅作品中,马的右前脚还没落地,左后脚就抬起来了。虽然也可以理解为这是一匹正在疾驰的马,但是它前腿的形态更像在慢行。

在后迈布里奇时期,解剖学教科书中描绘的动物有63.6%的步态是错误的,而自然历史博物馆的插图错误率较低,为41%。不过,最令研究人员意想不到的是,史前壁画中描绘的动物,步态的错误率只有46.2%。

他们推测,这是因为史前人类与自然几乎是零距离的,他们在狩猎时经常观察自己的猎物,因此画出来的动物步态的准确率也更高。艺术家们除了在画动物时出过错,画闪电时也并不是那么准确。数百年来,艺术家们习惯画"之"字形闪电。在与迈布里奇拍下马的步态的差不多同时期,摄影先驱威廉·尼克尔森·詹宁斯拍下了世界上第一张闪电的照片。

在此之后,艺术家确实逐渐开始用树杈形闪电替代"之"字形闪电,尤其自2000年以来,艺术作品有了很大的改变。不过,艺术作品中闪电的分支数量还是要比闪电实际的分支数量少很多。

图画可以传达出人们对于大自然,或者对于某种客观事物的理解。"一画胜千言"在这方面体现得淋漓尽致。很多科学家认为,绘画让人结合视觉、动作和语义处理信息,从这种角度来看,它比阅读或写作更能锻炼人的大脑。同时,科学家发现,绘画可以有效增强记忆力,记忆效果可以提高近一倍。还有研究发现,画画有助于学生理解新的知识。

最重要的是,不管画画水平如何,只要拿起画笔,就能从中获益。

我们对这个世界知之甚少

□ 马亚伟

堂妹对天文学很感兴趣，大学期间参加了学校的"天文爱好者"协会。她说起夜空中那些恒星、行星之类的，如数家珍，兴致盎然。在她眼中，浩瀚的夜空中藏着一个神奇瑰丽的世界，她恨不得飞向夜空，与群星亲密相拥。

可是对于我来说，夜空中的星星是无关紧要的存在，我甚至很长时间只顾低头赶路，而忘记抬头望一眼繁星漫天。看着堂妹指天画地谈论星空之谜，我惊讶得张大嘴巴，忍不住说："天哪！你可以当天文学家了！"堂妹哈哈大笑，说："我知道的这点东西，连皮毛都算不上！浩瀚无穷的宇宙，如同深不可测的海洋，我穷尽一生，都可能触摸不到它的冰山一角。"

堂妹的话让我深深感觉到，我们对这个世界实在是知之甚少。每每说到星空、宇宙之类的话题，我都会觉得自己渺小如尘埃。这个世界何其博大，每个人都不过是尘埃一样的存在。所谓大千世界，其中的复杂与精彩，谁又能说清楚？

世界曲折幽深，繁复迂回，密密匝匝，而我们能看到的有限。我们生在这个包罗万象、多姿多彩的世界，大部分人对99%的领域一无所知。比如我，不仅对天文一无所知，对医学、军事等领域以及很多艺术门类，全都一无所知。对其他一些方面，也不过是略知皮毛，被人问到还经常卡壳。当然，历代都有"上晓天文，下知地理"的天才，而这些人也只不过是知识面比一般人广一点，他们不擅长的领域还有很多，而且人类尚且一无所知的领域有很多。难怪有人说：懂得越多越觉得自己无知。

我们对这个世界知之甚少，因为世界太过浩瀚，而人生太过短暂。我们的生命，最长不过百年；有限的生命，当然无法完成对无限世界的探索。我们耗尽一生，也很难完成对自己生活半径的突围。那些喜欢环游世界的人，大概是想在有生之年走更多的路，看更多的风景。可即使是真正环游过世界的人，也不过是抵达了极为有限的地方。地球仪上陆地高山错落、江河湖海交织，他们也不过是走出了一条细细的、短短的线。

再说到我们的认知方面，不曾涉及的领域太多太多。别人的星空魅力无穷，我的星空只是黑夜的标志；别人的海洋丰富奇幻，我的海洋只是远方的象征。不说那些我们不曾涉猎的领域，即使我一生都在某一领域深耕，也只是看到了其狭窄的侧面。比如我此生挚爱的文学领域，我从学生时代就开始了阅读之旅，也写作多年了。可是，世上的文学作品浩如烟海，我读过的连万分之一都不到。人类积淀了几千年的文学精华，浓缩在书籍中，我们一生才能涉猎多少？尽管我每天都在写作，可这些年，我也只是个在文学浅滩游戏的孩子。天赋、精力、努力有限，有些高度，我终生都无法触及。再比如我的堂妹，她在我眼里是"天文学家"，她耗费了大量精力来探索星空，可她知道的也是"连皮毛都算不上"。还有很多在自己专业领域精耕细作的人，他们一生所能做的，也极为有限。

面对苍茫浩渺的宇宙，面对精彩纷呈的世界，我们深深感到自己的渺小。我们对这个世界知之甚少，所以我们谦卑地低头，虚心地俯首，同时又感到了生命的短暂和匆促，希望每个人此生领略和体验得多些，再多些。

爷爷的毡靴

□[俄]普里什文 译/惠树成 尤建初

我记得很清楚,爷爷那双毡靴已经穿了十来个年头。而在有我之前他还穿了多少年,那可就说不上了。有好多次,他忽然间看看自己的脚说:"毡靴又穿破啦,得打个掌啦。"于是,他从集上买来一小片毛毡,剪成靴掌,上上——毡靴又能穿了。好几个年头就这么过去了,我不禁思忖:世间万物都有尽时,一切都会消亡,唯独爷爷的毡靴永世长存。

不料,爷爷的一双腿得了严重的酸痛病。爷爷从没闹过病,如今却不舒服起来,甚至还请了医生。"你这是冷水引起的,"医生说,"你应该停止打鱼。""我全靠打鱼过日子呀,"爷爷回答,"脚不沾水我可办不到。""不沾水办不到吗?"医生给他出了个主意,"那就在下水的时候把毡靴穿上吧。"

这个主意可帮了爷爷的大忙——腿痛病好啦。只是打这儿以后爷爷娇气起来了,一定要穿上毡靴才下河,靴子当然就一个劲儿在水底的石头子儿上打磨。这样一来,毡靴可就损坏得厉害啦,不光是底子,就连底子往上拐弯儿的地方,全都出现了裂纹。

我心想:世上万物总归有个尽头,毡靴也不可能给爷爷用个没完没了——这不,它快完啦。

人们纷纷指着毡靴对爷爷说:"老爷子,也该叫你的毡靴退休啦,该送给乌鸦造窝儿啦。"

才不是那么回事儿呢!爷爷为了不让雪钻进裂缝,把毡靴往水里浸了浸,再往冰天雪地里一放。大冷的天,毡靴缝里的水一下子就上了冻,冰把缝子封得牢牢的。接着,爷爷又把毡靴往水里浸了一遍,结果整个毡靴面子上全蒙了一层冰。瞧吧,这下子毡靴变得可暖和结实了:我亲自穿过爷爷的毡靴,在一片冬天不封冻的水草滩里来回蹚,啥事儿也没有……于是,我重新产生了那种想法:说不定,爷爷的毡靴就是永远不会完结。

但是有一次,爷爷不巧生了病。他非得出去上厕所,就在门道里穿上了毡靴,可他回来的时候,忘了原样脱在门道里让它晾着,而是穿着冰冻的毡靴爬到了烫烫的炉台上。当然,糟糕的并不是毡靴化出的水从炉台上流下来,淌进了牛奶桶——这算啥!倒霉的是,那双"长生不老"的毡靴这回可就寿终正寝啦。要知道,如果把瓶子装上水放到冰天雪地里,水就会变成冰,冰一胀,瓶子就得炸。毡靴缝子里的冰当然也一样,这时已经把毡毛胀得松散开来,冰一消融,毛也全成了渣儿……爷爷可倔啦,病刚好,又试着把毡靴冻了一次,甚至还穿了一阵子。可不久春天就到了,放在门道里的毡靴消融开来,一下子散成了一摊儿。

爷爷愤愤地说:"嘿,是它该待在乌鸦窝里歇着的时候啦!"一气之下,他提起一只毡靴,从高高的河岸上扔到了一堆牛蒡草里。当时我正在那儿逮金翅雀之类的鸟儿。"干吗光把毡靴给乌鸦呢?"我说,"不管什么鸟儿,春天都喜欢往窝里叼些毛毛草草的。"

我问爷爷这话的时候,他正挥动另一只毡靴准备扔。"那是,"爷爷表示同意,"不只是鸟儿造窝需要毛,就是野兽啦,耗子啦,松鼠啦,也都需要。"爷爷忽然想起了我们认识的一位猎手,记得那人曾经向他提过毡靴的事儿。结果,第二只毡靴就没扔,他叫我送给那位猎手了。

转眼间,鸟儿活动的时节到了。各种各样的春禽纷纷落到河边的牛蒡草上,它们啄食牛蒡尖儿的时候,发现了爷爷的毡靴,一到造窝那会儿,它们从早到晚全来剥啄这只毡靴,把它啄成了碎片儿。一星期左右,整只毡靴竟给鸟儿们一片片全叼去筑了窝儿,然后各就各位,产卵、孵化,接着是雏鸟啁啾。在毡靴的温馨之中,鸟儿们出生、成长;冷天即将来临时,它们便成群结队飞往暖和的地方。春日它们都重新归来,在各自的树穴中的旧巢里,会再次觅得爷爷那只毡靴的残余。那些筑在地上和树枝上的巢窠同样不会消逝:枝头的散落到地面,小耗子又会在地上发现它们,将毡靴的残毛搬进自己的窝中。

我一生中经常在林莽间漫游,每当有缘觅得一处以毡毛铺衬的小小鸟巢时,总要像儿时那般思忖:"世间万物终有尽时,一切都会消亡,唯独爷爷的毡靴永世长存。"

感 激

□ [英] 大卫·惠特 译 / 柒 线

最大的感激是对存在的感激。

感激不是当我们收到某物时的被动反应。感激源于关注,感知到万物的存在。感激不一定是事后展示的某种东西,也可能是深层、先验的关注状态,显示我们懂得并胜任生命的天赋本性。

感激可以这样理解:亿万事物汇聚一处,为了让我们能哪怕再多呼吸一次空气。生命是潜在的馈赠。作为生命的载体,作为人类的一员,多么幸运,我们奇迹般地作为存在的一部分,而非虚无。虽然会经历暂时的疼痛或绝望,但我们栖居于活生生的世界,有真实的面孔、真实的声音,有欢笑、晴空的蔚蓝、田野的绿意、冷风的清凉,或冬季黄褐色的风景。

知晓蔚蓝色那不可思议的本质,便会充满感激,而无须说一声感谢。看见女儿美丽的脸庞,就会满心感激,而无须寻找神,向他表示感谢。坐在朋友与陌生人中间,听着众声喧哗,种种奇思妙想。在生活的表面之下,体悟那内在的生活,栖居于多世界而刹那于此世间。作为一个人,置身于芸芸众生,不必说只言片语便已在彼此对话。我们对与己共存的一切生出一种感激,在同一瞬间,我们既参与也见证了一切。

最大的感激是对存在的感激,通过参与并见证这种全情投入的方式。我们坐在桌边,作为他人世界的一部分,但同时,我们也不自觉且毫不费力地造就了自己的世界。这是非凡的礼赞,是感激的本质——拥有一颗深感荣幸之心。感激发生于我们与他人的存在相遇之时。没有感激之情,可能仅仅意味着我们没有去关注。

变法的王安石

□ 李春雷

王安石与秦桧，能相提并论吗？当然不能。但在南宋至清末的800年间，却是如此。其间，官方和学界均把两人视为大奸臣。最早将"奸慝"的帽子送给王安石的人，竟是苏洵。他专门作一篇《辨奸论》来影射王安石。其中明言："凡事之不近人情者，鲜不为大奸慝。"宋理宗指责王安石是"万世罪人"。南宋史学家罗大经的判词是："国家一统之业，其合而遂裂者，王安石之罪也；其裂而不复合者，秦桧之罪也。"《宋史》里专设"奸臣传"。北宋奸臣，共列出14人，名单里虽无王安石，但其中9人赞同或参与变法，他们不是其助手，就是其亲信。王安石，俨然就是奸臣团队的后台老板。这一切，最主要的推手是谁？宋高宗赵构。

靖康耻，北宋灭；祖庙毁，南宋立。公元1127年，南宋建立后，首要任务之一便是追凶，为北宋灭亡寻找原因。作为徽宗之子和钦宗之弟的赵构，为了掩盖父兄罪责，直接将亡国元凶确定为蔡京。而蔡京缘何走上高位？他们追根溯源，居然把王安石搬出来当作罪薮。

王安石变法，是中国历史上的重大事件。为了改变积贫积弱的局面，王安石以舍我其谁的政治胆略、敏锐如针的经济眼光、峻峭高洁的个人品格，担起了这一历史重任。由于受到以司马光、欧阳修、苏轼、苏辙、韩琦等人为代表的保守势力的反对，王安石不得不重用和提拔一批政治新秀。于是，吕惠卿、章惇、蔡京等人脱颖而出。客观地说，这些人无论有什么缺陷，在推进变法方面都做了大量工作。虽然阻力重重，问题不少，变法成果不容置疑。史籍记载，神宗后期至哲宗期间，北宋国库最为充裕。特别是军事上也取得突破：熙宁六年（1073），宋军收复河、洮等五州，拓地两千里。这是一次大捷，也是两宋时期与少数民族政权作战大获全胜的唯一战例。此时，对于王安石虽有争议，朝廷上下却是罕见的高评。

熙宁九年（1076）十月，王安石辞去宰相之职，次年便受封舒国公。元丰二年（1079），王安石再次被任命为左仆射、观文殿大学士，改封荆国公。他去世后，朝廷破例授予谥号"文"，并配享神宗庙庭和孔庙。有人曾比较"文"与"文正"谥号之高下。司马光，谥号文正。后来，王安石去世的儿子王雱和女婿蔡卞，一个破例配享神宗庙庭，一个授谥"文正"。进入南宋之后，朝廷大倡儒学，将朱熹奉为孔子之后第一人。朱熹谥号，也是"文"。所以，对于王安石，宋徽宗时的评价仍至高无上。

其实，北宋灭亡，首要原因是宋徽宗主导的"联金灭辽"战略失误，其次是战术失误。虽然蔡京腐败，惹发民怨，但并非根本。况且，蔡京拜相时，王安石已辞相35年。时势之变，兴亡之责，岂可如此简单推定。又有人曰，北宋亡于党争，而党争之源，便是王安石变法。此言差矣。北宋立国之后，抑武重文，士大夫治天下。文人纷争，自古皆然。

客观地说，王安石之不幸，在于赶上了一个不幸的时代。他去世后40年，北宋灭亡。虽然蔡京被认定为"替罪羊"，但分量仍嫌不足，而他与王安石又确实存在着特殊关系：蔡京不仅是王安石的拥趸，其弟蔡卞更是王安石的女婿。于是，王安石便成为不幸的原罪。

靖康元年（1126），赵构下诏重修前朝史书，要求"直书安石之罪"，并明言"今日之祸，人徒知蔡京、王黼之罪，而不知天下之乱，生于安石"。1197年，宋宁宗将王安石儿子的牌位逐出神宗庙庭；1244年，宋理宗将王安石的牌位移出孔庙。接着，对王安石的恶评如潮。朱熹针对王安石变法说："群奸肆虐，流毒四海。"杨慎认为王安石是"古今第一小人"。《宋史·王安石传》也将其描述为反面人物。

此后800年，王安石深深埋冤。呜呼，王安石；悲哉，王荆公。

直至中国进入近代社会，大部分史家站在现代文明高度，才重新评价王安石变法的正面意义，逐渐认识到王安石的一片丹心。他是一个真正以天下为己任的政治家，只是现实没给他环境，时代没给他机会。

的确，王安石是个千年不遇的奇才。变法虽然失败，但其立身极正，即便是对手，除了政见不同，也无可攻讦，因为他私德无亏。其文章，更是如此，被列为"唐宋八大家"。

与他同时代的英杰们相比，范仲淹、司马光、欧阳修、苏轼等人，有胸怀，有才学，有节操，但缺乏大智慧、大勇气、大担当。这正是王安石超出他们的地方。或许，他只是缺少对现实复杂性的理解和操控。但，这是自古以来所有政治家永远面对的难题。

梁启超叹曰："若乃于三代下求完人，惟公庶足以当之矣。"想象着历史长河中曾经的惊涛骇浪，不禁让人仰天长叹。人生皆是旅行，唯有天地永恒。

快乐是智慧的开端

□ [英] 劳埃德·莫里斯　译/徐翰林

"快乐的日子，使我们聪明。"

第一次读到英国桂冠诗人曼斯斐尔这行诗的时候，我非常惊讶，它真正的寓意是什么？不仔细考虑的话，我一直认为这句诗倒过来才对。不过他的冷静与自信却俘获了我，所以我一直无法忘记这句诗。

终于，我好像可以领会他的意思，意识到其中蕴含着深刻的观察和思考。快乐带来的智慧存在于清晰的心灵感觉中，不因困扰、担心而困惑，不因绝望、厌烦而迟钝，不因惶恐而出现盲点。

跃动的快乐——不仅是满足或惬意——会突然到来，就像四月的春雨或是花蕾的绽放。然后你发觉智慧已随快乐而来。草儿更绿，鸟儿的歌声更加美妙，朋友的缺点也变得更加可以理解、原谅。快乐就像一副眼镜，可以修正你精神的视力。

快乐的视野并不受你周围事物的局限。只不过当你不快乐的时候，思想便转向你感情上的苦恼，眼界也就被心灵之墙隔断了。而当你快乐的时候，这道墙便崩塌了。

你的眼界更宽了。脚下的大地、身旁的世界都融进了一个更加宏伟的情境中，每件事都恰如其分。这就是智慧的开端。

花费时间和浪费时间

□ 林清玄

　　李小龙尚未成名时,在好莱坞教武术。有一天教完武术,他和他的弟子——有名的剧作家史托宁·施利芳一起喝茶聊天,谈到了"花费时间"和"浪费时间"的不同。

　　"花费时间是把时间花在某件事上。"李小龙首先开口,"在练功夫时,我们是花费时间,现在谈天,也是花费时间。浪费时间则是糊里糊涂或漫不经心地把时间消耗掉。我们有时把时间花费掉,有时把时间浪费掉,至于是花费还是浪费,全靠我们自己的选择。但无论如何,时间一过去,就永远不会回来了。"

　　"时间是我们最宝贵的财富,"史托宁同意,"任何人偷走我的时间,就等于偷走我的生命,因为他正在取走我的存在。当我年龄变大时,我知道时间是我唯一剩下的东西。因此,有人拿着什么计划找我时,我就会预估这项计划将花费我多少时间,然后问自己,因为这个计划,我愿意从我所剩的少数时间内支取几个星期或几个月吗?它值得我花费这么多时间吗?还是我只是在浪费时间?如果我认为这计划值得我花费时间,我就会去做。

　　"我把同一尺度用在社会关系上。我不容许别人偷走我的时间,我不再广交朋友,我只结交那些能够使我过得愉快的朋友。在我的生命中,我空出若干必要的时刻,什么事也不做,但那是我自己的选择。我情愿自己选择如何花费时间,而不盲从于社会习俗。"

　　史托宁说完后,李小龙望着天空,一会儿才问,是否可以出去打个电话。

　　当李小龙回来时,他微笑着说:"我刚才取消了一场约会,因为对方只是要浪费我的时间,而不是帮助我花费时间。"然后他很诚恳地对史托宁说:"今天你是我的老师。我第一次知道我一直在跟某些人浪费时间,以前我从没想过他们是在取走我的存在。"

　　我一直很喜欢李小龙的这个故事。我想,李小龙之所以以少数几部电影就令人念念不忘,是因为除他的电影和无数荣誉外,他还有敏于深思的习惯。

可以满怀向往，
但不要忘了为生活停留

身边的冬野

□ 彭 程

冬至之日，我又来到了这一处远郊公园。

一年四季，我多次来到这里，目睹过它不同时节的容颜和神情。冬至节气的到来，意味着冬天进入了一种纯粹深沉的状态，最能够袒露出这个季节的本质和底色。

没有一点风，前后左右，到处都是一副静寂凝止的模样。抬头看去，天空呈现为一种均匀的淡蓝色，没有一片一绺云彩，仿佛有几分不真实。一排高大的白杨树，稀疏光秃的枝干叠印在一尘不染的天空中，线条疏朗遒劲，有油画般的效果。

前方不远处是一个小湖，曾经的潋滟波光已被封存于冻冰之下，冰面坚硬粗粝的质地，望过去就能感受到一阵寒意。几个年轻的父母带着孩子在溜冰车，动作姿态像是电影里的慢镜头。湖边一圈茂盛的芦苇变得枯干，白茫茫一片，苇秆顶端一簇簇单薄的芦花，在几乎静止的空气中微微摇曳。

一种深沉寥廓的宁静笼罩着原野。如今想来，数月前的从绿叶纷披杂花乱眼中走过，以及油然生出的亲昵愉悦的感觉，都好像不真实，仿佛一场梦幻。庄子的梦里，不清楚是自己变成了蝴蝶，还是蝴蝶变成了自己。置身冬日的原野中，在某个恍惚的瞬间，我也产生过这样的意念：哪一个才是错觉，是眼下视野里的肃杀萧瑟，还是不久之前的蓬勃葳蕤？

一片萧条中，万物都在收敛和缩减，返回自身的质朴素简。唯一相反的是树上的鸟巢，它们获得了放大和凸显。我好像第一次意识到，高高低低的树杈间，原来藏着这么多的鸟巢。其他几个季节里，它们被繁茂的枝叶遮蔽了，大多数看不到。它们的居民的身影，在当下也显得更为活跃。时常会有一只或几只鸟儿从头上掠过，像是一道闪电。但我很少听到鸟叫声，或许是被寒冷喑哑了歌喉。它们落在地上，在枯干的白草丛中走动觅食，身上的羽毛黑白相间，既庄重又滑稽。更经常见到的是成群的麻雀，从某个方向飞来，倏地落在一棵树高处的枝条上，像是骤然降下的一阵雨点。

四野寂寥。我想到了一个说法"冬藏"。《史记·太史公自序》中写道："夫春生夏长，秋收冬藏，此天道之大经也。"这个属于节气物候的古典词语，指代的是大自然的规律，本身也具有一种文学的意味，一种修辞的魅力。

走在裸露着的田野里，满目的简约清爽，让人能够更好地理解这个词语的含义。这个时节，植物都将生命收缩在根茎里、枝干中、树皮下，仿佛坠入了一个漫长深沉的梦境。你很容易想象，当一场大雪降临时，便是给大地盖上了一床厚厚的棉被。

然而沉静并不是死寂，虽然看上去似乎萎靡呆滞，但这只是假象。每一棵树都抱紧了生命。缺少光泽的粗糙的树皮下面，有汁液在蓄积和流淌，等待着合适的时刻，再将自己打开。几个月之后，我们将看到新一轮的繁盛，春天的生发，夏日的张扬，会重新降临在大地之上。就仿佛在生活中有时会看到的情形：一个人消失了，几乎被人遗忘了，但有一天重新出现，像是换了一个人，周身闪耀着别样的光彩。

一路走着看看，到处都能接受到这样的预示着蜕变的消息。

供游人散步骑行的绿道两旁，杂乱的枯叶盖满了枯黄的草地，中间掺杂着坠落下的数种树木的不同形状的果实，被融化后的残雪和泥土弄得脏污。它们都将化为肥料，滋养下一季的春华秋实。几株忍冬萧瑟光秃的枝条上，还挂着一串串豆粒大小的浆果，为小鸟提供点心，虽然色彩已不复秋天时那般晶莹红艳。那一丛有着小丘般阵势的藤蔓，我认出是连翘，春天时压弯了树冠的繁茂花朵，曾照亮周边不小的区域，如今虽然片叶皆无，但那种蓬勃霸气的风度和姿态犹存，没有被寒冷剿灭。它们等待着地下的看不见的阳气生发、汇聚和壮大，到了合适的时候，生命从枝条花卉中喷涌出来，猛然间再一次将天地攻陷。

循序渐进，物极必反，周而复始……这些成语由于耳熟能详而显得平淡无奇，但并不因此而失却力度。大自然以循环轮回的方式，完成着自身的递嬗运化。一条看不见的巨大链环，在天空与大地之间，不动声色地架设起来，伸展开来。我看到的一切，都是这个链条上的细节，即便是最为细微琐屑的部分，透露出的也是某种整体性的信息。

我想到了美国作家兼自然学者包罗斯的一段话："自然之书就像是以各种语言、不同字体所写成的篇章：横七竖八，掺杂着各式注脚。有粗大的字体，也有细致的笔迹，有隐晦的图标，也有象形文字。读得最慢，甚至干脆停顿下来的人，读得最好。"眼前的风景里，那一份单调中的丰盈，枯索中的活力，无疑也属于自然之书中的一页。

我停下脚步，望着身边的这一片冬日原野。我希望自己也能够成为一名合格的读者。

像哲学家一样散步

□ 黄朵懿

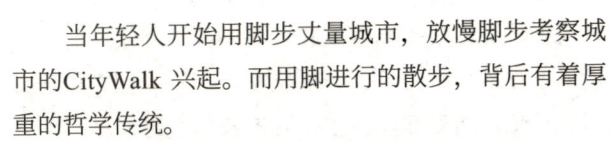

当年轻人开始用脚步丈量城市，放慢脚步考察城市的CityWalk兴起。而用脚进行的散步，背后有着厚重的哲学传统。

"我就像猎人捕捉猎物一样捕捉诗意。漫步穿过街道，在城郊做长距离的徒步，最能带给我心灵的收获。然后我会回到家中，把它们记录在纸上。任何好的作品，即使短小得不行，都需要艺术灵感。"德国文学泰斗马丁·瓦尔泽，在晚年以散步代替了写作。

散步这种貌似无足轻重的日常活动，对于哲学家们来说却具有重要的意义。在梭罗、约翰逊、尼采这些贤哲的生活中，散步占有一席之地。尼采和罗素喜欢一边散步一边思考，而康德墨守成规地在柯尼斯堡每天踱步。用康德自己的话来说，每天强迫性的散步，是"躲避自己被思考追逐"的一种方法。我们甚至可以更加夸张地说，如果没有日常的散步，也许就没有哲学史上这些熠熠生辉的巨著。

法国哲学史学者费德里克·格罗斯的《漫步的哲学》，试图从哲学的角度去解读散步的含义。书中说，漫步或者徒步是人类躲避社会组织活动中被完全规范化、规律化和程序化的一种手段。漫步式的徒步，避开争强好胜式的比赛，不分输赢，只求满足自己的好奇心和耐心。

对普通人来说，散步可以是逃离日常生活规律、解放压抑内心的途径。

007原来是鸟类学家

□欧阳耀地

英国作家伊恩·弗莱明创作的007系列小说中的主角詹姆斯·邦德系情报机构军情六处的特工，代号007。小说问世后，007的形象旋即家喻户晓。被搬上银幕后，风度翩翩又机智勇敢的他，更是风靡全球。

与此同时，美国费城自然科学研究院鸟类学家詹姆斯·邦德的平静生活却被打破了。他家的电话常在深夜无端响起，电话那头传来性感的女声："请问詹姆斯在家吗？"接着便是咯咯的笑声，电话挂了。

邦德和妻子对这些骚扰电话百思不得其解，直到一位朋友为他们解开了谜团——伊恩·弗莱明在一次采访中，道明了007名字的由来："詹姆斯·邦德确有其人，他是美国鸟类学家，我读过他的书。当我想给我的英雄起个听起来自然上口的名字时，我马上想起了他。"

谜团虽然解开，詹姆斯·邦德却无法阻挡007对他日后人生的侵扰。他入住旅馆登记时，接待员会质疑地盯着他看；出入海关时，工作人员会开玩笑地问他把枪藏哪儿了；直到他89岁去世，报纸也没忘提及他和007非同寻常的关系。

詹姆斯·邦德是个忙碌的学者，根本不关心007小说，但他的妻子玛丽给弗莱明写信，小心地指责他竟然使用丈夫的真名写作。弗莱明回信，提出三个回馈：詹姆斯·邦德可无限制使用伊恩·弗莱明的姓名；要是詹姆斯·邦德发现一个可怕的鸟类新品种，可报复性地采用作家名字命名；欢迎詹姆斯·邦德夫妇光临007的诞生地"黄金眼"——伊恩·弗莱明在牙买加的冬季宅邸。

后来，詹姆斯·邦德和玛丽真的突然拜访了"黄金眼"。他直言不讳地告诉作家："我妻子读了你所有的书，但我不读。"伊恩·弗莱明一本正经地回答："我不怪你。"

这些逸闻趣事，均源于一本让伊恩·弗莱明爱不释手以至于顿起"偷心"的图书——《西印度群岛鸟类指南》。这是詹姆斯·邦德花了十年时间，在加勒比海各岛艰辛探索、深入研究而取得的学术成果。

和电影中那个时常飙车炫技、令美貌女郎"芳心明许"的007形成鲜明的对比，真实的詹姆斯·邦德的生活是这样的：为了《西印度群岛鸟类指南》一书，他上百次前往西印度群岛进行科研考察，那时没有飞机，容易晕船的他只能乘坐邮船前往，一去就是数月。他依靠双脚和马匹，在各岛的丛林间艰难前行，而他使用的全部工具，不过是杀虫剂、一把刀和一支双管鸟枪。可以想见，在蚊叮虫咬的荒野僻地，他只有孤独寂寞相随。

《西印度群岛鸟类指南》在几十年间一版再版。通过这本书的普及，詹姆斯·邦德让异域的稀有鸟类，比如古巴吸蜜蜂鸟（世界上最小的鸟）和红嘴长尾蜂鸟（牙买加国鸟），逐渐为大众所知所爱。至今，他的科研成果仍在不断产生影响。

惊心动魄的007系列电影至今已有二十多部问世。那句经典台词"我叫邦德，詹姆斯·邦德"，一出口便令无数影迷折腰，可要是换了戴副眼镜、相貌朴实的鸟类学家这么说，恐怕只会让人感觉好笑吧。

鸟类学家詹姆斯·邦德和虚构的詹姆斯·邦德有过一次身份重合：在2002年版007电影《择日而亡》中，皮尔斯·布鲁斯南扮演的007手拿一本最新版的《西印度群岛鸟类指南》，走进哈瓦那一家宾馆，对邦女郎金克斯说，他是"一位鸟类学家——纯粹是为了鸟儿才来这里"。

这个细节后面，有个长故事。

父亲的小纸条

□ 袁可涵

整理书房时，无意中翻到我曾经非常喜爱的一本书，时隔多年，书页有些许泛黄，但保存还算完好。翻开扉页时，一张小纸片从书里滑落下来，我心头一震，思绪也随之飘散开。

初二时的分班考试前，班里的气氛异常凝重，同学们都铆足了劲儿地复习。我当然也是不甘落后，每天除了吃饭和休息，其他时间都在做题。考完我觉得信心满满，胜券在握，可是成绩出来后，我惊呆了，全班55人，我排在第46名，处于被分出去的10个人之中。握着成绩单，我感觉整个世界都崩塌了。

很快，老师开始安排放假事宜。望着台上老师一张一合的嘴唇，我的脑袋嗡嗡作响，一个字都听不进去。从下学期开始，我将不再属于这个班级了，我的心里充满不舍和沮丧。

拖着沉重的脚步，我慢慢地走出校门，门口早已被来接孩子的家长挤满。我下意识地朝以往父亲常站的地方望了望，那天他并没有来。冬天的黄昏里寒风刺骨，我却一点儿也不想加快脚步，平日十五分钟的路程，我整整走了半个多小时。

忐忑不安地进了家门，家里的灯亮着，但父母并不在客厅。我暗自窃喜，做贼似的摸进卧室，迅速将成绩单藏了起来，偷偷抹去眼角的余泪，对着镜子努力调整情绪。我告诉自己，不能让劳碌了一天的父母为我的不争气伤心。再次走回客厅时，我发现，桌上的晚餐早已准备好了，唯一与往日不同的是，我的碗下压着一张叠好的小纸条。我好奇地打开，几行用钢笔写的字映入眼帘："孩子，分班考试的成绩公布前，班主任就已经和我联系过了，你的成绩我也已经知晓，我知道你的情绪肯定很低落，不知道如何面对我们，但我要告诉你的是，如果事事都如你意，那还要努力干什么……"

读到这里，我泣不成声。没想到，对我一向粗暴、苛责的父亲竟有一颗如此细腻的心。从那以后，我知道，在人生的路上，我一直都不是一个人。

与其他的情感比起来，父亲的爱是那么沉默而僵硬。于我而言，这张小小的纸条却有着特别的意义，只是轻轻地摩挲，就能感觉到无比的暖意。我把它的边角抚平，仔细地夹在书页里，好好珍藏起来。

自然在可亲近处

□ 康素爱萝

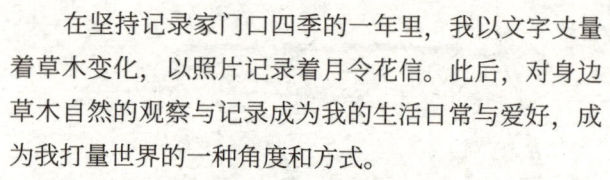

在坚持记录家门口四季的一年里，我以文字丈量着草木变化，以照片记录着月令花信。此后，对身边草木自然的观察与记录成为我的生活日常与爱好，成为我打量世界的一种角度和方式。

当树木、花朵、果蔬、昆虫、燕雀，循着季节的韵脚，欣欣然相随而出，当土地、植物、天空的细微变化我都能注意到，异常美妙的时刻不期而至。

很多时候，我们都是被一棵正在开花的植物所吸引而走进自然的。植物不仅是自然生态系统中非常重要的组成部分，也是我们身边能经常见到的最古老的生命体。我的自然观察就是由植物入门，从植物花朵这一最醒目、最易观察的结构开始的。

我曾经收集一年中遇到的正在开花的植物，从立春开始到第二年立春结束。记录下时间、地点、天气和"况逢一朵花新"的心意，每一种植物的花都不一样，甚至同一植物的每一朵花都有细微的差别。

带一个便携式的小放大镜，可以让你更好地观察花瓣的纹理、雄蕊、花药、柱头和子房，或者你根本不用去分辨这些植物学上的结构，纯然欣赏即可。

你会惊叹于只放大三五倍的花朵，竟然是特别美、特别伟大的艺术品。你会发现附地菜的小花喉部描着嫩黄的小圆圈。注意到早开堇菜和紫花地丁的区别。开得小礼花似的点地梅是会变色的。荷包牡丹刚开的是心形的小荷苞。栾树花边开边落，好似一场灿然的"黄金雨"。

植物由根、茎、叶、花、果实、种子六部分组成，你最喜欢哪部分，就从哪部分开始。如果你喜欢叶子，就从观察或收集植物的叶子开始。压制成标本或者玩举一片叶子拍照的游戏。积少成多，单叶、复叶、羽叶，形状不同，颜色也不同，都是绿色，也绿得千差万别。冲着亮光，你会发现叶子有叶脉，有腺点或气孔线，叶的边缘不同，基部不同，叶尖也形态各异。

收集种子也挺有意思，弄个种子收纳盒，看看一年能收集多少种植物的种子。有些还可以马上把它们种起来，从最简单的黄豆、绿豆，到买回来吃的水果，如杏、苹果、山楂，或者在公园里捡的橡果、松籽、银杏果都可以尝试。我试种的有些没能发芽，或发芽长叶后就死掉，最成功的是百香果。但仅是见证种芽破土、子叶舒展的过程就让人觉得奇妙无比。

我几乎不看系统分科的植物图鉴。对普通自然观察者而言，植物观察从不是让你去学植物学，去专业地细数各种植物分类。只要你肯慢下脚步，打量一棵树，摸一摸树皮，找一找枝芽，或者蹲下来闻一朵花，捡一片落叶，端详一枚种荚，就可以开启一段自然观察之旅。

当你的目光投向一株正在开花的野草、一棵正在结果的大树，你会听到蜜蜂的嗡嘤和黄眉柳莺的鸣唱，你会发现戴胜鸟的冠羽随着情绪的起伏开合，你会看见蝴蝶的后翅鳞片仿如夜星璀璨，异色瓢虫的鞘翅仿佛上了漆，而又没有一只的图案是完全相同的。

在现代，这些你完全能在超高清的纪录片里看到，在各种大开本的精美画册里读到，或者像我这样描述给你听，但都不及你去亲历。唯有亲历，才会对身边的自然生发出具体、新鲜又有趣的认知，身处其中的体验与记忆，没有任何载体可以替代。一旦对美好事物探求的好奇心被唤起，无论是认植物还是观鸟都让人乐此不疲，自然观察作为一种爱好的魅力就在于此。

"看"世界

□ 黎　锦

　　我提早到了诊室，看到窗下摆了几盆花，以前似乎没见过。我问正忙着给病人推拿的陈医生："这些花都是你养的？"他说："是啊，一直放在窗外的，这几天太冷了，拿进来缓缓。"我看到君子兰盆里的土干了，问他要不要浇水。他手上用着力，大声说："不能浇，冬天一定要少浇。""那多久浇一次呢？"我问。"开春再说。"

　　这时，我心里的疑问又来了，对一个看不见的人来说，养花是为了什么？可我不能这么问。于是我问："这盆君子兰开花吗？""开呀，年年开，开起来可香了。"

　　这让我想起春天的时候，我来找陈医生推拿，他问我在忙什么，我说忙着给各种花拍照，现在到处姹紫嫣红的——说到这儿，我自觉失言，赶紧打住。他却毫不在意，接着我的话说："是啊，这季节，空气里都是花香，我在家也坐不住，到休息日肯定要我太太开车带我出去看花。"

　　他说的是"看"花，而不是闻花。我认识他好几年了，早就发现他从不避忌说"看"这个字。

　　他说过，他的爱好之一是"看"书，"看"医学专业书，"看"股市经济类的书，也"看"文学类的书、名人传记。他还跟我探讨我们都"看"过的某本书，说到其中的某些观点，我们俩还特别一致。除了爱"看"书，他还喜欢"看"电影，"看"电视剧。他跟我夸起一些演员，赞不绝口。

　　他的爱好还包括旅游。他一年起码进行两次远途游，三四次周边游，这么多年，"足迹遍及祖国大江南北"。这是他的原话。我第一次听到时，特别好奇，他旅游？"看"什么？怎么"看"？就算他太太形影不离地陪着，将景点的文字介绍读给他听，就算他能触摸那些建筑、古树，再在脑海中进行想象和描摹，但由此得来的乐趣，能抵消一个看不见的人的出行不便吗？可那会儿与他不熟，我不敢问。

　　后来熟了，有一次他去了青岛。回来后我问他好不好玩，他答非所问道："在海边散步，那海风吹过来都带着咸味，听着海浪声，别提多放松了；还有，晚上坐在五四广场，听街头艺人唱歌，有我爱听的摇滚，好像又回到读大学的时候；还有，喝青岛啤酒，天天喝，爽！"

　　推拿时我一直趴在床上，每次听他乐呵呵地跟我聊这些，心情就格外放松，不知不觉地，就又忘了他跟我们视力正常的人有什么不同。

　　本来就是，谁说"看"世界一定要用眼睛呢？

瘦日子

□ 小 隐

我的外婆，出生在"女子无才便是德"的年代，直到中华人民共和国成立后，才在街道扫盲班识得几个字。但这并不影响外婆的语言表达充满意趣。

春天花草生发，外婆不说"发芽"，说"爆芽"；小孩嘴馋，外婆说"裁缝丢了剪子，还剩个尺（吃）"；我从小爱问为什么，外婆说我真是"出了南门尽是寺（事）"；面对月头发饷发薪手头松，月中青黄不接勒紧裤腰带的生活，外婆总是说："人啊，肥日子没得两天尽是瘦日子！"

一个"瘦"字，道尽生活的贫瘠，却不悲观。那是欲望不高的岁月，瘦日子里的城南人吝惜万物。

在商店购物时用的包装纸，一张张抹平叠好收在抽屉里，日后可以包零碎东西，也能折只小猪、青蛙哄小孩。

捆扎过物品的纸绳仔细绕成球，一团团堆在针线筐里。高粱秸扫帚把儿松了，菜篮子的提手散了，随手拿一段续上扎紧，又能用好久。

瓶装小菜是贵物，小菜吃完，瓶子洗干净，最适合当茶杯，巧手的家人用五彩玻璃丝给瓶子量身编织各种图案的套子，捧在手里，防滑防烫，还暗含对生活说不出的热爱。

医院输液用的盐水瓶也可以留几个，冬天把盐水瓶灌满开水，用它焐被窝是很多人的日常做法。外婆教我先在瓶子下面垫块毛巾，然后倒一点开水晃一晃再满上，可以防爆裂。然而橡胶的瓶塞很容易不动声色地开裂，几次把床单漏湿。瘦日子的缝隙无处不在。

曾经的旧物是上门回收的，只要街巷响起"破布烂棉花拿来卖，旧书旧报纸拿来卖，废铜烂铁拿来卖"的吆喝声，没有收入的老人、缺少零花钱的小孩，内心就激动起来。

铜铁搞不到，报纸没有，书不能卖，只能在破布烂棉花上用尽心思。皮鞋底、牙膏皮、鸡肫皮、鸡毛、乌龟壳、没有底的痰盂……各种"收藏"端出来待价而沽，一番讨价还价后变成几张毛票或者几枚钢镚儿收在口袋里，脸上洋溢着富足的微笑。我永远都会当即把它们换成零食吃进肚子。有一次实在没有藏品，急中生智把家里还有三分之一的牙膏挤光，换了二分钱的麦芽糖，因此挨了我妈的一顿鞋底。

瘦日子促生开源，也造就节流。几斤毛线，今年织一个花样的毛衣，过几年时兴其他花样，就拆了重新再织，再穷也不耽误爱美的心。童年的我在家庭老照片里看到过旗袍，但是在樟木箱子里从没发现过实物，直到穿上和外婆的短袄、妈妈的背心同样质地的花色马甲，我才知道那些衣物的去处。驼绒旗袍、丝绸长袄、全毛华达呢大衣，一遍遍拆改，一次次剪短，在祖孙三代人身上流转一个甲子，完成使命。

瘦日子还培育各种巧手。以前老城南的布店、纽扣店很多，整匹的布卖到最后总会留下不够做整衣整裤的碎料。我妈的最大爱好就是淘便宜的零头布，做完小物还剩料子，外婆、老妈齐动手，拼拼凑凑就是一床百衲被面，针脚细密，配色大胆，完胜眼下一些大牌服装的审美，当时的简省放到现在就是匠心。

爸爸是无线电爱好者。他在业余时间组装半导体收音机，工具箱里有各种晶体二极管、电路板、电烙铁、铜线。我最喜欢松香，琥珀色半透明不规整的一大块，放在阳光下，我会试图从里面找出一只史前昆虫。冬夜漫长单调，爸妈就在自己的手工劳动里消磨时间。我躺在床上，在缝纫机皮带与轮毂的摩擦声和电烙铁熔化松香的稳妥甜香中，沉沉睡去，做个过肥日子的好梦。

寻常之物，非凡深意

□向墅平

天地间，那些看似沉默的事物，无不藏有深意。

一颗露珠里，藏有深意。

明知道，只是极短暂的一次偶然呈现，稍有风吹草动，就会滚落尘寰。可你泰然自若，在逼仄的草叶上，悠然展示辽阔的欣喜，书写着一粒亮闪闪的赞词。人若如斯，还会忍心轻易虚掷韶光吗？

一块石头里，藏有深意。

你以亘古的静默，秉持着隐忍与坚强。无论风吹雨打、日晒霜冻，都兀自岿然不动，抱紧自己。人若如斯，还怕什么世事考验？你就可守住信仰和初心，活出令人敬佩的样子。

一抔泥土里，藏有深意。

那样质朴、沉着、深情，你把生命的根脉，温柔地护佑着，并给予源源不尽的营养。不计付出，不求回报，忽略岁月和遗忘，在庄严的缄默中，孕育希望。人若如斯，就会懂得默默奉献，无私付出，书写有价值的人生。

一株树木里，藏有深意。

不论生在何处，你都只管用自己的根，牢牢抓住土地。没有谁可以让你放弃信念——向上生长，再生长，你一寸寸接近天空。人若如斯，就可超脱命运之上，抵达理想的高处。

一朵浮云中，藏有深意。

貌似高高在上，俯瞰一切，却因无根而漂泊不定。你渴望回到大地，回到真正的故乡。你向着大地，暗暗压沉自己。终于，你形成水滴，那么迫切，那么欣喜地重新投入大地的怀抱。人若如斯，便不必去追求虚无缥缈的浮华，更愿拥抱真实的人间烟火，安享现世的幸福。

你若用心发掘体悟，寻常之物里总有无限的启迪与教益。

骤雨片刻人去处

□陈 珂

在田间长大的人总会对开垦播种有份依恋。奶奶60多岁了，在这钢筋水泥浇筑的城市里，对家门口的空地以及村子附近山脚下的坡地进行全方位的改造。

奶奶的种植方式很随意也很积极，因为村子里不止一位对种植作物饱含使命感的老人，山脚的种植位置时常发生变化，讲究先来后到或者是别的不成文规定。为了能让那片作物享受良好待遇，奶奶通常是预估作物生长情况，特地起个大早对坡地上的作物进行细致作业，往往能劳作很长一段时间。

七月中旬的一天，云彩不多，估摸着是个大晴天，奶奶收拾锄头斗笠等物品就往山脚那块坡地赶去，我倒是破天荒也早早起来，看到了那时常发生对我来说却很少见的场景：

老人戴着斗笠扛着锄头，即便有斗笠遮掩也不难看出白发已经牢牢占据阵地，不容有任何异色出现；年头已久但锄刃前端依然锃亮的锄头，虽不大却压着老人步伐开始左右晃荡。老人走得急，步子迈得很小，几块云彩层叠出不同厚度，阳光努力钻了出来，在这里降下光辉，从房屋的间隔中穿过，在地面、墙壁上烙印出大片的长条形状，宣告早晨的到来；这边落下光幕提升整块区域的亮度，想必是为了展示太阳的威能，感觉热了不少；那边洒下些许金粉，老人浅浅的轨迹就这么一点一点显现出来。拐进去往山脚的小路，一片云朵悄悄地遮住太阳，金黄的光幕又黯淡下来。

靠着自然光亮堂起来的房间一下子暗了下去，我回过神察觉到外面的异样，走到窗边打量天上这奇异景观。棉被似的云层迅速从东边铺到西边，黑色的积雨云如同墨汁落入水中一样迅速染黑整片云层挡住一切想照耀大地的光芒，整片天地变成了白、灰、黑相互交织的产物。

不好，要下雨了！

望着越发昏暗的天幕，云层之间酝酿着庞大能量，兴许下一秒就会是倾盆大雨。我不自觉地想到没带任何雨具的奶奶，所幸雨还没开始下，夹着一把小伞出门，沿着那条小路寻找奶奶的踪迹，免得发生意外。

小路出奇地平坦，远远看去很快就能到山脚了。耳边是风在呼啸，眼前的一切好像被黑暗吞噬了，如同一伙骑兵正飞速向我袭来，大雨来了。狂风加暴雨使得我手中的伞越发难以控制，我死死抵住小伞慢慢前进，迎接一次又一次的进攻。

豆大的雨点一波接着一波砸在伞面上，它们倒是玩得开心，全然不顾伞下人的落魄样子。

为了应对上方的攻势，我走得很慢，不承想雨滴顺着风淋湿了鞋子，更进一步淋湿了裤腿。我又不敢加快脚步，生怕伞被吹飞陷入绝境，只好这样磨蹭着到达山脚。我环顾四周，并没有看见任何人影，那就只剩一个方向，山上。

视线顺着山路看去，能看到很多人工种植作物的痕迹，远处一座凉亭矗立在那里，凉亭里有个熟悉的身影。

冲进凉亭甩甩伞上的雨水，我这才反应过来自己全然湿透了，奶奶看着我这副样子不免唠叨起来："过来做什么，落雨在家里不好吗？人都淋烂完了。"

我没有解释，只是拽了拽裤腿和衣服，尽量让雨水与大腿分开，这样会好受一点。奶奶看到我这个样子也不好再多说什么，拍了拍石凳示意我坐下等雨停。

凉亭四周跟立着屏障一样，没有受到雨点任何侵袭，山间的风比之前更大了，铆足了劲想把雨带进凉亭内，周围的树丛紧跟着风摆动起来，雨点打在树叶、树杈、树干上，就像战鼓一样，噼里啪啦。凉亭之外的一切被暴雨冲刷着，目光所及全然一幅壮烈的大雨征伐图。

夏季的晨雨来得快去得快，没多久雨就停了。奶奶敲了敲背，站起身拾起锄头："你先回去，我还要再翻几下地。"

我点点头轻轻应了声，起身收拾好这把同我共患难的小伞，目光不自觉看向远处。

天空的乌云仍盘踞着尚未散去，更远处的云朵被挤出几道裂缝，湛蓝色的天空显露出来，几栋高楼上数道金光洒下，原本暗淡的天地瞬间恢复色彩。我想拿出手机拍下这绝美一幕，翻遍全身才反应过来走得急没带，只好多看两眼，希望能深深烙印在脑海中。

我驻足看了许久，是时候回去了。低下头看到掉在地上纯白色的云朵，我加快脚步走了过去，"奶奶，我来帮你"。

天上星多月不明

□江东旭

有个小有名气的青年书法家，与齐白石是忘年交。有一次，他邀请齐白石一同去故宫欣赏古代书法名家的真迹，以开阔视野，增长见识，博采众长。谁知齐白石却摇摇头，表示不愿意去。

"为什么不去？那里的东西还不够好吗？"齐白石说："我当然知道那些东西好，但正因如此，我才不愿意去啊！"

见这个青年朋友不解，齐白石解释说："人们平时都强调多看，多学，但'乱花渐欲迷人眼'，我们学习书法，特别需要警惕这个'乱'字。如今的印刷和出版业十分发达，那些高仿真的古代经典法帖，我们轻易就能够得到，但这也很容易使我们心思涣散、见异思迁。古代的书法家没有现代人的条件，所以元朝的赵孟頫曾说：'昔人得古刻数行，专心而习之便可名世！'今天的人们由于看得太多，选择太多，反而不容易定下心来专注于一家一体，心浮气躁，做不到真正的深入。我不愿意去，也是这个道理。有句民间谚语——'天上星多月不明'，我怕我去看了以后，乱了自己的心啊！"

"天上星多月不明"，齐先生的拒绝，其实是一种睿智，一种坚守，是为了另一种得到。细细咀嚼齐白石的话，这位青年书法家幡然醒悟。立志在书法领域闯出名堂的他，从此不再东猎西渔，而是潜心主攻"二王"书系。他，就是后来著名的书法家邓散木。

宋人花事

□ 周华诚

南宋淳熙六年（1179年）三月，孝宗到德寿宫，请太上皇、太后一起去西湖的聚景园看花。《武林旧事》中记载："遂至锦壁赏大花，三面漫坡，牡丹约千余丛，各有牙牌金字……又别剪好色样一千朵，安顿花架，并是水晶、玻璃、天青汝窑、金瓶，就中间沉香卓儿一只，安顿白玉碾花商尊，约高二尺，径二尺三寸，独插照殿红十五枝。进酒三杯，应随驾官人内官，并赐两面翠叶滴金牡丹一枝、翠叶牡丹沉香柄金彩御书扇各一把……"

在爱花行为所体现出的生活追求与风雅上，皇帝与平民有着同一性。

又如，淳熙三年（1176年）五月，太上皇高宗赵构七十岁生日。一大早，孝宗就率皇后、太子、太子妃、文武百官为太上皇祝寿。德寿宫内百官帽带簪花，礼乐典仪祥和井然。午时，太上皇到德寿宫，自皇帝以下，皆簪花侍宴。

簪花，是一个很有趣的细节。其实在宋代，这是非常普遍的生活场景。簪花者，不分性别、年龄、阶层，不仅宫廷贵族、文人士大夫簪花，普通市民、隐士高人、绿林好汉也会簪花，《水浒传》里的浪子燕青就如此，"腰间斜插名人扇，鬓边常簪四季花"。

关于簪花的习俗，根据史料来看，最早出现在南北朝，兴于唐朝，风靡于两宋。在宋代，簪花属于全民性的日常行为。重要的节日当然要簪花，比如端午簪石榴花，重阳簪大菊花，在一些喜事发生的时候更要簪花，比如登科及第，簪花骑马而归。簪花更是上升到了宫廷典仪的高度。

《宋史·舆服志》的"簪戴"条目中有明确规定："幞头簪花，谓之簪戴。中兴、郊祀、明堂礼毕回銮，臣僚及扈从并簪花，恭谢日亦如之。大罗花以红、黄、银红三色，栾枝以杂色罗，大绢花以红、银红二色。罗花以赐百官，栾枝，卿监以上有之，绢花以赐将校以下。"

由此可知，不同品级官员、不同的场合，簪花有不同的规范。国家大典如中兴、郊祀、恭谢、两宫寿宴、新进士闻喜宴等场合，臣子们都须簪花，簪花的品种也有不同要求。

高宗八十岁生日时，杨万里写了《德寿宫庆寿口号十篇》，其中一首写道："春色何须羯鼓催，君王元日领春回。牡丹芍药蔷薇朵，都向千官帽上开。"

南宋画家苏汉臣有一幅画作《货郎图》，画中一个货郎壮汉鬓边簪一枝花，其面貌浓眉大眼，神情则甚是娇媚，颇为有趣。

辛弃疾到了六十多岁的时候，也写过一首词《临江仙·簪花屡堕戏作》："鼓子花开春烂漫，荒园无限思量。今朝拄杖过西乡。急呼桃叶渡，为看牡丹忙。不管昨宵风雨横，依然红紫成行。白头陪奉少年场。一枝簪不住，推道帽檐长。"

烂漫春日里，一位发疏齿摇的老人拄着拐杖急急去看花，老人也想跟年轻人一样，把花簪在头上，可是头发已经稀疏，簪花屡堕，老人随即自我解嘲，推说帽檐太长。一幅富有情趣的春日看花图景，一位可爱天真的老人形象，跃然纸上。

扬之水在《宋代花瓶》的开篇说："瓶花的出现，早在魏晋南北朝，不过那时候多是同佛教艺术联系在一起。鲜花插瓶真正兴盛发达起来是在宋代。与此前相比，它的一大特点是日常化和大众化……"

在宋人的审美中，花与其他事物一道，构成了一个独特的审美世界。市井商家，同样爱以插花来装点门面。《梦粱录》中说："今杭城茶肆亦如之，插四时花，挂名人画，装点门面。"杨万里还有一首诗《道旁店》："路旁野店两三家，清晓无汤况有茶。道是渠侬不好事，青瓷瓶插紫薇花。"

宋人的插花时尚，自然带动起一个兴隆的鲜花市场。三月的南宋临安城，花市热闹非凡，各种鲜花争奇斗艳，《梦粱录》中记载："春光将暮，百花尽开，如牡丹、芍药、棣棠、木香、水仙、映山红等花，种种奇绝。卖花者以马头竹篮盛之，歌叫于市，买者纷然。"

花事的盛景，可以反映南宋士人与民众对雅致生活的追求，也从另一个侧面反映出百姓生活的富庶与安逸。在德寿宫里，宋高宗也热衷于养花，后苑花卉四时不同，数不胜数；德寿宫遗址也出土了不少龙泉窑方瓶、凤耳瓶、折肩瓶等，都是用于插花的花器。

时隔八百多年的今日，人们步入复原后的德寿宫重华殿，似乎仍能感受到那满城的繁盛、日常的风雅，以及那一抹隐隐约约的花香。

美妙的礼物

□ [美] 史蒂芬·柯维 译/佚 名

妈妈热爱艺术，常常组织我们去观看城里上演的芭蕾舞、交响乐、戏剧等。要看这些演出，就得买演出票。她把很多钱都花在这些地方。

那时候，我向妈妈抱怨过，说我们从这些演出中得不到多少好处。但是，现在回想起来，我意识到自己错了。

我永远不会忘记跟妈妈一起做过的一件事情，那件事情永远地改变了我。

当时，我们小区附近在举办"莎士比亚节"。有一天，妈妈宣布，她给我们每人买了一张《麦克白》的演出票。那时，我认为这对我一点意义都没有，因为我只有11岁，根本不知道莎士比亚是谁。

那天晚上，我们挤进车里去看演出。我清楚地记得我们发了不少牢骚，说太累了，根本没有办法集中注意力。

我们问："为什么不去看一场电影呢？"妈妈没有回答，只是微笑着耐心地开车。她心里很明白，莎士比亚的惊人才华会证明她的选择是正确的。

事实的确如此！

我从未有过其他时刻能像那天晚上一样，人世间的种种感情如此活灵活现地展现在我面前。在整场表演中，麦克白夫妇的黑暗秘密紧紧地抓住了我，我再也不是年幼无知的孩童了。

莎士比亚开启了我的心灵之门。我知道自己的生活被永远地改变了，因为我发现了某种深深打动我心灵的东西，而且即使我愿意，我也不能扭转它带来的影响。

回家的路上，我们都沉默不语。我说不清那是一种什么样的沉默。

妈妈把她对世界上美好事物的热爱之情传给了我和我的孩子，对她给予我的这份美妙的礼物，我怎么感谢都不够。

花 酿

□ 陆 苏

天黑时，我喜欢坐下来，和植物一起享受歇下来的美。

一天的劳作后，洗净身上的泥土和疲惫，穿上宽松的麻布衣服。那米白的麻布在小溪里浣过，在池塘里濯过，在水库里漂过，洗得浮纤散尽，筋骨显现，柔韧且有了丝的光泽。每一个经纬交织的地方都像开着一格格虚掩的中式小窗，一字襻扣妥妥地把两片大门似的衣襟拢起。

这样的衣服穿在身上，有天地人和的安稳妥帖，有国泰民安的泰然自若，有琴瑟在御的和顺静好。虽然夜是黑的，但是衣服内的身体和心情都是明亮的，让人不再害怕黑夜。

在门口的青石地上放一张竹榻，和家人一起坐在上面缓慢地喝一壶热茶，或者欢快地吃井里冰镇过的西瓜，或者吃房前屋后树上现摘的桃、梨、葡萄，又或者什么都不吃，就躺在竹榻上感受微风掠过的美。一切都符合最本真的田园画风。

或者让自己在离地一尺的椅子上斜躺着，感觉是一朵开好了的花歇在缓缓吹过来的凉风的膝上，虫唱的和声似乎给了夜空微光，栀子花、柠檬花、晚饭花，把所有在露天纳凉的凳子、台阶、陶罐、簸箕都染上了香。

人若在院子里走上一圈，不需要刻意，衣袂间甚至会扬起半个月前留下的花香，那样被日子轻酿过的香也许可以叫花酿，有让人微醺的酒意。

十米外是妈妈的小菜地，几只萤火虫掌着灯在上面巡飞，是微服私访打探蔬菜的闺中秘事呢，还是防着谁来偷菜？那萤火虫抓得了的小偷该长得多么小啊……

那些从土里自然生长出来的草本的生命，那些不费笔墨自来自去的玫红葱绿，那些不需用碗盛的随心收藏的花香，只需要有一颗安静而感恩的心。

我想，它们的好，我看见了，我喜欢了，它们就算没白来一趟。

万物大美，怎样都是醉人的。

史书上的一群标点

□ 黄亚洲

这个时节是秋虫最热闹的时刻。

每一块断砖或者草丛都是它们完整的大旗。每一处丘陵、树木和河岸都是它们的思想高地。它们肆无忌惮，欢呼并且抗议，充分表达对不同季节的不同原则立场。

任何一双悄悄临近的鞋底都会使它们中场休息。它们会喝口露水润润嗓子，但是显然，它们的不发声是暂时的。它们知道自己的强大。它们的历史比人类的要悠长许多，它们选择某一个声部代表历史说话。它们的声音持久、权威且可靠，从来不作战略退却。

而且据说，在未来某个可怕的时期，当人类的歌唱丢失了声部之后，唯有地层深处的它们还能代表地球的文明。它们依旧推动土壤的颗粒，唱着劳动的号子，或者继续在月光下进行欢呼与抗议。

它们是史书上的一群标点。即便那一刻，文字不再继续前进，它们也照旧聚集在最后一章，照旧行走，哪怕只是作为一串又一串的省略号。

可以满怀向往，但不要忘了为生活停留

戒目食

□ 郭华悦

戒目食，出自清代袁枚的《随园食单》。

何为"目食"？袁枚赴宴，主人家准备了一桌饭菜，数以十计，琳琅满目。宾客虽多，但直至宴会结束，所食者不过一二，多数菜肴未曾动过。未曾口食，仅供目食，无非是出于排场的考虑。一桌菜肴，口食者寡，目食者众，自然是奢靡至极了。

于是，袁枚才有了"戒目食"的感慨。食为果腹，这是口食，乃生存之必需。但如果在口食之外，还有目食，便是浪费。菜肴不入口，而仅仅过目，究其根源，不外乎贪与奢。

烹制菜肴得重口食，戒目食。人生，也当如此。

人要活出自己，首要的是重"口食"。于众多选项中，不迷不乱，挑选适合自己的"食材"，烹制成肴，入口下腹，消化吸收，使之成为身体的一部分。

如此一来，才能不断于"口食"中吸收充足的养分，滋养身心。

而失败的人生，很多时候是因为"目食"之病。人云亦云，人有亦有，跟着别人的脚步，却无视自己的实际需求。明明不需要，为排场，宁愿受得一身剐，也要在面子上向别人看齐。结果，把大部分的时间、精力花在不需要的地方，而对能令自己人生精彩的选项视而不见，因小失大。

物以稀为贵，能令人觉得有趣的，往往不在多，而在于适度。一样事物，多到"目食"，杂乱而贪多，身处其中，不但难有愉悦可言，反而令人腻而生厌。

精彩人生，在于"口食"中的养分，而不在于"目食"中的奢靡。戒目食，说的是菜肴之道，也是人生之理。

生　长

□ 徐　敏

真正的生长，是知道自己想成为什么。

家乡的水稻令人印象深刻。它遇到风雨和黑夜，也照样向上，让自己颗粒饱满。

那山间的小溪也总给人启迪。它自上而下，缓缓流淌，坚定地奔赴大江大河，岩石只会让它的歌声更加嘹亮。

时间从不辜负努力生长，它如此公平，以至于让人敬畏。

人的一生也是一个持续生长的过程。

身体过于依赖外界生长，它必定走向消亡。但人的心智相反，它更要求向内汲取，自给自足，朝着清晰明确的路径生长，否则就将衰退。

马尔克斯的孤独是深沉厚重的，茨威格的痛苦闪耀着星辰的光芒，史铁生的轮椅使他的天地更加辽远……他们心智的生长，静水流深，璀璨夺目。

你将如何生长？

这是谁也无法摆脱或逃避的主题。

全球唯一没有时间的地方

口 凡 予

位于挪威西海岸的索马洛伊岛,地处北极圈,每年有长达四个多月的极昼和极夜。极昼和极夜来临之际,时间的界限变得模糊,人们常常在凌晨四五点见到红日高悬,无法精准感受时间的流逝。

索马洛伊岛的居民想抗衡这份"无声的逝去",不愿意被时间操控人生。他们将钟表砸烂,将一切与时间有关的记录删去,凭借本能生活。于是,索马洛伊岛成了"全球唯一没有时间的地方"。

没有内卷和996,日子想怎么过就怎么过

如果没有时间,生活会变成什么模样?

美国国家航空航天局(NASA)的科学家做过一项实验。他们筛选出一名非常自律的女性,让她在位于地下30米、不见天日的天然岩洞中独自生活210天。这位女士住进了洞中一个18平方米的空间里,里面有基础生活物资。靠着强大的自律,她坚持了6周规律的生活,之后生物钟便开始紊乱。待到第130天时,她的不适感加剧,实验被迫停止。

这项实验证明,时间对人们的生活有着巨大影响。但当全球大部分居民都在严格按照时间来安排每一天、每一月、每一年时,索马洛伊岛上的300多名居民默默实现了"时间自由"。

他们是如何抛弃时间,开展日常活动和工作的呢?答案是,全凭感觉!早上7点,遵循时间法则的人们开始新一天的生活,索马洛伊岛居民或许才刚刚进入梦乡;半夜2点,即便是享受夜生活的人也渐渐与周公相约,索马洛伊岛居民却叫上朋友,相约草地踢球露营,去海边游泳吹风,享受夜半的风景。

这里没有人会投诉你扰民,也没有人会以不认同的目光看向你。即使你突然想要除草种花、收拾花园环境,大可随时拿上工具开工,不需要有任何心理负担。人们有完全的自主权去决定什么时候做什么,就算是下午3点再去上班也没关系。

因为在这里,太阳也没有严格按照每天的"作息"打卡上下班,它肆意的模样催生了当地居民在时间把控上的自由感。员工醒来了,来上班了,商店才营业;老师和学生准备好了,学校才开学;渔民吃饱喝足了,才出海捕鱼。大家享受着不被时间约束的生活,也尊重彼此对于每一天的安排,随心所欲的节奏让这座小岛成了真正的"无时区"地点。

这里没有朝九晚五,没有内卷下催生的"996""007"等侵蚀员工个人时间的工作时态,也不会有人告诉你现在几点,应该做什么。但这并不代表人就可以肆无忌惮地"躺平",岛上居民仍需按照规定的需求完成相应产出,只是可以自己决定时间的分配,真正做到了"弹性生活"。

太阳永不落山,时间在这里丧失了意义

索马洛伊岛居民可以置身于时间之外,跟当地的地理环境不无关系。

索马洛伊岛位于北极圈以北,每年5月到7月,地球自转轴倾斜偏向北方,北半球的日照时间变长,再

加上特殊的地理位置，该岛在夏日里难得一见日出日落。换句话说，这段时间里，索马洛伊岛的太阳永不落山，会出现持续69天的极昼现象。

人们可以清晰地看见每天早上太阳从东方出现，向南偏移，接着逐渐向西移动，最后向北移动，再在时间意义上的第二天早上回到东边。这番景象直接打破了常人"太阳东升西落"的认知。面对如此漫长的白昼时光，当地居民纷纷表示，"无休止的白天，我们都不知道该怎么生活与工作了"。

与极昼相对的是极夜。当地球自转轴倾斜再次变化，太阳直射点不断移动，南半球日照时间逐渐增多之时，便是索马洛伊岛的极夜来临之际。

每年11月到次年2月，浓浓的黑幕封住了整座小岛的天穹，透不出丝毫光亮。幸运的是，索马洛伊岛的寒夜偶尔会出现绚丽的极光，为暗无天日的黑夜增添几分光彩。许多人几经辗转才能见到的极光美景，是当地人触手可及的美好画面。

美好固然难得，但当岛民长时间陷入黑暗中，只能待在家里，没有办法出海捕鱼时，非常容易产生抑郁情绪。所以，每次极夜结束，岛民都会聚在一起，热烈庆祝光明的到来。大家甚至达成一致，工厂、学校以及商店都不准按照24小时制去营业，而是根据大家的需求来运作。以打鱼为生的岛民也渐渐放弃在极夜出行，选择在天气晴朗的极昼出行，在海上一待就是好几天。

为了进一步获得自由且明确的工作周期，减少极昼和极夜给生活带来的影响，岛民们提出意见，希望有关部门考虑取消时间制度，让大家获得更好的工作和生活环境。

"取消时间"这一建议的最终推动人是谢尔·奥拉夫·赫维丁。2019年，索马洛伊岛的居民们做出一个震惊世界的决定：共同签下一份特殊的制度——向国际社会申请废除岛上的时间。谢尔收集了整个小岛321名居民的意见和签名，郑重地交给了议会代表肯特·古德蒙森，希望这个抛弃时间的决定能够得到当权者的认同。有关部门也早已关注到岛上的极昼极夜问题，经过一番程序，便同意了这项提议。

正确的答案

□赵元波

南宋美食家林洪写有美食专著《山家清供》，他是吃货苏东坡的超级粉丝。有一天，林洪读到苏东坡的《元修菜》一诗，对元修菜产生了极其浓厚的兴趣。元修菜到底是一种什么样的菜呢？有好几次，林洪根据苏东坡诗里的描写亲自到田间地头查看，也多次向老农请教，都没有弄出个所以然来，这事就暂时搁置了。

直到二十年后，朋友郑文乾从四川回来拜访林洪，林洪抓住这个机会向朋友请教。郑文乾告诉林洪，元修菜就是四川本地的野菜油苕，也叫肥田草，可以拿来烧、炒、制羹、做汤，还能制成干菜，做法多样，味道鲜美。

苏东坡谪居黄州期间，不仅思念家乡，也十分想念家乡的美味，就嘱托准备从黄州回眉州的巢谷（字元修），给自己带一包油苕的种子回来。

拿到菜种后，苏东坡将其种在黄州开垦的荒地上。因感念巢元修的情谊，每当黄州当地人问到这是什么菜时，苏东坡都会介绍这是"元修菜"。

听郑文乾这么一说，林洪终于解开了萦绕心头二十年的疑问。

小虎与小煤球

□ 鲁北明月

我的书桌上，时常有只懒卧的猫咪。这只半岁的猫咪叫小煤球，见到我总会迅速开启玩耍模式，高高翘起尾巴，跟着我，在我两腿间穿来绕去。

它通体乌黑，生下来就像个蠕动的黑色毛球，我当时就给它取名小煤球。后来觉得这是个有些土气的名字，按照《相猫经》的取名方法，纯黑的猫应该叫"啸铁"或者"乌云"。但在一番犹豫之后，我还是选用了通俗易懂的小煤球这个名字。当时还是小奶猫的小煤球是不在意的，当然现在也是一副不在乎的样子。小煤球的妈妈小灰也是一副无所谓的态度，它只在我把小煤球拎出猫窝的时候才会着急。

小煤球日长夜大，最初只是吃奶睡觉，后来就是四脚蹒跚，到处乱爬乱跳，像个移动的煤球四处探险。小灰的耐心极好，不厌其烦地一次又一次咬着它的背颈，把这顽皮的女儿叼回窝里去。刚开始它把小煤球衔在嘴里游刃有余，后来有些叼不动了，将小煤球的半截身子拖在地板上。妻每每看到，便着急地拿手机拍视频：拍另一位母亲正在把顽皮的熊孩子拖回家去。现在的小煤球几乎是能飞檐走壁的少侠，而小灰也似乎不再管小煤球了，它们在路上相遇，鼻头互凑，闻过之后，小煤球想用头颈往小灰的颔下蹭，但小灰已面无表情地走开了。

我的眼睛瞟到书架上的《剑南诗稿》，想起陆游。当年陆游给他的猫取名大概没有我这般纠结，这位著名的大宋"铲屎官"在《赠猫》诗第一首里这样写道："盐裹聘狸奴，常看戏座隅。时时醉薄荷，夜夜占氍毹。鼠穴功方列，鱼餐赏岂无。仍当立名字，唤作小於菟。"这只会扫荡鼠穴的小猫，陆游称它为小虎。"於菟"是虎的别称，我猜想那小猫大概率是一只橘猫。

小虎会保护书籍，在《赠猫》诗第二首里，陆游这样写道："裹盐迎得小狸奴，尽护山房万卷书。"看来小虎的工作做得相当出色，但说好的小鱼往往不能及时奖励到位，于是陆游这样反省："惭愧家贫策勋薄，寒无毡坐食无鱼。"在另一首诗里，陆游更加不吝溢美之词。"服役无人自炷香，狸奴乃肯伴禅房。昼眠共藉床敷暖，夜坐同闻漏鼓长。贾勇遂能空鼠穴，策勋何止履胡肠。鱼餐虽薄真无愧，不向花间捕蝶忙。"在陆游眼里，它勇猛善战，功绩不凡，而不是那些流连花间只会捕蝶献媚的富贵之猫。

有趣的是陆游在诗末有个小小的自注：道士李胜之画捕蝶狮猫，以讥当世。这引出另外一个话题，宋代，养猫之风遍及朝野，兴于五代的画猫也随之盛行于宋。国人喜好以谐音和象征手法寻找事物的吉祥寓意，"好事者"发现"猫蝶"谐音"耄耋"，加之著名的宋徽宗赵佶以《耄耋图卷》引领，从此，猫、蝶以及寿石、牡丹等意象组合入画的"猫蝶图"成为主流文化。既有主流，自然会有反主流，陆游算是，自注中的李胜之道士也是。猫与鼠在传统文化中是一对深刻的对立的隐喻，后者是贪赃枉法的"硕鼠"，而前者则是高洁尽职的君子，所以在陆游与李胜之看来，弄花扑蝶、献媚争宠而不捕鼠护粮的猫，无疑是官场尸位素餐者的代名词。

我的小煤球无缘与蝶相争，虽然守着几千册书但无鼠可捕，算得上饱食终日，无所事事。平日里无非是跟兄弟打闹一通，去窗口看风吹草叶，观察一只偶尔飞来的蝴蝶，对一只停在晾衣竿上的斑鸠兴奋异常，更多的时间是在我的书桌、书架顶层的古琴盒、我上班时闲着的座椅上,以及任何一处的地板、某个箱子里随意而卧。至于伙食,估计比陆游的小虎丰盛许多。妻为了保证小煤球的好胃口,备足多个品类配方的猫粮,还专门采购了金枪鱼猫罐头。

小煤球虽然无鼠可捕,但关于捕获的训练一直在进行中。即使不在书桌上懒卧的时候,只要听到书桌边发出任何窸窣的声响,它立马会无声地走进来,见我撕下废纸正在揉成一个纸团,立即表现出极大的兴趣,眼睛露出企盼的神情。我把纸团揉得紧实些,远远地丢出去,小煤球跳到半空截住纸团,随即能在地板上跟这个假想敌玩耍许久。那一刻,小煤球关于捕猎的天赋被激活,它左右互搏,进退腾挪,灵活而敏捷。

跟陆游家的小虎一顿操作猛如虎捉光家中老鼠的战果相比,小煤球最大的业绩是捉到一只从窗外误闯进来的金龟子。那是一只精致的甲虫,披着坚硬的铜绿色铠甲,但在英勇的小煤球面前毫无抵抗之力。在遭受闪电般的连续暴击后金龟子开始装死,但小煤球似乎识破这伎俩,耐心地在旁边等着,等到金龟子展翅飞逃的那个瞬间,一跃而起,在半空中再次将这"飞贼"擒获。

小煤球眼里的自己是一只聪明伶俐、干净优雅的猫。小煤球眼里的我大约也是一只猫,一只能够提供食物、偶尔可以相伴玩耍、没有恶意的、高大笨拙的两脚猫,有些傻,经常做出一些怪异的行为,对它的服侍也不能真正令它满意,但它仍然爱我。

我想,这已经是最好的关系了。

我们都是一团量子的聚合,我们分处不同的世界,机缘巧合而有一段共享的时空,无论长短都是最好的陪伴,最美的记忆。我们都把真实的自己交给彼此,做一对坦诚的生物,享受生命馈赠的当下。我们在一起的时候,忘记思考所谓的意义,以及那些被强行附着其上的隐喻或者象征。

白云来人间

□连 恒

秋雨过后,天空出现一朵巨大的白云。彼时,我正在绕湖而行,湖水如镜,那朵白云清晰无比地出现在镜面上,我甚至能看到它错落有致、浓淡分明的云层。虽不如悬浮于空中那样立体,却多出了一丝亲切与从容。由此我确信,这朵白云已经来到人间。

渐渐地,更多的人发现了湖水中的白云,他们将目光从远方收回,重新审视起身边的湖水。湖中的鱼儿在云中穿梭游动,河水抚摸着岸边的石头,草树在微风中舒展开身躯,如我一般绕湖而行的人纷纷放慢了脚步。或许,唯有慢下来静下来,才能与这人间美景相谐共生。

我离开时,白云已经不着痕迹地变幻了多个模样。一个孩子对着白云喊:"欢迎以后多来做客啊!"我的心里不禁一动,又看了一眼湖水中的白云,发现它竟缓缓地摇动了一下,似乎是在挥手作别,又似乎是在微笑致意。

小园情结与随意人生

□ 榕 榕

1

我妈当了一辈子记者，工作多年，走南闯北，她习惯随时备好化妆包、洗漱袋，塞进行李箱就能出发——从容，是她对自己的要求。

从小到大，随爸妈辗转搬家几次，家中总会雷打不动地安排一个小柜子用来放置各种旅行用品。一瓶瓶不超过50毫升的化妆水，整整齐齐折在小纸盒里的浴帽，可折叠的牙刷，金色锡箔纸包着的小块羊奶皂……儿时的我对那个柜子充满好奇与敬畏，觉得那里通向的是外面的世界，是陌生的、鲜艳的、脱离了平常日子的所在。

每次我都会如痴如醉地观察半晌，想象着柜子里的东西被带到不同的城市时，一路上会遇到什么样的风景，它们如何帮助妈妈气定神闲地面对一场又一场未知的旅程。

长大后，我原封不动地从妈妈那里继承了这个收集旅行用品的习惯。对我来说，这不仅是一场母女之间癖好的传承，还是一种对外部世界所怀有的热情的保持。等到我按照自己的喜好，往柜子里添进新的东西时，我发现这还是一个通往内心世界的入口。

2

我会为旅行至少准备两双鞋：一双轻便的，一双优雅的。

在去摩洛哥之前，我被电影《卡萨布兰卡》中女主角优雅的套装和高跟鞋迷住了。她每一次出场都能让她与男主角邂逅的背景模糊的那间街角酒吧，变得凄美动人。

听说那间酒吧现在还在，一到酒店，我就换上小礼裙，穿上特意准备的镶着珍珠的小皮鞋直奔那里。谁知我迎面撞上的，却是一片市井相——拥挤的店铺和人群，胡同口打瞌睡的老人，满脸是泥、赤脚奔跑的孩子，路边卖的油炸甜品上萦绕着一团团黑色的蜜蜂。

油腻的地面不时地粘住我的鞋底，当地人看我的眼神好奇又戒备。我缩着脖子快速穿过小巷，用力拽着裙子让它不要再傻兮兮地蓬起。来之前的良好的自我感觉荡然无存，我一路后悔自己为何要打扮成这副不合"地"宜的样子。

终于在黄昏时，我找到了电影里的那间酒吧。在一个不起眼的街角，它遗世独立，像个很久未见的朋友，淡淡地笑着看着我。融融的灯光从二楼的小木窗里透出，穿过高高的棕榈树枝丫，温和地落到我身上。

一刹那，我的身体松弛下来，在皮鞋里蜷缩半天的脚趾慢慢舒展，双手赶紧把裙子的褶皱抚平。我低头望着自己的小皮鞋，在门口轻轻绕了一圈，觉得它们很得体、很值得，带着"何必见戴"的懂得与被懂得。

再回头看看这座城，它有行人摩肩接踵的老街，一闪而过的单车少年，有鸣笛快速穿过马路的老式出租车，生锈的指路牌。每一寸光景都被覆上热带特有的颜色。

这时候我知道，我需要换上那双运动鞋了。

3

如果出行交通工具是火车,我极乐意在行李箱里塞几本书。车窗外的光影从一页页薄薄的纸间滤过,时间便一寸寸地凝聚在字里行间,令人沉浸其中。旅途中的一书一人,更像两个孤独的灵魂相依为命。

某个端午节,我在回老家的火车上打开一本小书,看作者回忆小时候在家乡挖野菜、描述北平的春天……不知何时,阳光透过大大的车窗抚在我身上,我竟迷迷糊糊地睡着了。

一觉醒来,离家又近了一站,耳边的乡音又浓了一点儿。膝头的书上写着"得半日之闲,抵十年尘梦",我心中生出无限暖意,觉得这"半日"说的就是人在旅途时的阅读时光。

书可以帮我们在路上打造一个游离于现实的世界,我们在其中梦呓、沉溺、忘记,把平日里的一切桎梏和腌臜都随着一路的山河、隧道、大桥丢出去。

4

一年夏天,我在京都鹿苑找到一家吃茶店,茶水颇凉爽,配茶的点心也美味,陶烧的茶具小而敦厚。来的客人都不喜欢坐在店中喝茶,而是用木质托盘将茶端出,坐在屋檐下的长凳或凉席上慢慢饮用,或是直接坐在草地上。伸出的脚丫旁,茶壶就在草间若隐若现。

茶水汩汩流过喉咙那一刻,屋檐下的风铃声、树叶间漏下的阳光、古老的石桥、在溪涧觅食的小鹿都清晰明亮起来,这种田园牧歌式的喝茶方式与心情至今让我回味,从此便有了出门带茶的习惯。无论何时,身处何地,只要有心品茶,周围一切美好的细节都会被放慢、放大,显得格外生机盎然。

5

细数这些旅途中的爱物,我忽然发现,外面的世界并非脱离平常日子的新鲜所在,而妈妈总是强调的"从容"也并非只在路上。

那更像一种"小园情结",是无论到哪里都要想方设法营造一个属于自己的自然世界,是一种"随意人生"态度的自然流露。其实一个人对待旅行的态度,就是对待生活的态度。旅行并不是一种脱离烦琐生活的仪式,它与其他生活方式别无二致。

稳定的内心状态不是通过诗和远方实现的,它是平日里就生长在我们身上的模式,是一种有序的精神状态、一种正面的心灵经验。让人心安的永远不是固居一隅,而是可以随时上路。

雨 天
□储劲松

雨天的街道是伞的国度,各色的伞团团千百万,伞下的人,每一个都仿若在垂帘听政,有自己的领土、威仪与气场。雨伞是一个小而完备的世界,一个敞开的封闭所在,一根隐身草,撑伞的人几近大隐隐于市,想起昨夜书中的事和梦里的人,幽杳如黄鹤。这一二十年脚步匆匆,如同古时边关来的露布,急急如律令,其实很愿意从容一些,把日子过成姜夔的《扬州慢》,过成一篇碎金屑玉的散文。

雨天,是生活的缝隙,是光阴的漏子,是一阕调子长、拍子缓的慢词,可以驰神走马,可以养气与器,也可以思无邪。

无 端

□ 刘荒田

《清诗话》所收入的《一瓢诗话》有一则，专谈李商隐的《锦瑟》，说这一不朽之作"解者纷纷，总属臆见"。这位作者从小喜欢它，研读有所感悟，并发现，有意深入解析它的人很少。他揭开秘密——"此诗全在起句'无端'二字，通体妙处，俱从此出"。

无端，意思是没来由，无从索解。从大处着眼，犹河汉之无极；从小处体察，也混沌也幽深。"无端"诚然莫名其妙，然乃既成事实，且看锦瑟，一弦一柱已教人低回不已，还偏偏多至五十弦。为什么这样，为什么不那样？

这就是我激赏"无端"的缘故。它是潜力无限的"诗触媒"。且看《一瓢诗话》如何发掘它的意蕴："锦瑟一弦一柱，已足以令人怅望年华，不知何故有此许多弦柱，令人怅望不尽；全似埋怨锦瑟无端有此弦柱，遂致无端有此怅望。"

你能回答为何有许多弦柱吗？不能。"即达若庄生，亦迷晓梦；魂为杜宇，犹托春心。沧海珠光，无非是泪；蓝田玉气，恍若生烟。触此情怀，垂垂追溯，当时种种，尽付惘然。"作者得出结论："对锦瑟而兴悲，叹无端而感切。如此体会，则诗神诗旨，跃然纸上。"

简而言之，"无端"所标示的心理状态是：获得确切答案之前的模糊，直面神秘时的惶惑，对不可索解、无从挽回的往昔的依恋。朦朦胧胧的情绪，以伤感为基调。可别责之为无事生非，多此一举。"无端"的下一步，可能是一首诗，或抒情美文，都是蕴藉一路。

且从反面论证。人入世以后的成熟，以"无端"减少为标志。以忧愁论，它只在账单到手而银行卡的余额有限时，或父母进了医院时，或孩子所在学校来电话告状时，或你自己的身体这里那里出岔子时，或受订单、时限、顾客投诉的围困时才君临，所以，只能是朴实、无情趣、无寄托的应用文，而不可能激发出带高蹈气派的灵感。所谓"少女情怀总是诗"，豆蔻年华的忧愁漫无边际，落花和黄叶飘飘，春天布谷鸟在叫，月亮被云遮蔽，统统"干卿底事"，偏偏躲起来洒泪。陆游风尘仆仆于剑南道上，被大雨淋了，他有感而作绝句，自问：此身合是诗人未？再自答：是的，这资格来自"细雨骑驴入剑门"。远游无处不消魂，这就是他化解"无端"的法门。太多"无端"，是青春期的一个明显特征。哪怕饥肠辘辘，心里也不止一个念头：去哪里弄点吃的？反而滋生"天问"式质疑，诸如"遂古之初，谁传道之？上下未形，何由考之？"尽管无人提供答案，但你总须在柴米油盐之外安顿疑惑重重的灵魂。

深一层看，"无端"引发怅惘，只是开头。如果文学是山路，"无端"就是空翠湿人衣的"无雨"。诘问"无端"并非为了认命，而是让它牵引着，跨入诗的门槛，围绕破解"无端"而提炼主题，锤炼诗句。你须深入一步思索：何以至此？这过程艰辛而漫长。

从人的思维常规看，"无端"之前是"无感"（包含熟视无睹），不曾被触动、受困惑，就不能到达它。于是，它天然地处于明与昧的结合部，有如黎明前的星光。明乎此，我们在"无端"造访时，不必惊惧，且勇敢地欢迎。古人谓：才孕于微晦。微晦是"有点儿丧气"，而不是神采飞扬，这状态恰宜于写作，尤其是具悲剧深度的文字。

所以，即使已入老境，也别忙于矜夸自己"世事洞明"；绞点脑汁，在平淡无奇的庸常日子挑事，力求多一些"无端"，激荡沉睡的情怀，启动生锈的思考，实在是求之不得的大好事。

加缪有言："人生的一半是在欲语还休、扭头不看和沉默寡言中度过。"这三种情状都是对"无端"的反应。

瘦街上的修鞋摊

□马海霞

瘦街处于小城的繁华地段，许师傅的修鞋摊在瘦街入口处最好的位置。

我上高中时，许师傅已经四十多岁。他是听障人士，左腿有残疾，靠拄拐行走。他结婚晚，媳妇有智力缺陷，但两个人生的闺女聪明伶俐。许师傅给闺女起了个好听的名字，叫"蝴蝶"。

许师傅家中有事不出摊时，会在摊位的地上写着：几号到几号，我休息。到瘦街找他的人，一看地上的字就明白了。地上的字永远清晰，如果字迹模糊了，邻摊的人会用粉笔帮着描一遍。

有时街道上有事临时不让摆摊，会挨个下达通知。到了许师傅这里，工作人员就用粉笔在地上写：几号到几号，你可以休息。许师傅一看就明白了，待工作人员走后，他就用粉笔修改成：几号到几号，我休息。

后来，瘦街改造，沿街民房改成了商铺，瘦街作为小城最繁华的商业街，租金也逐年上涨。原来的路边摊，有的被挤走了，有的被挤到了瘦街中间，只有许师傅的修鞋摊没挪窝。

许师傅的修鞋摊紧挨着的商铺，最先是卖时尚女装的，店铺装修得很豪华，门口立着许多穿着时髦衣服的模特架，但店主并未撵许师傅走，还自觉地给他留出了摊位。后来，时尚女装店不开了，那里变成了一家小影楼，门口摆满巨幅婚纱照。许师傅就在婚纱照下修鞋，影楼老板也没有不高兴。

铁打的商铺、流水的店主，许师傅的修鞋摊不知道熬走了多少开店的老板。

我高中毕业二十年后，有一天去逛瘦街，发现许师傅没出摊，地上也没写休息几天。我向商铺老板打听，他告诉我，许师傅的女儿大学毕业后被分配到市里当老师，许师傅和老伴跟着女儿在市里居住，不修鞋了，享福去了。

我很替许师傅高兴。店老板说："我租房子时，房东和我签合同，其中一条就是不能撵许师傅走，说他一个残疾人赚钱养家不容易。就凭这一条，我就愿意租这家的房子，房东人好，在这里做生意绝对差不了。"

许师傅的修鞋摊是瘦街的老字号，也是瘦街的一块风水宝地。因为他的存在，瘦街多了一些阳光和暖意。

与乌云覆雪的一次对话

冯 渊

黄昏，那只猫又到院子里来了。

乌云覆雪，这是我对它的称呼。远远地看，它的样子就像一只白猫背上驮了一只小黑猫，让人见了发笑。更让人发笑的是，它每次来，都要跟人打招呼：嗷呜、嗷呜。

我也乐得回应它，用它的语言：嗷呜、嗷呜。

它会听懂我语言里的信息吗？

我听懂了它叫声里的意义吗？

似乎都没有。看似一来一回的呼应，不过是鸡同鸭讲。我哪里能学会它升降曲折、婉转多变的声音呢？一如它听不懂我的语言。有时，我会感喟语言有什么用，多少暗含的意思在模式化的语言表达中流失了。

我能说，见它来了，我很开心。但我不能确定它来了是不是开心。我放了猫粮在院子一角，它按时来吃，对这份口粮，它是不是像人类为了口粮去上班的那种心情？

不去想了，竹叶的影子落在麦冬丛里，它坐在麦冬上，尾巴轻柔地绕过来，贴紧后腿，这是猫经典的坐姿。我想，如果我有一条尾巴，把尾巴放在哪里呢？猫在舔它的前爪，悠闲得像一个古代的文士。

天色渐暗，晚风生凉，它从哪里来，晚上要住在哪里？下雨了，天冷了，它需要一只窝。我曾在后院为它安放过一只窝，明黄色的棉织品，温暖柔软，上面盖好了防水的塑料布。它并未入住，只有风和衰败的竹叶在里面停驻。

不久前，有只小狸猫光临小院。它不认生，绕膝不去。我将它带到宠物医院驱虫、打疫苗。医生问，它叫什么名字呀。

我还没想好给它起名，它只是路过我家。

"你既然带它来了，就要给它一个名字。""是啊，那就叫它小狸吧。"

晚上给小狸洗澡、吹风，它在我的掌心发出幸福的呼噜声。

小狸，小狸。

我轻轻唤着它的名字，它睁着眼睛看我，像听懂了称呼一样，又发出一阵令人心软的呼噜。一个名字，限制和突显了这只猫的特殊性。而呼唤这个独特的名字，让我们之间似乎建立了紧密的联系。

次日清晨，小狸摇着尾巴，从房间里走出去，在麦冬丛里玩。它在撵一只淡青色的癞蛤蟆，这只可怜的癞蛤蟆步步后退，钻到一堆腐叶里去了。

我看了一会书，再到院子里找小狸，小狸不见了。

小狸来得毫无征兆，去得没有任何消息。我的牵挂、不忍，在人类自以为安稳、舒适的房子里的焦虑、叹息，被小狸远远、远远抛在身后。

那么，现在我要挽留乌云覆雪吗？

既然人与猫有了"嗷呜"的对话，人马上就想到，能不能有更深切的交流呢？

夜晚来临。云彩将半边月亮擦得锃亮。我抬头看那天上青黑色的云，看那通体发光的银色月亮，像是麦冬丛里的这只猫投射到天幕上了。

这只猫孤独吗？

我其实对它的身世一无所知。许多从你面前过去的人，有的是粗粝浑浊的面孔，有的是温和静默的容颜，我们对这汹涌的陌生的人流，同样一无所知。

人要和人进行交流，越接近，越发现彼此心思契合的可能性很小，风险很大。一只流浪猫进入人的视野，人以为能掌控它，能给它温柔、爱，以及一切他以为能给的东西。

其实，流浪猫有它的世界，它未必需要人的温柔，它不想为一点猫粮交出自由。在人类这里，叫"不为五斗米折腰"，在猫那里，是"吃完猫罐头就走"。

你为何要生出留住它的愿望呢？我问自己。

在人海里，你能留住谁？

听众，读者，抑或远在天之涯海之角的陌生人，看到你文章描摹的场景，突然觉得与你亲近起来，跟你讨论那种微妙的感受，你感到那面向虚空的试探一下子被承托住了，伸出的孤单的手臂被牵挽了。你珍惜这些时刻。你又知道，待真的靠近时，最初的感动也许会被消耗、撕毁。

美好的意象，就像此刻天上的半块月亮，月映万川，所有的人都可以享受这永夜的凉月。它在青黑色的云层里，在高天之上，按照它的运行规律坚定地行走。月亮不属于某个人，就像猫不属于收养者，也如同你我皆不属于谁。片刻的心意融通，短暂的温存爱恋，是漫长岁月里的甜点。但时光往前，生活自有它的行驶轨迹。

乌云覆雪，早就在我抬头望月时，从那片麦冬里走开。

它到底去了哪里？它生活得好吗？每分每秒都充实、温暖吗？

干卿底事？

我就是问问，毕竟我们每次见面都要"嗷呜、嗷呜"几通，互致问候。

你还是别问，没有牵绊，才能远行。

嗷呜、嗷呜……

大　师

□人　邻

有人在小镇开了一家饭馆，手艺好，食客如云。几年后，他烦了。凭什么要伺候那么多人？于是，他将饭馆搬迁至一处叫清风岭的地方。没别的意思，只是喜欢。风景绝佳，交通却不便。谁真正怀念他的手艺，得上岭来。渐渐地，他又厌烦了，告示众人，非特别邀请者，恕不招待。

再过一些年，他又迁至云顶。云顶，人迹罕至，古树遍山，溪流清澈。至此地，他已经不再掌勺，只有老友来访，才下厨烹三两道菜，多是野菜。也得有酒，陈年老酒，盛于大海碗，极浅的一点，嘬呷有味。

最后，有几十年不见的挚友来，他欣喜至极。遂磨刀，清水洗案。叙罢幽情，先饮茶，至月亮缓缓升起，又上酒，是存了几十年的一坛老酒。大半坛老酒下去，上来的是另一道茶。没有一根菜。两个人相视而笑。笑罢，依旧是茶，是酒，是清风，是明月。

石桌一边，巨大的松树影子叠在一起，随着风，将人影摇得淡淡的。

这还是厨师吗？